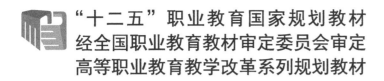

"十二五"职业教育国家规划教材
经全国职业教育教材审定委员会审定
高等职业教育教学改革系列规划教材

自动控制原理与系统

陈贵银　主　编

付晓军　朱志伟　蒋英钰　副主编

冯邦军　主　审

U0294259

电子工业出版社

Publishing House of Electronics Industry

北京 · BEIJING

内 容 简 介

本书是高职高专示范性建设改革成果展示用书，是针对高职学生学习自动控制理论难、教师教学效果不好的实际情况，在全国示范性建设对示范性课程教学改革取得成效的基础上进行修订的，教学实施性强。

本书主要内容包括：自动控制系统的基本概念；控制系统数学模型的建立方法以及结构图的表示方法；线性控制系统的时域分析法、频域分析法及系统的校正方法基本控制理论；三大电动机调速系统，即步进电动机、直流电动机与交流电动机调速系统；MATLAB 在自动控制原理与系统中的应用。考虑到高职学生的计算能力相对欠缺，书中实例丰富，软件的学习以学生自学为主，教师主讲如何用软件解决系统分析问题。控制理论以将结论应用到系统中的分析为主，去掉了结论的推导过程，控制系统指标的计算以MATLAB 软件解决为主，解决了高职学生学习控制理论的瓶颈问题。

本书内容以便于教学实施为前提，可操作性强，可作为高职高专、应用型本科、职工大学的自动化类、电气类、机电一体化类和应用电子类专业的教材，也可作为自学考试用书，并可供工程技术人员参考。

图书在版编目（CIP）数据

自动控制原理与系统/陈贵银主编. —北京：电子工业出版社，2013.8
高等职业教育教学改革系列规划教材
ISBN 978-7-121-20506-4

Ⅰ．①自…　Ⅱ．①陈…　Ⅲ．①自动控制理论－高等职业教育－教材②自动控制系统－高等职业教育－教材　Ⅳ．①TP13②TP273

中国版本图书馆 CIP 数据核字（2013）第 109271 号

策划编辑：王艳萍
责任编辑：侯丽平
印　　刷：北京捷迅佳彩印刷有限公司
装　　订：北京捷迅佳彩印刷有限公司
出版发行：电子工业出版社
　　　　　北京市海淀区万寿路 173 信箱　邮编：100036
开　　本：787×1 092　1/16　印张：19　字数：486.4 千字
版　　次：2013 年 8 月第 1 版
印　　次：2024 年 12 月第 11 次印刷
定　　价：37.00 元

前　言

本书是为工科类高职生编写的自动控制原理与系统教材。依然保留经典控制理论的两种分析方法：时域分析法和频域分析法。两种分析法以"够用"为原则，深入浅出、循序渐进地引入到实际的系统中应用。全书共分 9 章：第 1 章介绍自动控制系统的基本概念。第 2 章介绍控制系统数学模型的建立方法以及结构图的表示方法。第 3 章至第 5 章系统地论述线性控制系统的时域分析法、频域分析法及系统的校正方法基本控制理论；控制理论以将结论应用到系统中的分析为主，去掉了结论的推导过程，控制系统指标的计算以 MATLAB 软件解决为主，解决了高职学生学习控制理论的瓶颈问题。第 6 章至第 8 章介绍目前控制系统中用得很多的三大电动机调速系统，即步进电动机、直流电动机与交流电动机调速系统。步进电动机调速系统对步进电动机组成结构、系统分析及控制系统调试过程中出现的问题都进行了介绍，实用性很强；直流电动机调速系统除了对晶闸管 BJT 单环、双环控制系统的构成及系统性能进行分析以外，还对直流脉宽调制（PWM）调速系统进行了分析；交流电动机调速系统中主要介绍了异步电动机调压调速系统。第 9 章主要介绍 MATLAB 在自动控制原理与系统中的应用，本章比较全面，考虑到高职学生的计算能力相对欠缺，实例编写很丰富，软件的学习以学生自学为主，教师主讲如何用软件解决系统分析问题，这也是本书的特点之一。

全书每章配有小结、习题，它们多为生产实际中的问题，小结概括了每章的基本内容和要求。书中的例题分析详细，理论联系实际，通俗易懂并切合实用，有利于学生自学能力、分析能力和实践能力的提高，此外也是为了帮助解决参考图书不足的困难。

本书编写的前提是针对高职学生学习自动控制理论难、教师教学效果不好的实际情况，在全国示范性建设对示范性课程教学改革取得成效的基础上进行修订的，教学实施性强。全书参考教学学时数为 48～60 学时，教学地点可采取多媒体教室、虚拟计算机平台及实训室一体化教室。编者在编写时，主要考虑全书的系统性和完整性，但教师和读者使用时，请注意抓住主干，选择要点，把主要精力放在对分析方法的掌握上。书中许多章节的内容与例子都相对独立，以便于不同的专业选用。

本书可作为高职高专院校、应用型本科、职工大学的自动化类、电气类、机电一体化类和应用电子类专业的教材，也可作为自学考试用书，并可供工程技术人员参考。

本书由陈贵银担任主编，冯邦军担任主审，付晓军、朱志伟、蒋英钰担任副主编。第 1、2、3、4、5、9 章及 7.1～7.3 节由陈贵银编写；第 6 章由付晓军编写；第 8 章及 7.4 节由蒋英钰编写；朱志伟参加了部分程序的调试编写工作并提出了诚恳的建议。在此向关心和支持本书编写工作的人士表示衷心的感谢。

为便于教材的使用，本书还配有多媒体课件及习题答案，请有此需要的教师登录华信教育资源网（www.hxedu.com.cn）免费注册后再进行下载，如果有问题请在网站留言板留言或与编者联系（E-mail：cgy1974@163.com），读者也可以通过精品课网站 http://219.140.188.180/zdkz 浏览和参考更多的教学资源。由于编者水平有限，不妥之处在所难免，真诚希望广大读者批评指正。

编者

2013 年 3 月

目　　录

第 1 章 自动控制系统的基本概念

内容提要：

本章通过开环与闭环控制具体实例，讲述自动控制系统的基本概念（如被控制对象、输入量、输出量、扰动量、开环控制系统、闭环控制系统及反馈的概念）、反馈控制任务、控制系统的组成及原理框图的绘制、控制系统的基本分类、对控制系统的基本要求。

1.1 概述

在科学技术飞速发展的今天，自动控制技术起着越来越重要的作用。**所谓自动控制，是指在没有人直接参与的情况下，利用控制装置使被控对象（机器设备或生产过程）的某个参数（即被控量）自动地按照预定的规律运行。** 例如，数控车床按照预定程序自动地切削工件，化学反应炉的温度或压力自动地维持恒定，人造卫星准确地进入预定轨道运行并回收，宇宙飞船能够准确地在月球着陆并返回地面等，都是以应用高水平的自动控制技术为前提的。

自动控制理论是控制工程的理论基础，是研究自动控制共同规律的技术科学。自动控制理论按其发展过程分成经典控制理论和现代控制理论两大部分。

经典控制理论在 20 世纪 50 年代末已形成比较完整的体系，它主要以传递函数为基础，研究单输入、单输出反馈控制系统的分析和设计问题，其基本内容有时域法、频域法、根轨迹法等。

现代控制理论是 20 世纪 60 年代在经典控制理论的基础上，随着科学技术的发展和工程实践的需要而迅速发展起来的，它以状态空间法为基础，研究多变量、变参数、非线性、高精度等各种复杂控制系统的分析和综合问题，其基本内容有线性系统基本理论、系统辨识、最优控制等。近年来，由于计算机和现代应用数学研究的迅速发展，使控制理论继续向纵深方向发展。目前，自动控制理论正向以控制论、信息论、仿生学为基础的智能控制理论深入。

1.2 自动控制的基本方式

在工业生产过程中，为了提高产品质量和劳动生产率，对生产设备、机器和生产过程需要进行控制，使之按预定的要求运行。例如，为了使发电机能正常供电，就必须使输出电压保持不变，尽量使输出电压不受负荷的变化和原动机转速波动的影响；为了使数控机床能加工出合格的零件，就必须保证数控机床的工作台或者刀架的位移量准确地跟随进给指令进给；为了使加热炉能保证生产出合格的产品，就必须对炉温进行严格的控制。其中，发电机、机床、加热炉是工作的机器装备；电压、刀架位移量、炉温是表征这些机器装备工作状态的物理参量；额定电压、进给的指令、规定的炉温是在运行过程中对工作状态物理参量的要求。

被控制对象或对象： 将这些需要控制的工作机器装备称为被控制对象或对象，如发电机、机床。

输出量（被控制量）：将表征这些机器装备工作状态需要加以控制的物理参量称为被控制量（输出量），如前述的电压、刀架位移量、炉温等。

输入量（控制量）：将要求这些机器装备工作状态应保持的数值，或者说为了保证对象的行为达到所要求的目标而输入的量，称为输入量（控制量），如前述的额定电压、进给指令、规定的炉温。

扰动量：使输出量偏离所要求的目标，或者说妨碍达到目标所作用的物理量，称为扰动量，如前述负荷的变化和原动机转速波动等。

控制的任务：实际上就是形成控制作用的规律，使不管是否存在扰动，均能使被控制对象的输出量满足给定值的要求，即 *x(t)* 输入量≈*y(t)* 输出量。

1.2.1　开环控制系统

以直流电动机的转速控制系统为例来说明开环控制系统（Open Loop Control System）的工作原理。

用一台直流电动机 D 来驱动一个需要以恒速转动的负载，如图 1-2-1 所示。电动机电枢的两端加电压 U_a，可控硅功率放大器整流输出电压 U_a 的大小由电位器 R 的给定电压 U_r 来调节。当电位器给出一定电压 U_r 后，经放大器、触发器和可控硅功率放大器输出电压 U_a 加在电动机 D 两端，电动机便以相应的转速驱动负载转动。如果要求负载以某一恒定转速转动，则只要给定一个相应的固定电压 U_a 即可。若改变电位器滑动端的位置，就相应地改变了给定电压 U_r，那么可控硅整流器的输出电压 U_a 也相应改变，从而电动机 D 的转速也就随着改变了。由此可知，对应电位器滑动端的某一个位置，电动机 D 就运行在某一个对应的转速 n 上。从而达到了控制电动机转速的目的。假如电动机的负载发生变化，电动机转速将偏离给定的转速值。如要维持给定的转速不变，就必须由操作人员检测出电动机的实际转速并与给定值进行比较，判断出偏离的值，操作人员相应地调节电位器滑动端位置，使电动机转速恢复到给定值。

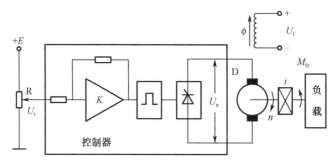

图 1-2-1　直流电动机调速开环控制系统

在这个转速控制系统中，电动机 D 是被控制对象；转速 n 是被控制量；电压 U_r 是控制量；负载波动、可控硅电源电压变化等是扰动量。在此系统中，放大器、触发器、可控硅整流器称为控制器。

由上分析：$M_{fz}\uparrow\rightarrow n\downarrow$，则要人为调节使 $U_r\uparrow\rightarrow U_a\uparrow\rightarrow n\uparrow$。即给定量直接经过控制器作用于被控制对象，被控制量 n 不能反过来影响给定量 U_r。这种只有给定量影响输出量（被控制量），被控制量只能受控于控制量，而被控制量不能反过来影响控制量的控制系统称为**开环控制系统**。

开环控制系统可以用结构示意图表示，如图 1-2-2 所示。

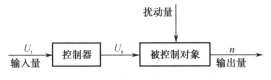

图 1-2-2　开环控制系统结构示意图

结构图可以表示这种系统的输入量与输出量之间的关系。由图可知，输入量直接经过控制器作用于被控制对象，所以只有输入量影响输出量。当出现扰动时，没有人的干预，输出量不能按照输入量所期望的状态去工作。

1.2.2　闭环控制系统

图 1-2-3 所示的系统是直流电动机调速闭环控制系统（Closed Loop Control System）。图中 CF 为测速发电机，测速发电机测量直流电动机的转速，并将转速转换为相应的电压 U_{cf}，故测速发电机输出电压 U_{cf} 比例于电动机的转速 n。U_{cf} 反馈到输入端与给定电压 U_r 相比较，所得电压差 $U_e=U_r-U_{cf}$，称为**偏差电压**。偏差电压 U_e 通过控制器控制电动机 D 的转速。当电位器滑动端在某一位置时，电动机就以一个给定的转速转动。如果由于外部或内部扰动，比如负载突然增加，使电动机转速下降，电动机转速的变化，将由测速发电机检测出来。此时反馈电压 U_{cf} 降低，偏差电压 U_e 增大，使整流电压 U_a 升高，电动机转速上升，从而减小或消除电动机转速偏差。

由上分析：$M_{fz}\uparrow \to n\downarrow \to U_{cf}\downarrow \to U_e=U_r-U_{cf}\uparrow \to U_a\uparrow \to n\uparrow$，不需要人为调节。即为了实现闭环控制，必须对输出量进行测量，并将测量的结果反馈到输入端与输入量相减得到偏差，再由偏差产生直接控制作用去消除偏差。因此，整个控制系统形成一个闭合环路。这种输出量直接或间接地反馈到输入端，形成闭环，参与控制的系统，称作**闭环控制系统**。由于系统是根据负反馈原理按偏差进行控制的，所以也叫作**反馈控制系统（Feedback Control System）**或偏差控制系统。

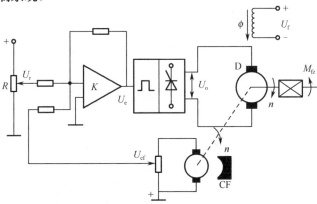

图 1-2-3　直流电动机调速闭环控制系统

闭环控制系统中各元件的作用和信号的流通情况，可用结构图 1-2-4 表示。

在结构图中，从输入端到输出端的信号传递通道叫**前向通道**；从输出端到输入端的信号传递通道，使输出信号也参与控制，该通道称为**反馈通道**。把系统输出的全部或部分返回输入端叫**反馈**；把输出量反馈到系统的输入端与输入量相减称为**负反馈**，反之为**正反馈**。

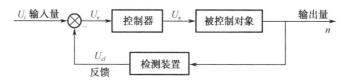

图 1-2-4　闭环控制系统结构图

最后，归纳开环与闭环控制系统各自的特点如下：

（1）开环控制系统中，只有输入量对输出量产生控制作用；从控制结构上来看，只有前向通道，控制系统结构简单，实现容易。

闭环控制系统中除前向通道外，还有反馈通道。闭环控制系统就是由前向通道和反馈通道组成的，控制系统结构复杂。

（2）闭环控制系统能抑制内部和外部各种形式的干扰，对干扰不敏感。因此，可采用不太精密和成本较低的元件来构成控制精度较高的系统。

开环控制系统的控制精度完全由采用高精度元件和有效的抗干扰措施来保证。

（3）对闭环控制系统来说，系统的稳定性始终是一个首要问题。稳定是闭环控制系统正常工作的必要条件。对于开环控制系统，要么不存在不稳定问题，要么容易解决。

反馈控制系统广泛地应用于各工业部门。在有些系统中，将开环与闭环结合在一起，这种系统称为**复合控制系统**，其结构图如图 1-2-5 所示。在本书中，重点研究闭环控制系统。

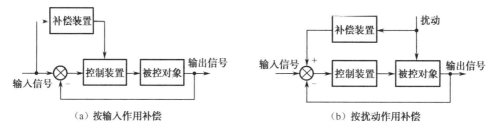

（a）按输入作用补偿　　　　　　　　　　（b）按扰动作用补偿

图 1-2-5　复合控制系统结构图

复合控制实质上是在闭环控制的基础上，附加一个输入信号（给定或扰动）的前馈通道，对该信号实行加强或补偿，以达到精确的控制效果。

　例 1-2-1　液面控制系统如图 1-2-6 所示。要求在运行中容器的液面高度保持不变。试简述其工作原理，并画出系统原理结构图。

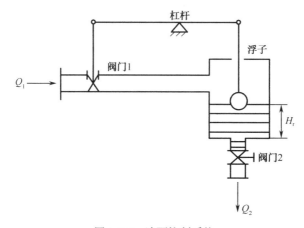

图 1-2-6　液面控制系统

解：被控对象是容器，其液面高度 H 为输出量。浮子跟随液面上下浮动，可以反映出液面的实际高度 H，也可以表明实际高度对输入高度的偏差 H_r-H，相当于测量元件。

浮子带动杠杆，杠杆联动阀门 1 以调节进入容器的流量，进而控制液面高度，故杠杆相当于放大和执行元件。

由以上分析可画出系统的原理结构图如图 1-2-7 所示。

明显看出，控制量是 H_r，测量的是 H_r-H，故系统属于反馈控制方式。

假定在额定需用流量 Q_2 下，容器的液面高度 H 恰好等于输入值 H_r，而由阀门 1 的开度决定进入容器的液体流量 Q_1 也恰恰等于 Q_2，则系统处于要求的工作状态。

若需用流量发生变化，如关小阀门 2，Q_2 减小，这时进入容器的液体流量 Q_1 还没改变，则 $Q_1>Q_2$，液面高度上升，而 H 变化将使浮子上升，杠杆联动阀门 1 关小，使 Q_1 减少，直到 $Q_1=Q_2$，液面高度又保持常值。

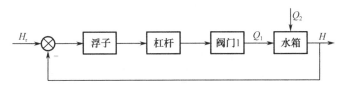

图 1-2-7　液面控制系统的原理结构图

移动杠杆的支点，加大杠杆传动比，可强化控制效果，浮子移动很小就会使 Q_1 变化很大，从而保证液面高度 H 的波动量在允许的误差范围内。但是，系统从根本上讲，需用流量改变以后，容器的液面高度 H 再也不能恢复到输入值 H_r。这和控制装置各部件的特性有着密切的关系。因此，不能认为采用反馈控制的系统，最终一定能使输出量等于输入值，完全消除偏差。是否完全消除偏差还取决于系统内部其他方面的规律。

例 1-2-2　炉温控制系统。图 1-2-8（a）所示是炉温控制系统工作原理图，图 1-2-8（b）所示是该系统的方框图。试简述其工作原理。

解：控制的任务是保持炉温 T 恒定。系统的输入量 u_r 由电位器 A 滑动端给出，炉温 T 是系统输出量。当 u_r 给定后，炉温 T 就确定了。该系统能克服内外扰动的影响，保持炉温 T 恒定。自动控制的原理如下：

假定炉温已达到给定值，经事先整定，这时反馈电压 u_f 应等于给定电压 u_r，即偏差电压 $\Delta u=u_r-u_f=0$，放大器 A 的输出电压 u_d 等于零，执行电动机静止不动，调压器滑动臂处在某一位置，使调压器提供的电能维持炉温在规定的状态。

如果系统受到扰动（如炉内负荷增大，或调压器电源电压降低等）。使炉温 T 下降，将导致反馈电压 u_f 下降，这时因给定电压 u_r 没变，则偏差电压 $\Delta u=u_r-u_f>0$，Δu 经放大器放大后，使执行电动机转动，并带动调压器向增加输出电压的方向转动，从而使调压器提供的电能让炉温回升，直到炉温等于给定炉温为止。反之亦然。

例 1-2-3　图 1-2-9 是数控机床工作台闭环进给控制系统。图中，x_r 为输入位移指令，是输入量；x_c 为工作台位移量，是输出量；工作台是被控对象；直流电动机齿轮传动及丝杠螺母是执行机构；磁尺用来测量工作台的位移量，是测量元件。试简述其工作原理，并画出系统原理结构图。

解：为了保证工作台能根据输入量做随从运动，控制器同时接收输入量 x_r 和磁尺测量出的代表工作台位移的量 x_c，并进行比较得出差值 $\Delta x=x_r-x_c$，由差值 Δx 控制直流电动机驱动齿轮丝杠传动机构，带动工作台移动去减小差值，其结构图如图 1-2-10 所示。

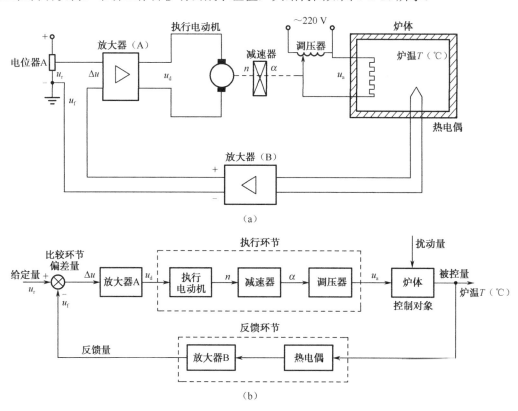

(a)

(b)

图 1-2-8 炉温控制系统工作原理图及方框图

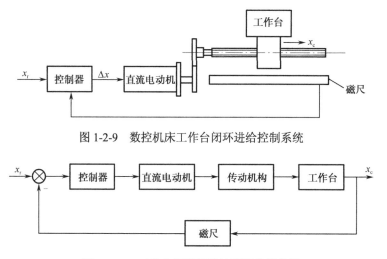

图 1-2-9 数控机床工作台闭环进给控制系统

图 1-2-10 工作台闭环进给控制系统结构图

1.2.3 控制系统的基本组成

反馈控制是自动控制理论研究的核心。根据控制对象和使用元件的不同，自动控制系统有各种不同的形式。但是从控制功能的角度来看，自动控制系统一般均由以下基本环节（基本元件）组成。

（1）被控对象或调节对象：是指要进行控制的设备或过程。如前所述的发电机、机床、加热炉等。

（2）比较环节（比较元件）：用来实现将所检测到的输出量和输入量进行比较，并产生偏差信号的元件。在多数控制系统中，比较元件常常和测量元件或测量电路结合在一起。常用的电量比较元件有差动放大器、电桥电路等。

（3）放大环节（放大元件）：由于偏差信号一般比较微弱，不能直接用于驱动被控对象，需要进行放大。因此控制系统必须具有放大环节。常用放大元件有放大器、可控硅整流器、液压伺服放大器等。

（4）执行环节（执行元件）：用来实现控制动作，直接操纵被控对象的元件。常用执行元件有交/直流伺服电动机、液压电动机、传动装置等。

（5）检测环节（测量元件）：是用来测量被控制量的元件。由于测量元件的测量精度直接影响到系统的控制精度，因此应尽可能采用高精度的测量元件和合理的测量电路，常用的测量元件有测速发电机、编码器、自整角机等。

（6）校正环节（校正元件）：对控制性能要求比较高的系统或者比较复杂的系统，为了改善系统的控制性能，提高控制系统的控制质量，需要在系统中加入校正环节。工程上称为**调节器**，常用串联或反馈的方式连接在系统中。简单的校正元件可以是一个 **RC** 网络，复杂的校正装置可含有微型计算机。

由上述元件构成的闭环控制系统，就其信号传递和变换的功能来说，都可抽象出如图 1-2-11 所示的闭环控制系统结构图。

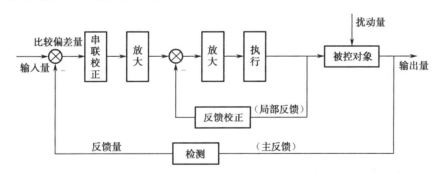

图 1-2-11 闭环控制系统结构图

分析自动控制系统时，弄清楚以下问题是分析自动控制系统工作原理的有效方法。

（1）受控对象是什么？控制装置是什么？被控量是什么？作用在受控对象上的主要干扰有哪些？

（2）给定值或参考输入由哪个装置提供？

（3）依靠操纵哪个机构来改变被控量？

（4）有哪些测量元件？是否测量了被控量？测量了哪些干扰？

（5）如何实现给定量与反馈量的综合计算？如何判断偏差？

（6）控制作用通过什么部件去执行？

1.3 自动控制系统的类型

自动控制系统的种类繁多，很难确切地对自动控制系统进行分类。现在将经常讨论的几种自动控制系统的类型概括如下。

1.3.1 线性系统和非线性系统

按组成自动控制系统主要元件的特性方程式的性质，可以分为线性系统和非线性系统。

线性系统是由线性元件组成的系统，系统的运动方程式可用线性微分方程式或线性差分方程式来描述。

线性系统的主要特点是具有叠加性和齐次性。就是说对于线性控制系统，几个输入信号同时作用在系统上所引起的输出等于各自输入时系统输出之和。

如果微分方程式或差分方程式的系数不随时间的变化而变化，即是常数，则称这类系统为**线性定常系统**，或称为常参数系统。

如果线性微分方程式或差分方程式的系数随时间的变化而变化，则称这类系统为**线性时变系统**。

非线性系统是由非线性微分方程式来描述的系统。在自动控制系统中，若有一个元件是非线性的，这个系统就是非线性系统。典型的非线性环节特性如图 1-3-1 所示。

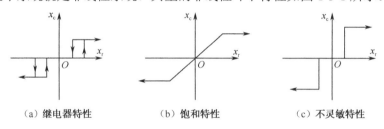

（a）继电器特性　　　　（b）饱和特性　　　　（c）不灵敏特性

图 1-3-1　典型非线性环节特性

1.3.2 连续系统和离散系统

连续系统：控制系统中各元件的输入、输出信号都是时间 t 的连续函数时，则称此系统为连续数据系统（或称连续系统）。连续系统一般由微分方程式来描述。

离散系统：是指系统的某一处或几处信号是以脉冲序列或数码的形式传递。

离散系统的主要特点是：在系统中使用脉冲开关或采样开关，将连续信号转变为离散信号。离散信号取脉冲形式的系统，称为**脉冲控制系统**；离散信号以数码形式传递的系统，称为**数字控制系统**。

1.3.3 恒值系统、程序控制系统和随动控制系统

在生产中应用最多的闭环控制系统，往往要求输出量保持在恒定值。由于要求输出量是常值，则系统的输入量也应该是常值。但也有的系统要求输出量按某一规律变化。按输入量的特征，可将系统分成以下三种类型。

恒值系统：这种系统的输入量保持不变，如恒速、恒温、恒压等自动控制系统。

程序控制系统：这种控制系统输入量是按照一定的时间函数变化的，如程序控制机床的控制系统及一些自动化生产线等。

随动控制系统：在这种系统中，输入量是按照事先不知道的时间函数变化，要求输出跟随输入量变化，如火炮的控制系统。

当然这三种系统都可以是线性的或非线性的，连续的或离散的。

随着生产自动化技术的发展，对自动控制系统要求日益完善，人们力求使设计的控制系统能达到最优的性能指标。

1.3.4 对控制系统的基本要求

一个反馈控制系统，当扰动量或输入量（或输入量的变化规律）发生变化时，输出量偏离了输入量而产生偏差，通过反馈控制的作用，经过短暂的过渡过程，输出量又趋近于或恢复到原来的稳态值，或按照新的输入量稳定下来，这时系统从原来的平衡状态过渡到新的平衡状态。输出量处于变化过程的状态称为**瞬态或动态或暂态**，输出量处于相对稳定的状态称为**稳态或静态**。

1. 稳定性

如果系统受扰动后偏离了原工作状态，扰动消失后，系统能自动恢复到原来的工作状态，这样的系统称为**稳定系统**，否则为**不稳定系统**。任何一个反馈控制系统能正常工作，则系统必须是稳定的。

2. 瞬态性能

在分析和设计控制系统时，常用系统对典型输入信号的时间响应来描述系统的瞬态性能，并用系统的阻尼特性和响应速度来表征。

对于稳定系统，瞬态响应曲线如图 1-3-2 所示。

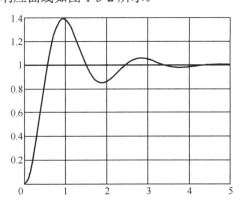

图 1-3-2 稳定系统的瞬态响应曲线

一般要求响应速度快、超调小。关于瞬态性能指标将在第 3 章中详细阐述。

3. 稳态误差

闭环反馈控制系统的稳态误差，是指当 $t \to \infty$ 时，系统输出的实际值 $y(\infty)$ 与按参考输入所确定的希望输出值 $y_r(\infty)$ 之间的差值，即**稳态误差** e_{ss} 为：$e_{ss} = \lim_{t \to \infty} e(t) = \lim_{t \to \infty} [y_r(t) - y(t)]$。

一般来说，对于反馈控制系统的基本要求是：**首先系统必须是稳定的，其次是系统的瞬态**

性能应满足瞬态性能指标要求，最后是系统的稳态误差要满足生产使用时对误差的要求。除此之外控制系统还应结构简单、维修方便、体积小、重量轻、成本低等。对一个控制系统，不能要求三项指标都优良，否则系统的成本会很高，而且同一个系统的三项指标往往相互制约。

1.4 本课程的基本任务、特点及学习方法

本课程所讨论的问题都是在工程实践的基础上抽象出来的问题，是分析和设计控制系统的共性问题，这些问题理论较强，涉及的面也十分广泛。因此，讨论问题的周期长是本课程特点之一。为了学好本课程，在学习过程中就应对学过的内容经常复习，明确前后问题的联系，掌握进度。

本课程中应用的数学较多，但是，所讨论的问题都是和工程实践紧密联系的。因此，学习本课程要特别重视理论联系实际，同时也应该注重应用 MATLAB 工具软件去解决自动控制的问题。重视在物理概念的基础上对问题的理解。

负反馈是构成自动控制系统的基本控制策略。因此，牢固地掌握负反馈在工程系统中的应用是学好本课程的关键。

本课程的自动控制系统选取了目前应用广泛的三大电动机的典型系统，即步进电动机、直流电动机与交流电动机系统，将自动控制系统分析的方法应用于这几大系统中。控制系统分析，就是建立给定系统的数学模型，在规定的工作条件下，对它的数学模型进行分析研究。其研究的内容就是用经典控制理论的两种分析法（即时域分析法和频域分析法）分析控制系统稳态性能和瞬态（暂态）性能，以及分析某些参数变化对上述性能的影响，决定如何调试并选取合理的参数等。

系统综合设计与校正，就是在给定系统瞬态和稳态性能要求的情况下，根据已知的被控制对象，合理地确定控制器的数学模型、控制规律和参数，并验证所综合的控制系统是否能满足性能指标要求。在学习的过程中，对于复杂的计算与分析可用工具软件 MATLAB 及其工具箱 SIMULINK。

自动控制原理与系统的基本问题是：建立系统的数学模型；系统分析计算；综合校正确定控制规律。

本课程的基本任务是使学生获得自动控制系统的基本理论，掌握系统的两种分析方法和计算方法，为调试、维护和设计自动控制系统及进一步研究学习控制理论打下一定的基础。

习　题　1

1-1 什么是开环控制系统？什么是闭环控制系统？

1-2 试简述开环控制系统与闭环控制系统的主要特点。

1-3 自动控制系统主要由哪几部分组成？各组成部分都有哪些功能？

1-4 对自动控制系统的基本要求是什么？试举例说明。

1-5 根据题图 1-1 所示的电动机速度控制系统工作原理图：

（1）将 a、b 与 c、d 用线连接成负反馈系统；

（2）画出系统框图。

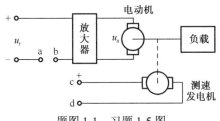

题图 1-1　习题 1-5 图

1-6　工作台位置液压控制系统如题图 1-2 所示。系统可以使工作台按照控制电位器给定的规律变化。要求：（1）指出系统的被控对象、被控量和给定量，画出系统框图；（2）说明控制系统中控制装置的各组成部分。

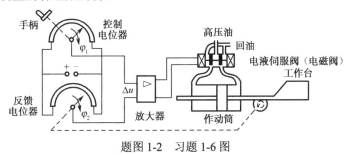

题图 1-2　习题 1-6 图

1-7　题图 1-3 是液位自动控制系统原理图。在任何情况下，希望液面高度 c 维持不变，试说明系统工作原理并画出系统框图。

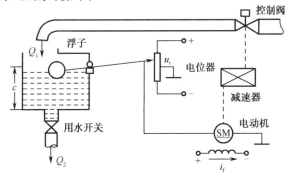

题图 1-3　习图 1-7 图

1-8　题图 1-4 是仓库大门自动控制系统原理图。试说明系统自动控制大门开关的工作原理并画出系统框图。

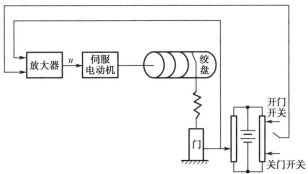

题图 1-4　习题 1-8 图

1-9 题图 1-5 为水温控制系统原理图。冷水在热交换器中由通入的蒸汽加热，从而得到一定温度的热水。冷水流量变化用流量计测量。试绘制系统框图，并说明为了保持热水温度为期望值，系统是如何工作的？系统的被控对象和控制装置各是什么？

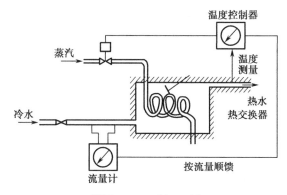

题图 1-5　习题 1-9 图

第 2 章　控制系统的数学模型

内容提要：

本章主要从微分方程、传递函数和系统框图去建立自动控制系统的数学模型。主要叙述系统微分方程建立的步骤、传递函数的定义与性质、系统结构图的建立与变换、结构图变换的规则及用梅逊公式简化结构图、典型环节与典型系统的数学模型。系统的数学模型是对系统进行定量分析的基础和出发点。

2.1　控制工程数学基础

从数学的角度看，拉普拉斯（Laplace）变换方法是求解常系数线性微分方程的工具，可以分别将微分与积分运算转换成乘法和除法运算，即把积分微分方程转换为代数方程。当求解控制系统输入/输出微分方程时，求解的过程得到简化，可同时获得控制系统的瞬态分量和稳态分量。所以拉氏变换是研究控制系统一种有效的数学工具。

2.1.1　拉普拉斯变换的定义

设函数 $f(t)$ 定义在实轴上，假定它满足下列三个条件：

当 $t<0$ 时，$f(t)=0$；当 $t\geq 0$ 时，$f(t)$ 在任何有界区间上至多只有有限个间断点，即 $f(t)$ 在任何有界区间上可积；当 $t\to +\infty$ 时，$f(t)$ 具有有限增长性，即存在常数 $M>0$ 及 $\alpha\geq 0$，使得 $|f(t)|\leq Me^{\alpha t}$，$0\leq t<\infty$。上述条件称为狄利赫利条件。

满足狄利赫利条件的函数 $f(t)$ 的拉普拉斯变换为：

$$F(s)=L\big[f(t)\big]=\int_{0}^{\infty}f(t)e^{-st}\,dt$$

式中，$s=\sigma+j\omega$ 为复数。

$F(s)$ 称为 $f(t)$ 的象函数，记作 $L\big[f(t)\big]=F(s)$，即 $F(s)$ 为 $f(t)$ 的**拉氏变换**；而 $f(t)$ 为 $F(s)$ 的原函数，记作 $f(t)=L^{-1}\big[F(s)\big]$，即 $f(t)$ 为 $F(s)$ 的**拉氏反变换**。

2.1.2　典型试验函数的拉普拉斯变换

在控制工程中，常采用的典型试验函数如图 2-1-1 所示。

1. 阶跃函数

阶跃函数的表达式：

$$x(t)=\begin{cases}0 & t<0\\ A & t\geq 0\end{cases}$$

当 $A=1$ 时，叫作**单位阶跃函数**（Unit Step Function），如图 2-1-1(a)所示，记作 $1(t)$。

根据拉普拉斯变换的定义，单位阶跃函数的拉普拉斯变换为：

$$F(s) = L[1(t)] = \int_0^\infty 1(t)e^{-st}dt = \int_0^\infty e^{-st}dt = \frac{-1}{s}e^{-st}\bigg|_0^\infty = \frac{1}{s} \qquad (R_e(s) > 0)$$

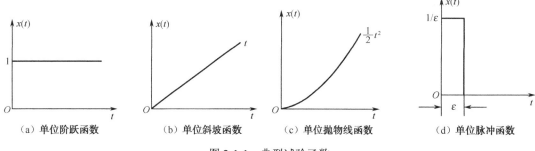

| (a) 单位阶跃函数 | (b) 单位斜坡函数 | (c) 单位抛物线函数 | (d) 单位脉冲函数 |

图 2-1-1　典型试验函数

例如，电源突然接通、负荷的突然变化、指令的突然转换等均可视为阶跃作用。由于阶跃信号在起始时变化十分迅速，因此对系统来说是一种最不利的输入信号的形式，常用来作为试验用的输入信号，如果一个控制系统对阶跃输入信号具有满意性能，则对大多数实际输入信号来说，控制系统都具有满意的性能。

2. 斜坡函数（速度函数）（Ramp Function）

斜坡函数表达式：

$$x(t) = \begin{cases} 0 & t < 0 \\ At & t \geqslant 0 \end{cases}$$

$x(t)=t$ 称为**单位速度函数（单位斜坡函数）**，如图 2-1-1（b）所示，这种信号表征的是匀速变化信号。如果控制系统的实际输入大部分是随时间逐渐增加的信号，则可选用此信号作为试验信号。

根据拉普拉斯变换的定义，单位斜坡函数的拉普拉斯变换为：

$$F(s) = L[t] = \int_0^\infty te^{-st}dt = -\frac{t}{s} \cdot e^{-st}\bigg|_0^\infty + \frac{1}{s}\int_0^\infty e^{-st}dt = \frac{1}{s^2} \qquad (R_e(s) > 0)$$

这里应用了积分学中的分部积分法，即 $\int u\,dv = uv - \int v\,du$。

在控制系统中，当积分器（如由运算放大器组成的积分电路）输入端加入恒值电压时，其输出信号就是斜坡电压信号。比如转轴的输入是恒定转速，则角位移是斜坡函数。

3. 抛物线函数（或加速度函数）（Prabola Function）

加速度函数表达式：$x(t) = \begin{cases} 0 & t < 0 \\ At^2 & t \geqslant 0 \end{cases}$

当 $A = \dfrac{1}{2}$ 时，$x(t) = \dfrac{1}{2}t^2$，称为**单位抛物线函数**，如图 2-1-1（c）所示；根据拉普拉斯变换的定义，单位抛物线函数的拉普拉斯变换为：

$$F(s) = L\left[\frac{1}{2}t^2\right] = \int_0^\infty \frac{1}{2}t^2 e^{-st}dt = \frac{1}{s^3} \qquad (R_e(s) > 0)$$

加速度函数表征的是加速度变化的信号。抛物线函数由专门的函数发生器产生。斜坡函数和抛物线函数是随动系统中常用的输入信号。

4. 单位脉冲函数（Impulse Function）

单位脉冲函数为：

$$\begin{cases} \delta(t) = \begin{cases} 0 & t \neq 0 \\ \infty & t = 0 \end{cases} \\ \\ \int_{-\infty}^{\infty} \delta(t)\mathrm{d}t = 1 \end{cases}$$

根据拉普拉斯变换的定义，单位脉冲函数的拉普拉斯变换为：

$$F(s) = L\big[\delta(t)\big] = \int_{0^-}^{\infty} \delta(t)\mathrm{e}^{-st}\mathrm{d}t = \int_{0^-}^{0^+} \delta(t)\mathrm{e}^{-st}\mathrm{d}t + \int_{0^+}^{\infty} \delta(t)\mathrm{e}^{-st}\mathrm{d}t = \int_{0^-}^{0^+} \delta(t)\mathrm{e}^{-s \cdot 0}\mathrm{d}t = 1$$

单位脉冲函数可认为是在间断点上单位阶跃函数对时间的导数，即 $\delta(t) = \dfrac{\mathrm{d}}{\mathrm{d}t} 1(t)$，单位脉冲函数如图 2-1-1（d）所示，一般用来表示冲激波、冲撞力等。

5. 指数函数（Exponential Function）

指数函数：

$$u(t) = \begin{cases} 0 & t < 0 \\ \mathrm{e}^{-at} & t \geq 0 \end{cases}$$

根据拉普拉斯变换的定义，指数函数的拉普拉斯变换为：

$$F(s) = L[\mathrm{e}^{-at}] = \int_{0}^{\infty} \mathrm{e}^{-at} \cdot \mathrm{e}^{-st}\mathrm{d}t = \int_{0}^{\infty} \mathrm{e}^{-(a+s)t}\mathrm{d}t = -\frac{1}{s+a}\mathrm{e}^{-(s+a)t}\bigg|_{0}^{\infty} = \frac{1}{s+a}$$

同理可得：$F(s) = L\big[\mathrm{e}^{at}\big] = \dfrac{1}{s-a}$

常用函数的拉氏变换见表 2-1-1。

表 2-1-1　常用函数的拉氏变换

$f(t)$	$F(s)$	$f(t)$	$F(s)$
$\delta(t)$	1	$\cos \omega t$	$\dfrac{s}{s^2 + \omega^2}$
$1(t)$	$\dfrac{1}{s}$	$t^n \, (n=1,2,3,\cdots)$	$\dfrac{n!}{s^{n+1}}$
T	$\dfrac{1}{s^2}$	$t^n \mathrm{e}^{-at} \, (n=1,2,3,\cdots)$	$\dfrac{n!}{(s+a)^{n+1}}$
$\dfrac{1}{2}t^2$	$\dfrac{1}{s^3}$	$\dfrac{1}{(b-a)}(\mathrm{e}^{-at} - \mathrm{e}^{-bt})$	$\dfrac{1}{(s+a)(s+b)}$
e^{-at}	$\dfrac{1}{s+a}$	$\mathrm{e}^{-at} \sin \omega t$	$\dfrac{\omega}{(s+a)^2 + \omega^2}$
$t\mathrm{e}^{-at}$	$\dfrac{1}{(s+a)^2}$	$\mathrm{e}^{-at} \cos \omega t$	$\dfrac{s+a}{(s+a)^2 + \omega^2}$
$\sin \omega t$	$\dfrac{\omega}{s^2 + \omega^2}$	$\dfrac{\omega_{\mathrm{n}}}{\sqrt{1-\xi^2}} \mathrm{e}^{-\xi \omega_{\mathrm{n}} t} \sin(\omega_{\mathrm{n}}\sqrt{1-\xi^2}\,t)$	$\dfrac{\omega_{\mathrm{n}}^2}{s^2 + 2\xi\omega_{\mathrm{n}}s + \omega_{\mathrm{n}}^2}$

2.1.3 拉普拉斯变换的性质

1. 线性性质

拉氏变换也遵从线性函数的齐次性和叠加性。拉氏变换的齐次性是：一个时间函数乘以常数时，其拉氏变换为该时间函数的拉氏变换乘以该常数。

若 $L[f(t)] = F(s)$ ，则 $L[kf(t)] = kF(s)$ 。其中， k 为常数。

拉氏变换的叠加性是：两个时间函数 $f_1(t)$ 与 $f_2(t)$ 之和 $f(t)$ 的拉氏变换等于 $f_1(t)$ 、 $f_2(t)$ 的拉氏变换 $F_1(s)$ 、 $F_2(s)$ 之和。即 $L[f_1(t)] = F_1(s)$ ， $L[f_2(t)] = F_2(s)$ ，则

$$L[f(t)] = L[f_1(t)] + L[f_2(t)] = F_1(s) + F_2(s) \tag{2-1-1}$$

例 2-1-1 已知 $f(t) = 1 - e^{-2t}$ ，求 $f(t)$ 的拉氏变换。

解： 应用线性性质，则 $F(s) = L[f(t)] = \dfrac{1}{s} - \dfrac{1}{s+2} = \dfrac{2}{s(s+2)}$

2. 微分性质

若 $$L[f(t)] = F(s) ，则 L\left[\frac{\mathrm{d}f(t)}{\mathrm{d}t}\right] = sF(s) - f(0) \tag{2-1-2}$$

推论： $L[\mathrm{d}^n f(t)/\mathrm{d}t^n] = s^n F(s) - s^{n-1} f(0) - s^{n-2} f'(0) - \cdots - f^{(n-1)}(0)$

当 $f(0) = f'(0) = \cdots = f^{(n-1)}(0) = 0$ ，则 $L[\mathrm{d}^n f(t)/\mathrm{d}t^n] = s^n F(s)$

例 2-1-2 已知 $f(t) = t^m$ ， m 为整数，求 $f(t)$ 的拉氏变换。

解： 由于 $f(0) = f'(0) = \cdots = f^{(m-1)}(0) = 0$ ，且 $f^{(m)}(t) = m!$ ，由拉氏变换微分性质得

$$L[f^{(m)}(t)] = s^m L[f(t)] ，又因 L[f^{(m)}(t)] = L[m!] = m!/s$$

故 $$L[f(t)] = L[f^{(m)}(t)]/s^m = m!/s^{m+1}$$

3. 积分性质

若 $L[f(t)] = F(s)$ ，则 $$L\left[\int f(t)\mathrm{d}t\right] = F(s)/s + \left.\int f(t)\mathrm{d}t/s\right|_{t=0} \tag{2-1-3}$$

推论：若 $L[f(t)] = F(s)$ ，初始条件为 0 时，则 $L\left[\underbrace{\int \cdots \int}_{n} f(t)\mathrm{d}t\right] = \dfrac{1}{s^n} F(s)$

例 2-1-3 已知 $f(t) = \int \sin kt\,\mathrm{d}t$ ， k 为实数，求 $f(t)$ 的拉氏变换。

解： 根据拉氏变换的积分性质得：

$$L[f(t)] = L[\int \sin kt\,\mathrm{d}t] = \frac{1}{s}L[\sin kt] = \frac{k}{s(s^2 + k^2)}$$

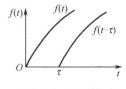

图 2-1-2 延迟性质

4. 延迟性质

如图 2-1-2 所示，原函数沿时间轴平移 τ ，平移后的函数为 $f(t-\tau)$ 。该函数满足下述条件：

$$t<0 \text{ 时，} f(t)=0$$
$$t<\tau \text{ 时，} f(t-\tau)=0$$

若 $L[f(t)]=F(s)$，则 $L[f(t-\tau)]=\mathrm{e}^{-s\tau}F(s)$ 且 $\tau \geqslant 0$。　　　　　　　　（2-1-4）

例 2-1-4　求函数 $u(t-\tau)=\begin{cases} 0, & t<\tau \\ 1, & t\geqslant\tau \end{cases}$ 的拉氏变换。

解：由延迟性质得：$L[u(t-\tau)]=\mathrm{e}^{-s\tau}L[1(t)]=\mathrm{e}^{-s\tau}/s$

5. 位移性质

若 $L[f(t)]=F(s)$，则 $L[\mathrm{e}^{-at}f(t)]=F(s+a)$　　　　　　　　（2-1-5）

例 2-1-5　求 $\mathrm{e}^{-at}\sin\omega t$ 的拉氏变换。

解：因为　　$L[\sin\omega t]=\dfrac{\omega}{s^2+\omega^2}$

故　　$L[\mathrm{e}^{-at}\sin\omega t]=\dfrac{\omega}{(s+a)^2+\omega^2}$

6. 初值定理

若 $L[f(t)]=F(s)$，且 $\lim\limits_{s\to\infty}sF(s)$ 存在，则：

$$f(0)=\lim_{t\to 0}f(t)=\lim_{s\to\infty}sF(s)\tag{2-1-6}$$

7. 终值定理

若 $L[f(t)]=F(s)$，且 $\lim\limits_{t\to\infty}f(t)$ 存在，则：

$$f(\infty)=\lim_{t\to\infty}f(t)=\lim_{s\to 0}sF(s)\tag{2-1-7}$$

例 2-1-6　已知 $F(s)=\dfrac{1}{s+a}$，求 $f(0)$ 和 $f(\infty)$。

解：由初值定理和终值定理可得：

$$f(0)=\lim_{s\to\infty}sF(s)=\lim_{s\to\infty}s\frac{1}{s+a}=1$$

$$f(\infty)=\lim_{s\to 0}sF(s)=\lim_{s\to 0}s\frac{1}{s+a}=0$$

2.1.4　拉普拉斯反变换

在控制工程中，象函数 $F(s)$ 常可表示为：

$$F(s)=\frac{A(s)}{D(s)}=\frac{b_m s^m+b_{m-1}s^{m-1}+\cdots+b_1 s+b_0}{a_n s^n+a_{n-1}s^{n-1}+\cdots+a_1 s+a_0}\tag{2-1-8}$$

式中，a_i、b_i 为实数，$n\geqslant m$。

把 $F(s)$ 写成因式相乘式为：

$$F(s)=\frac{k(s-z_1)(s-z_2)\cdots(s-z_m)}{(s-p_1)(s-p_2)\cdots(s-p_n)}\tag{2-1-9}$$

式中，$p_1,p_2,\cdots,p_n$ 和 $z_1,z_2,\cdots,z_m$ 是实数或共轭复数。$z_1,z_2,\cdots,z_m$ 是 $F(s)$ 的零点，$p_1,p_2,\cdots,p_n$ 是 $F(s)$ 的极点。

根据 $F(s)$ 的极点形式不同，可分别按下面两种方法写出部分分式展开式，并确定待定系数，求出 $F(s)$ 的拉式反变换 $f(t)$。

提示： 对于简单的求反变换可用手工算法，而对于比较复杂的求反变换可采取计算机解决，在本书第 9 章将给大家讲解。

下面用具体实例讲解部分分式法的手工计算方法。

（1）$F(s)$ 只含有不同极点（即只有一阶极点）时。

例 2-1-7 已知 $F(s) = \dfrac{s+3}{s^2+3s+2}$，求 $f(t) = ?$

解： 因 $D(s) = s^2 + 3s + 2 = (s+1)(s+2), s = -1$ 和 $s = -2$ 是 $F(s)$ 的一阶极点，可得

$$F(s) = \frac{C_1}{s+1} + \frac{C_2}{s+2}$$

式中，$C_1 = \left. \dfrac{s+3}{(s+1)(s+2)}(s+1) \right|_{s=-1} = 2$

$C_2 = \left. \dfrac{s+3}{(s+1)(s+2)}(s+2) \right|_{s=-2} = -1$

所以
$$f(t) = 2e^{-t} - e^{-2t} \qquad (t > 0)$$

例 2-1-8 已知 $F(s) = \dfrac{(s+1)}{s(s^2+s+1)}$，求 $f(t) = ?$

解： 因 $s(s^2+s+1) = \left(s + \dfrac{1}{2} - j\dfrac{\sqrt{3}}{2}\right)\left(s + \dfrac{1}{2} + j\dfrac{\sqrt{3}}{2}\right), 0, \dfrac{-1}{2} - j\dfrac{\sqrt{3}}{2}, \dfrac{-1}{2} + j\dfrac{\sqrt{3}}{2}$ 是 $F(s)$ 的三个一阶极点，且有一对共轭复极点出现，所以

$$F(s) = \frac{C_1}{s} + \frac{C_2}{s + \dfrac{1}{2} - j\dfrac{\sqrt{3}}{2}} + \frac{C_3}{s + \dfrac{1}{2} + j\dfrac{\sqrt{3}}{2}}$$

$$C_1 = F(s) \cdot s \big|_{s=0} = \left[\frac{s+1}{(s^2+s+1)} \right]\bigg|_{s=0} = 1$$

$$C_2 = \left[F(s)\left(s + \frac{1}{2} - j\frac{\sqrt{3}}{2}\right) \right]\Bigg|_{s=\frac{-1}{2}+j\frac{\sqrt{3}}{2}} = \left[\frac{s+1}{s\left(s + \dfrac{1}{2} + j\dfrac{\sqrt{3}}{2}\right)} \right]\Bigg|_{s=\frac{-1}{2}+j\frac{\sqrt{3}}{2}} = \frac{-3 - j\sqrt{3}}{6}$$

$$C_3 = \bar{C}_2 = \frac{-3 + j\sqrt{3}}{6}$$

所以：

$$f(t) = L^{-1}[F(s)] = 1 - \frac{3 + j\sqrt{3}}{6}e^{\left(-\frac{1}{2}+j\frac{\sqrt{3}}{2}\right)t} - \frac{3 - j\sqrt{3}}{6}e^{\left(-\frac{1}{2}-j\frac{\sqrt{3}}{2}\right)t}$$

$$= 1 - e^{-\frac{t}{2}}\cos\frac{\sqrt{3}}{2}t + \frac{\sqrt{3}}{3}e^{-\frac{t}{2}}\sin\frac{\sqrt{3}}{2}t$$

（2）$F(s)$ 只含有 m 阶极点 p 时。

例 2-1-9 求 $F(s) = \dfrac{1}{s(s+2)^3(s+3)}$ 的原函数。

解： $F(s) = \dfrac{C_{11}}{(s+2)^3} + \dfrac{C_{12}}{(s+2)^2} + \dfrac{C_{13}}{s+2} + \dfrac{C_2}{s} + \dfrac{C_3}{s+3}$

$$C_{11} = F(s)(s+2)^3\big|_{s=-2} = \frac{1}{s(s+3)}\bigg|_{s=-2} = -\frac{1}{2}$$

$$C_{12} = \frac{\mathrm{d}}{\mathrm{d}s}\left[F(s)(s+2)^3\right]\bigg|_{s=-2} = \frac{\mathrm{d}}{\mathrm{d}s}\left[\frac{1}{s(s+3)}\right]\bigg|_{s=-2} = \frac{-(2s+3)}{s^2(s+3)^2}\bigg|_{s=-2} = \frac{1}{4}$$

$$C_{13} = \frac{1}{2!}\frac{\mathrm{d}^2}{\mathrm{d}s^2}\left[F(s)(s+2)^3\right]\bigg|_{s=-2} = \frac{1}{2!}\frac{\mathrm{d}^2}{\mathrm{d}s^2}\left[\frac{1}{s(s+3)}\right]\bigg|_{s=-2}$$

$$= -\frac{1}{2!}\frac{\mathrm{d}}{\mathrm{d}s}\left[\frac{-(2s+3)}{s^2(s+3)^2}\right]\bigg|_{s=-2} = -\frac{1}{2} \times \frac{2s[s(s+3)-(2s+3)^2]}{s^4(s+3)^3}\bigg|_{s=-2} = -\frac{3}{8}$$

$$C_2 = F(s) \cdot s\big|_{s=0} = \frac{1}{(s+2)^3(s+3)}\bigg|_{s=0} = \frac{1}{24}$$

$$C_3 = F(s) \cdot (s+3)\big|_{s=-3} = \frac{1}{s(s+2)^3}\bigg|_{s=-3} = \frac{1}{3} \quad \left(\text{提示：} \left(\frac{u}{v}\right)' = \frac{u'v - uv'}{v^2}\right)$$

所以，$F(s) = \dfrac{-\dfrac{1}{2}}{(s+2)^3} + \dfrac{\dfrac{1}{4}}{(s+2)^2} - \dfrac{\dfrac{3}{8}}{s+2} + \dfrac{\dfrac{1}{24}}{s} + \dfrac{\dfrac{1}{3}}{s+3}$

查表可得：

$$f(t) = -\frac{1}{4}t^2\mathrm{e}^{-2t} + \frac{1}{4}t\mathrm{e}^{-2t} - \frac{3}{8}\mathrm{e}^{-2t} + \frac{1}{24} + \frac{1}{3}\mathrm{e}^{-3t}$$

$$= \frac{1}{4}(-t^2 + t - 1.5)\mathrm{e}^{-2t} + \frac{1}{3}\mathrm{e}^{-3t} + \frac{1}{24}$$

2.2 控制系统数学模型的建立

为了使所设计的闭环控制系统的性能满足要求，必须对系统特性在理论上进行分析和计算，掌握其内在规律，控制系统瞬态特性的分析是本课程主要内容之一。因此，就必须用一个反映系统输入、输出及内部各变量之间的运动状态的方程式表达出来，以便于分析和计算。

描述系统在运动过程中各变量之间相互关系的数学表达式叫作**系统的数学模型**。

建立数学模型的方法通常用**解析法和实验法**。解析法是从元件或系统所依据的力学、电学、化学等定律写出微分方程式，并进行理论推导，建立数学模型。实验法是对实际系统加入一定形式的输入信号，求取系统响应的方法建立数学模型。

数学模型的形式有微分方程式、传递函数、结构图、状态方程等。单输入单输出的系统采用传递函数和结构图较为方便；对于最优控制或多变量系统采用状态方程较为合适。

建立系统数学模型时，必须全面地分析系统的工作原理，依据建模的目的和精度的要求，确定忽略一些次要因素，使建立的数学模型既便于数学分析处理，又不至于影响分析的准确性。本章只讨论解析法的建模方法。

2.2.1　元件和系统微分方程式的建立

在列写闭环控制系统的微分方程式时，系统的初始状态应处于平衡状态，因此输出量及系统内部各物理量都处于平衡状态，各阶导数都为零。当出现扰动或者输入量发生变化时，输出量和各物理量将产生偏离平衡状态的增量，故所列写的微分方程式是增量方程式。为了讨论方便，在以后的讨论中，就不再专门指出微分方程式是增量方程式了。

列写闭环系统微分方程式的目的是确定输出与输入或扰动量之间的函数关系。列写的一般步骤如下：

（1）分析系统和元件的工作原理，找出各物理量之间的关系，确定输出量及输入量。

（2）设中间变量，依据物理、化学等定律忽略次要因素列写微分方程式。

（3）消去中间变量，由高阶到低阶排列，将输出写在等号左边、输入写在等号右边的微分方程式，即是系统或元件的微分方程式或数学模型。

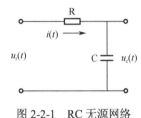

图 2-2-1　RC 无源网络

例 2-2-1　列写图 2-2-1 所示 RC 无源网络的微分方程式。

解：（1）确定电路的输入量和输出量。由电路可知，R、C 的值为常量，依据实际工作情况确定 $u_r(t)$ 为输入电压，$u_c(t)$ 为输出电压。

（2）依据电路工作原理选电流 $i(t)$ 为中间变量。

依据电学定律列写方程式。

$$u_r(t) = R\,i(t) + u_c(t) \tag{2-2-1}$$

$$C\frac{\mathrm{d}u_c(t)}{\mathrm{d}t} = i(t) \tag{2-2-2}$$

（3）消去中间变量 $i(t)$，其目的是求出 $u_r(t)$ 与 $u_c(t)$ 的关系。

将式（2-2-2）代入式（2-2-1）得：

$$RC\frac{\mathrm{d}u_c(t)}{\mathrm{d}t} + u_c(t) = u_r(t) \tag{2-2-3}$$

令 $T=RC$——时间常数。

输入变量用 $x(t)$ 表示，输出变量用 $y(t)$ 表示，则 $x(t)=u_r(t)$，$y(t)=u_c(t)$，故式（2-2-3）为：

$$T\frac{\mathrm{d}y(t)}{\mathrm{d}t} + y(t) = x(t)$$

由微分方程式可知，RC 无源网络的瞬态数学模型是一阶常系数线性微分方程式。

例 2-2-2　设有一弹簧、质量、阻尼器机械系统，如图 2-2-2（a）所示，列写以外力 $f(t)$ 为输入量、位移 $y(t)$ 为输出量的运动微分方程式。

解：取分离体，分析受力如图 2-2-2（b）所示。依据牛顿定律可得：

$$f(t) - f_B - f_K = m \cdot a = m\frac{\mathrm{d}^2 y(t)}{\mathrm{d}t^2} \tag{2-2-4}$$

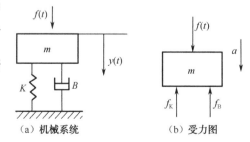

（a）机械系统　　　　（b）受力图

图 2-2-2　机械系统及受力图

式中　f_K——弹簧力；

　　　f_B——阻尼力。

弹簧力与物体位移成正比，即：

$$f_K = K \cdot y(t) \tag{2-2-5}$$

式中　K——弹簧刚度。

阻尼力与运动速度成正比，与运动方向相反，即：

$$f_B = B \frac{\mathrm{d}y(t)}{\mathrm{d}t} \qquad (2\text{-}2\text{-}6)$$

式中 B——阻尼系数。

将式（2-2-5）和式（2-2-6）代入式（2-2-4）中，可得该系统的微分方程式为：

$$m \frac{\mathrm{d}^2 y(t)}{\mathrm{d}t^2} + B \frac{\mathrm{d}y(t)}{\mathrm{d}t} + Ky(t) = f(t) \qquad (2\text{-}2\text{-}7)$$

若令 $T_B = \dfrac{B}{K}$——机电时间常数；$T_m = \sqrt{\dfrac{m}{K}}$——机械时间常数。则式（2-2-7）可写成：

$$T_m^2 \frac{\mathrm{d}^2 y(t)}{\mathrm{d}t^2} + T_B \frac{\mathrm{d}y(t)}{\mathrm{d}t} + y(t) = \frac{1}{K} f(t) = K_a f(t) \qquad (2\text{-}2\text{-}8)$$

式中 $K_a = \dfrac{1}{K}$。

式（2-2-8）表明弹簧、质量、阻尼器机械系统的瞬态数学模型，它是由二阶常系数微分方程式来描述的。

例 2-2-3 电枢控制的直流电动机如图 2-2-3 所示。电枢电压 u_a 为输入电压，电动机轴的角度 ω 或转角 θ 为输出。求输入-输出关系的微分方程式。

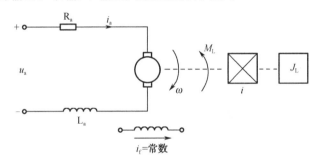

图 2-2-3 电枢控制直流电动机

解：（1）列写回路电压方程。

$$L_a \frac{\mathrm{d}i_a}{\mathrm{d}t} + R_a i_a + K_e \omega = u_a \qquad (2\text{-}2\text{-}9)$$

式中 L_a——电枢回路总电感（H）；

R_a——电枢回路总电阻(Ω)；

K_e——反电势系数（V/rad/s）；

i_a——电枢电流（A）；

ω——电动机轴角速度（rad/s）。

（2）列写电动机动力学方程式。

依据刚体定轴转动定律，转动微分方程式为：

$$J \frac{\mathrm{d}\omega}{\mathrm{d}t} = M_D - M_L \qquad (2\text{-}2\text{-}10)$$

式中 M_D——电动机的电磁力矩（N·m）；

M_L——折算到电动机轴上的等效负载力矩（N·m）；

J——折算到电动机轴上的等效转动惯量（N·m·s^2）。

$$J = J_{\mathrm{m}} + J_{\mathrm{L}} / i^2$$

式中　J_{m} ——电动机转动惯量；

　　　J_{L} ——负载转动惯量；

　　　i ——减速器的减速比。

因励磁电流 i_{f} 为常值，则电动机电磁力矩与电枢电流 i_{a} 成正比。

$$M_{\mathrm{D}} = K_{\mathrm{m}} i_{\mathrm{a}} \tag{2-2-11}$$

式中　K_{m} ——电动机力矩系数（N·m/A）。

（3）消去中间变量 M_{D} 和 i_{a}。

将式（2-2-11）代入式（2-2-10）得：

$$i_{\mathrm{a}} = \frac{J}{K_{\mathrm{m}}} \cdot \frac{\mathrm{d}\omega}{\mathrm{d}t} + \frac{M_{\mathrm{L}}}{K_{\mathrm{m}}} \tag{2-2-12}$$

$$\frac{\mathrm{d}i_{\mathrm{a}}}{\mathrm{d}t} = \frac{J}{K_{\mathrm{m}}} \frac{\mathrm{d}^2\omega}{\mathrm{d}t^2} + \frac{1}{K_{\mathrm{m}}} \frac{\mathrm{d}M_{\mathrm{L}}}{\mathrm{d}t} \tag{2-2-13}$$

将式（2-2-12）和式（2-2-13）代入式（2-2-9）得：

$$\frac{L_{\mathrm{a}}J}{K_{\mathrm{e}}K_{\mathrm{m}}} \frac{\mathrm{d}^2\omega}{\mathrm{d}t^2} + \frac{R_{\mathrm{a}}J}{K_{\mathrm{e}}K_{\mathrm{m}}} \frac{\mathrm{d}\omega}{\mathrm{d}t} + \omega = \frac{1}{K_{\mathrm{e}}} u_{\mathrm{a}} - \frac{R_{\mathrm{a}}}{K_{\mathrm{e}}K_{\mathrm{m}}} M_{\mathrm{L}} - \frac{L_{\mathrm{a}}}{K_{\mathrm{e}}K_{\mathrm{m}}} \frac{\mathrm{d}M_{\mathrm{L}}}{\mathrm{d}t} \tag{2-2-14}$$

令　$T_{\mathrm{m}} = \dfrac{R_{\mathrm{a}}J}{K_{\mathrm{e}}K_{\mathrm{m}}}$ ——机电时间常数（s）；　$T_{\mathrm{e}} = \dfrac{L_{\mathrm{a}}}{R_{\mathrm{a}}}$ ——电磁时间常数（s）。

则得　　　$$T_{\mathrm{e}}T_{\mathrm{m}} \frac{\mathrm{d}^2\omega}{\mathrm{d}t^2} + T_{\mathrm{m}} \frac{\mathrm{d}\omega}{\mathrm{d}t} + \omega = \frac{1}{K_{\mathrm{e}}} u_{\mathrm{a}} - \frac{T_{\mathrm{m}}}{J} M_{\mathrm{L}} - \frac{T_{\mathrm{e}}T_{\mathrm{m}}}{J} \frac{\mathrm{d}M_{\mathrm{L}}}{\mathrm{d}t} \tag{2-2-15}$$

式（2-2-15）是直流电动机微分方程式，其输入为电枢电压 u_{a} 和负载力矩 M_{L}，输出为电机轴的角速度 ω，其中 u_{a} 是给定输入，M_{L} 是负载力矩。

若 $M_{\mathrm{L}} = 0$，于是：

$$T_{\mathrm{e}}T_{\mathrm{m}} \frac{\mathrm{d}^2\omega}{\mathrm{d}t^2} + T_{\mathrm{m}} \frac{\mathrm{d}\omega}{\mathrm{d}t} + \omega = K_{\mathrm{a}} u_{\mathrm{a}} \tag{2-2-16}$$

式中　$K_{\mathrm{a}} = \dfrac{1}{K_{\mathrm{e}}}$ ——电动机传递系数。

若 $T_{\mathrm{e}} \ll T_{\mathrm{m}}$，$T_{\mathrm{e}}$ 可以忽略不计，于是有：

$$T_{\mathrm{m}} \frac{\mathrm{d}\omega}{\mathrm{d}t} + \omega = K_{\mathrm{a}} u_{\mathrm{a}} \tag{2-2-17}$$

$$T_{\mathrm{e}}T_{\mathrm{m}} \frac{\mathrm{d}^3\theta}{\mathrm{d}t^3} + T_{\mathrm{m}} \frac{\mathrm{d}^2\theta}{\mathrm{d}t^2} + \frac{\mathrm{d}\theta}{\mathrm{d}t} = K_{\mathrm{a}} u_{\mathrm{a}} \tag{2-2-18}$$

$$T_{\mathrm{m}} \frac{\mathrm{d}^2\theta}{\mathrm{d}t^2} + \frac{\mathrm{d}\theta}{\mathrm{d}t} = K_{\mathrm{a}} u_{\mathrm{a}}$$

例 2-2-4　现以图 2-2-4 所示直流电动机调速系统为例介绍列写闭环控制系统方程式的步骤。

解：第一步——分析系统的工作原理，确定系统的输入、输出量。

第二步——系统分解为各个环节，绘制出系统结构图。

第三步——确定各环节的输入量、输出量，从输入端开始列写各环节的微分方程式。

第四步——消去中间变量，即可求得系统微分方程式。

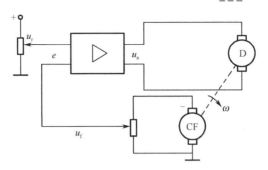

图 2-2-4　直流电动机调速系统

此系统的输入量为 u_r，输出量为 ω，扰动输入为负载力矩 M_L。反馈为 u_f，该系统由比较环节、放大环节、被控对象和反馈环节组成。其结构图如图 2-2-5 所示。

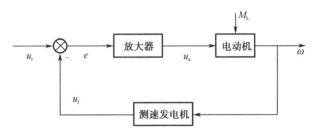

图 2-2-5　电动机调速系统结构图

列写各环节方程式：

（1）比较环节，误差为输入 u_r 与反馈 u_f 之差，即　$e = u_r - u_f$。

（2）放大器，输出电压与输入电压成正比，即

$$u_a = K_1 e$$

式中　K_1——放大器的放大系数。

（3）电动机。

由例 2-2-3 可知，若 $M_L = 0$，有：

$$T_e T_m \frac{\mathrm{d}^2 \omega}{\mathrm{d}t^2} + T_m \frac{\mathrm{d}\omega}{\mathrm{d}t} + \omega = K_a u_a$$

（4）测速发电机 CF。

输出电压 u_f 与输入角速度 ω 成正比，故有 $u_f = K_f \omega$。

消去中间变量 e、u_a、u_f，得系统的微分方程式为：

$$T_e T_m \frac{\mathrm{d}^2 \omega}{\mathrm{d}t^2} + T_m \frac{\mathrm{d}\omega}{\mathrm{d}t} + (1 + K_K)\omega = K_y u_r \qquad (2\text{-}2\text{-}19)$$

式中　$K_K = K_a K_1 K_f$——各元件传递系数的乘积，称为系统的开环放大系数；

　　　$K_y = K_a K_1$——前向通道各元件传递系数的乘积，称为前向通道放大系数。

当系统处于稳态时，$\dfrac{\mathrm{d}^2 \omega}{\mathrm{d}t^2} = \dfrac{\mathrm{d}\omega}{\mathrm{d}t} = 0$，则稳态时的角速度为　$\omega = \dfrac{K_y}{1 + K_k} u_r$。

注意：几乎所有的实际物理系统都不同程度地包含非线性特性的元件。有些元件非线性特性比较弱，就近似看作是线性元件，按线性元件处理；但有些元件非线性程度比较严重，不能简单地按线性元件处理，比如发电机励磁曲线。具体的处理方法参考相关书籍。本书主要分析线性系统。

2.2.2 传递函数

由上节列写的系统或元件的线性微分方程式可知，线性微分方程式的一般表达式为：

$$a_n \frac{\mathrm{d}^n y(t)}{\mathrm{d}t^n} + a_{n-1} \frac{\mathrm{d}^{n-1} y(t)}{\mathrm{d}t^{n-1}} + \cdots + a_1 \frac{\mathrm{d}y(t)}{\mathrm{d}t} + a_0 y(t)$$

$$= b_m \frac{\mathrm{d}^m x(t)}{\mathrm{d}t^m} + b_{m-1} \frac{\mathrm{d}^{m-1} x(t)}{\mathrm{d}t^{m-1}} + \cdots + b_1 \frac{\mathrm{d}x(t)}{\mathrm{d}t} + b_0 x(t) \qquad （2\text{-}2\text{-}20）$$

分析自动控制系统的性能，最直接的方法就是求解微分方程式，得到输出量的时间函数表达式，绘出该曲线，再根据曲线对系统性能进行评价。由于用拉氏变换求解微分方程简单方便，所以把系统用线性微分方程描述的数学模型转换为以复数 s 表示的数学模型，即传递函数。

当初始条件为零时，对式（2-2-20）进行拉氏变换，得到：

$$(a_n s^n + a_{n-1} s^{n-1} + \cdots + a_1 s + a_0) Y(s) = (b_m s^m + b_{m-1} s^{m-1} + \cdots + b_1 s + b_0) X(s) \qquad （2\text{-}2\text{-}21）$$

式中　$Y(s)=L[y(t)]$；$X(s)=L[x(t)]$；$a_n, a_{n-1}, \cdots, a_0$ 和 $b_m, b_{m-1}, \cdots, b_0$ 是与系统参数有关的常数。

系统输出的拉氏变换由式（2-2-21）可得：

$$Y(s) = \frac{b_m s^m + b_{m-1} s^{m-1} + \cdots + b_0}{a_n s^n + a_{n-1} s^{n-1} + \cdots + a_0} X(s)$$

令　$G(s) = \dfrac{b_m s^m + b_{m-1} s^{m-1} + \cdots + b_0}{a_n s^n + a_{n-1} s^{n-1} + \cdots + a_0}$

则 $Y(s)=G(s) \cdot X(s)$ 或 $G(s)=\dfrac{Y(s)}{X(s)}$，把 $G(s)$ 称为系统或环节的传递函数。

定义：在初始条件为零时，线性系统输出量的拉氏变换与输入量的拉氏变换之比称为线性系统（或元件）的传递函数。

传递函数是系统（或元件）数学模型的又一种表达形式，传递函数表示了系统把输入量变换成输出量的传递关系。它只和系统本身结构和参数有关，而与输入信号的形式无关。传递函数是研究线性定常系统的重要工具。

系统的传递函数 $G(s)$ 是复变量 s 的函数，又可用下式表示：

$$G(s) = \frac{K_g (s-z_1)(s-z_2) \cdots (s-z_m)}{(s-p_1)(s-p_2) \cdots (s-p_n)} = \frac{K_g \prod\limits_{i=1}^{m} (s-z_i)}{\prod\limits_{j=1}^{n} (s-p_j)}$$

式中　z_i——分子多项式等于零时的根，称为系统的零点；

　　　p_j——分母多项式（或称特征方程式）等于零时的根，称为系统的极点；

　　　K_g——系统增益。

零、极点的数值完全取决于系数 $a_n, a_{n-1}, \cdots, a_0$ 及 $b_m, b_{m-1}, \cdots, b_0$，即取决于系统结构参数。$z_i, p_j$ 可为实数，也可为复数，若为复数，必共轭成对出现。

将零、极点标在复平面上，则得传递函数的零、极点分布图。图中零点用"○"表示，极点用"×"表示，如图 2-2-6 所示。

下面举例说明求取简单环节传递函数的方法。

例 2-2-2 中质量、弹簧、阻尼器机械系统运动微分方程式为：

$$T_m^2 \frac{d^2 y(t)}{dt^2} + T_B \frac{dy(t)}{dt} + y(t) = K_a f(t)$$

初始条件为零时，拉氏变换为：

$$(T_m^2 s^2 + T_B s + 1)Y(s) = K_a F(s)$$

传递函数为：

$$G(s) = \frac{Y(s)}{F(s)} = \frac{K_a}{T_m^2 s^2 + T_B s + 1} \qquad （2-2-22）$$

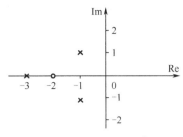

图 2-2-6　$G(s) = \dfrac{s+2}{(s+3)(s^2+2s+2)}$

零、极点分部图

如例 2-2-3，以角速度 ω 为输出，忽略负载时的微分方程为：

$$T_e T_m \frac{d^2 \omega}{dt^2} + T_m \frac{d\omega}{dt} + \omega = K_a u_a$$

初始条件为零时，拉氏变换为：

$$(T_e T_m s^2 + T_m s + 1)\Omega(s) = K_a U_a(s)$$

传递函数为：

$$G(s) = \frac{\Omega(s)}{U_a(s)} = \frac{K_a}{T_e T_m s^2 + T_m s + 1} \qquad （2-2-23）$$

若以转角 θ 为输出，则微分方程式为：

$$T_e T_m \frac{d^3 \theta}{dt^3} + T_m \frac{d^2 \theta}{dt^2} + \frac{d\theta}{dt} = K_a u_a$$

初始条件为零时，拉氏变换为：

$$(T_e T_m s^3 + T_m s^2 + s)\theta(s) = K_a U_a(s)$$

传递函数为：

$$G(s) = \frac{\theta(s)}{U_a(s)} = \frac{K_a}{s(T_e T_m s^2 + T_m s + 1)} \qquad （2-2-24）$$

从式（2-2-22）和式（2-2-23）可以看出，实际的物理元件完全不同，但它们的传递函数却有相同的形式，也就是说**不同元件可有相同的传递函数**。从式（2-2-23）和式（2-2-24）又可以看出，对于同一元件，选择的输出变量不同，传递函数也不同，也就是说同一元件可有不同的传递函数。实际的物理系统中某些元件的物理特性可能不同，但是，当它们具有相同形式的传递函数时，它们的瞬态特性则相似。

从上面的分析可知。传递函数的性质如下：

（1）传递函数是描述线性系统或线性元件特性的一种数学模型。它和系统或元件的运动微分方程式一一对应。

（2）传递函数反映系统本身的瞬态特性，只与系统本身参数、结构有关，与输入信号无关。

（3）传递函数不反映系统的物理结构，不同的物理结构系统，它们可以具有相同形式的传递函数。具有相同形式的传递函数，从信号传输的角度来看，具有相同的瞬态特性。

（4）传递函数只能表明单输入、单输出信号传递关系。对多输入、多输出要用传递函数矩阵。

（5）传递函数 $G(s)$ 中的分子和分母是复变量 s 的有理多项式。对于工程系统分母的阶次 n 大于或等于分子的阶次 m，即 $n \geqslant m$，这是因为实际物理系统总是有惯性的。

例 2-2-5 求图 2-2-7 所示机械系统的传递函数。$f(t)$ 为输入，$x(t)$ 为输出（不计摩擦）。

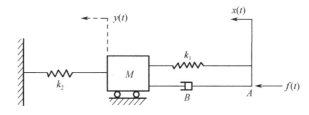

图 2-2-7 机械系统

解：设质量 M 的位移 $y(t)$ 为中间变量，取分离体，其受力分析图如图 2-2-8 所示。

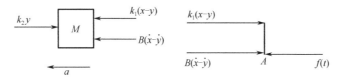

图 2-2-8 分离体受力分析图

依据 A 点力平衡及牛顿定律列写原始方程式：

$$f(t) = B(\dot{x} - \dot{y}) + k_1(x - y)$$
$$M\ddot{y} = B(\dot{x} - \dot{y}) + k_1(x - y) - k_2 y$$

作拉氏变换：

$$F(s) = (k_1 + Bs)X(s) - (k_1 + Bs)Y(s) \tag{2-2-25}$$

$$Ms^2 Y(s) = (k_1 + Bs)X(s) - (k_1 + Bs)Y(s) - k_2 Y(s)$$

或
$$(Ms^2 + Bs + k_1 + k_2)Y(s) = (k_1 + Bs)X(s) \tag{2-2-26}$$

由式（2-2-25）解出 $Y(s)$ 代入式（2-2-26）可得：

$$G(s) = \frac{X(s)}{F(s)} = \frac{Ms^2 + Bs + k_1 + k_2}{(Ms^2 + k_2)(k_1 + Bs)}$$

2.2.3 系统结构图

元件或系统的传递函数求取方法，除了前面介绍的列写微分方程进行拉氏变换，求取传递函数之外，还经常采用绘制系统结构图的方法求取传递函数。

将控制系统中所有的环节用方框图表示，并且按照在系统中各环节之间的信号传递关系连接起来，便构成系统结构图。

系统结构图由环节方框图、相加点、分支点及信号线组成。相加点对信号进行代数运算。相加点、分支点表示方法如图 2-2-9 所示。

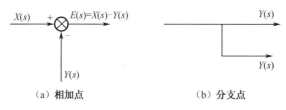

（a）相加点 （b）分支点

图 2-2-9 相加点、分支点表示方法

相加点表示几个输入信号在相加点处进行代数运算，分支点表示信号引出和测量的位置，同一位置引出的信号，大小和性质是完全相同的。

用系统结构描述控制系统有以下优点：

（1）可形象、明确地表达系统瞬态过程各环节的数学模型及相互关系。

（2）便于模拟以及求取系统的中间变量。

（3）结构图具有数学性质，可进行代算运算和等效变换是计算系统传递函数的有力工具。

系统结构图的绘制步骤如下：

（1）列写每个环节的运动微分方程式。

（2）由微分方程式求出相应的传递函数。

（3）依据传递函数画出相应的方框图。

（4）按信号的传递关系将方框图适当地连接起来，便构成系统结构图。

现以图 2-2-4 所示的直流电动机调速系统为例说明系统结构图的绘制步骤。

第一步 列写微分方程式。

比较环节：$e = u_r - u_f$

放大器：$u_a = K_1 e$

电动机：电路电压方程 $L_a \dfrac{\mathrm{d}i_a}{\mathrm{d}t} + R_a i_a + K_e \omega = u_a$

动力学方程 $J \dfrac{\mathrm{d}\omega}{\mathrm{d}t} = M_D - M_L$

电磁力矩 $M_D = K_m i_a$

测速发电机：$u_f = K_f \omega$

第二步 对运动方程式在初始条件为零时进行拉氏变换，确定环节的输入、输出，求环节传递函数。

$$E(s) = U_r(s) - U_f(s)$$

$$U_a(s) = K_1 E(s) \text{ 或 } \frac{U_a(s)}{E(s)} = K_1$$

$$(L_a s + R_a)I_a(s) + K_e \Omega(s) = U_a(s) \text{ 或 } \frac{I_a(s)}{U_a(s) - K_e \Omega(s)} = \frac{1}{L_a s + R_a}$$

$$Js\Omega(s) = M_D(s) - M_L(s) \text{ 或 } \frac{\Omega(s)}{M_D - M_L} = \frac{1}{Js}$$

$$M_D(s) = K_m I_a(s)$$

$$U_f(s) = K_f \Omega(s)$$

第三步 绘出各环节方框图（如图 2-2-10 所示）。

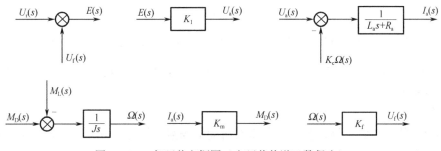

图 2-2-10 各环节方框图（由环节传递函数得出）

第四步　按信号的传递关系连接各环节的方框图，得到直流电动机调速系统结构图（如图 2-2-11 所示）。

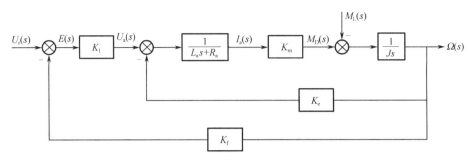

图 2-2-11　直流电动机调速系统结构图

在实际绘制结构图时，第三步与第四步可以合并在一起直接绘制出系统结构图。

2.2.4　典型环节的传递函数

由上面的例子可以看出，系统结构图中的方块相当于链条中的一个个环节，故方块也可称作环节，而方块中表示的传递函数称作环节的传递函数，系统元部件不同，环节传递函数也会有差异，但是可以发现，环节传递函数都不外乎是几种简单的典型形式的组合，这些典型的单元常称作典型环节，下面介绍几种常见的典型环节。

1.　比例放大环节

（1）微分方程：$y(t) = Kx(t)$。

（2）传递函数与功能框：$G(s) = \dfrac{Y(s)}{X(s)} = K$，功能框图如图 2-2-12（a）所示。

（3）动态响应：当 $x(t)=1(t)$时，$y(t)=K \cdot 1(t)$，比例环节能立即成比例地响应输入量的变化，比例环节的阶跃响应曲线如图 2-2-12（b）所示。

（4）实例。

比例环节是自动控制系统中遇到最多的一种，比如电子放大器、齿轮减速器、杠杆机构、弹簧、电位器等，如图 2-2-12（c）所示。

2.　积分环节

（1）微分方程：$y(t) = \dfrac{1}{T} \displaystyle\int_0^t x(t)\mathrm{d}t$（$T$ 为积分时间常数）。

（2）传递函数与功能框：$G(s) = \dfrac{Y(s)}{X(s)} = \dfrac{K}{s} = \dfrac{1}{Ts}$，功能框图如图 2-2-13（a）所示。

（3）动态响应：当 $x(t)=1(t)$时，$X(s)=1/s$；$Y(s) = G(s)X(s) = \dfrac{1}{Ts} \cdot \dfrac{1}{s}$，则 $y(t) = \dfrac{1}{T}t$。

其阶跃响应曲线如图 2-2-13（b）所示。由图可见，输出量随着时间的增长而不断增加，增长的斜率为 $1/T$。

（4）实例。

积分环节的特点是它的输出量为输入量对时间的积累。因此，凡是输出量对输入量有储存和积累特点的元件一般都含有积分环节，比如水箱的水位与水流量、烘箱的温度与热流量

（或功率）、机械运动中的转速与转矩、位移与速度、速度与加速度、电容的电量与电流等，如图 2-2-13（c）所示。积分环节也是自动控制系统中遇到最多的环节之一。**在控制系统中，积分环节常被用来改善系统的稳态误差。**

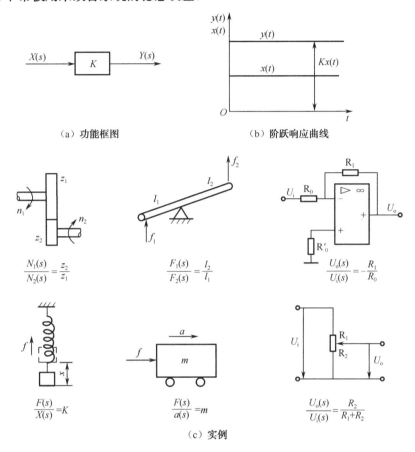

（a）功能框图 　　　　　　　　　　（b）阶跃响应曲线

（c）实例

图 2-2-12　比例环节（Proportional Element）

3. 理想微分环节

（1）微分方程：$y(t) = \tau \dfrac{\mathrm{d}x(t)}{\mathrm{d}t}$　（τ 为微分时间常数）。

（2）传递函数与功能框：$G(s) = \dfrac{Y(s)}{X(s)} = \tau s$，功能框图如图 2-2-14（a）所示。

实用微分环节：$G(s) = \dfrac{Y(s)}{X(s)} = \dfrac{Ts}{1+Ts}$。

（3）动态响应。

当 $x(t)=1(t)$ 时，$X(s)=1/s$，$Y(s) = G(s)X(s) = \tau s \cdot \dfrac{1}{s} = \tau$，则 $y(t) = \tau\delta(t)$。式中 $\delta(t)$ 为单位脉冲函数，其阶跃响应曲线如图 2-2-14（b）所示。

（4）实例。

理想微分环节的输出量与输入量间的关系恰好与积分环节相反，传递函数互为倒数，因此，积分环节的逆过程就是理想微分环节。比如，不经过电阻对电容的充电过程，电流与电压间的关系即为一理想微分环节，如图 2-2-14（c）所示。

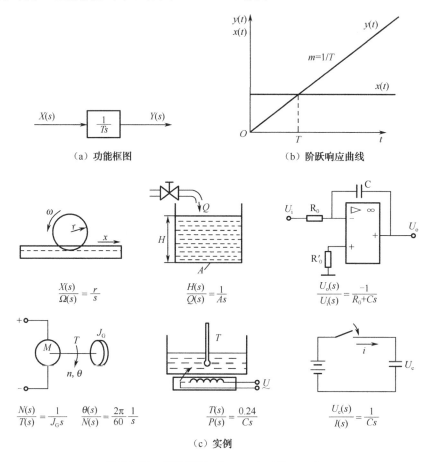

（a）功能框图　　　（b）阶跃响应曲线

（c）实例

图 2-2-13　积分环节（Integrating Element）

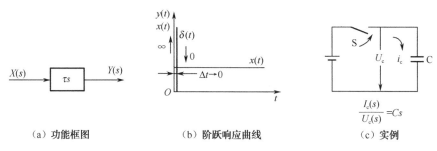

（a）功能框图　　　（b）阶跃响应曲线　　　（c）实例

图 2-2-14　理想微分环节（Ideal Derivative Element）

4. 惯性环节

（1）微分方程：$T\dfrac{\mathrm{d}y(t)}{\mathrm{d}t}+y(t)=x(t)$（$T$ 为惯性时间常数）。

（2）传递函数与功能框：$G(s)=\dfrac{Y(s)}{X(s)}=\dfrac{1}{Ts+1}$，功能框图如图 2-2-15（a）所示。

（3）动态响应。

当 $x(t)=1(t)$ 时，$X(s)=1/s$，$Y(s)=G(s)X(s)=\dfrac{1}{Ts+1}\cdot\dfrac{1}{s}=\dfrac{1}{s}-\dfrac{1}{s+1/T}$，则 $y(t)=1-\mathrm{e}^{-t/T}$。

惯性环节的阶跃响应曲线如图 2-2-15（b）所示。由图可见，当输入量发生突变时，输出量不能突变，只能按指数规律逐渐变化，从而反映了该环节具有惯性。

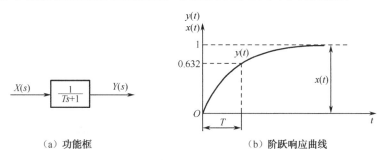

（a）功能框 （b）阶跃响应曲线

图 2-2-15 惯性环节（Ineritial Element）

（4）实例。

属于惯性环节的元件有：电阻、电感电路；电阻、电容电路；惯性调节器；弹簧-阻尼系统等，如图 2-2-16 所示。还有 RC 网络、忽略电枢电感的直流伺服电动机等。

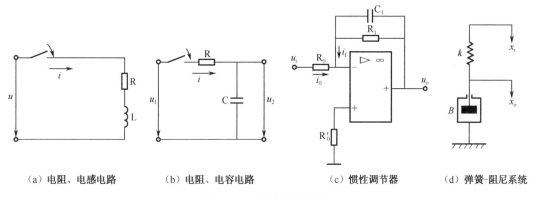

（a）电阻、电感电路 （b）电阻、电容电路 （c）惯性调节器 （d）弹簧-阻尼系统

图 2-2-16 惯性环节实例

5. 比例微分环节

（1）微分方程：$y(t)=\tau\dfrac{\mathrm{d}x(t)}{\mathrm{d}t}+x(t)$ （τ 为微分时间常数）。

（2）传递函数与功能框图：$G(s)=\dfrac{Y(s)}{X(s)}=\tau s+1$，比例微分环节的传递函数恰与惯性环节相反，互为倒数。功能框图如图 2-2-17（a）所示。

（3）动态响应。

比例微分环节的阶跃响应为比例与微分环节的阶跃响应的叠加，其阶跃响应曲线如图 2-2-17（b）所示。

（4）实例。

图 2-2-17（c）所示的实例为比例微分调节器，其传递函数及其在系统中的应用将在后面分析。在自动控制系统中微分环节常用来改善系统的瞬态性能，减小振荡，增加系统的稳定性。

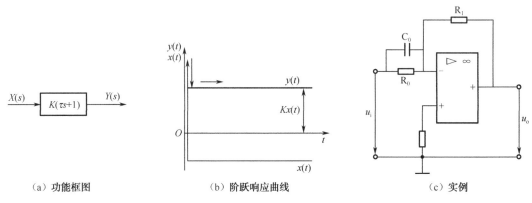

（a）功能框图   （b）阶跃响应曲线   （c）实例

图 2-2-17　比例微分环节（Proportional-Derivative Element）

6. 振荡环节

（1）微分方程：$T^2 \dfrac{\mathrm{d}^2 y(t)}{\mathrm{d}t^2} + 2T\xi \dfrac{\mathrm{d}y(t)}{\mathrm{d}t} + y(t) = x(t)$（$T$ 为时间常数）。

（2）传递函数与功能框图：

$G(s) = \dfrac{\omega_n^2}{s^2 + 2\zeta\omega_n s + \omega_n^2} = \dfrac{1}{T^2 s^2 + 2T\xi s + 1}$。其中，$T = \dfrac{1}{\omega_n}$，$\omega_n$ 为无阻尼振荡角频率；ξ 为阻尼比；ω_n、ξ 是振荡环节的两个重要参数。其功能框图如图 2-2-18（a）所示。

（3）动态响应（详细分析参见第 3 章）。

当 $\xi = 0$ 时，$y(t)$ 为**等幅自由振荡**（又称为无阻尼振荡）。

当 $0 < \xi < 1$ 时，$y(t)$ 为**减幅振荡**（又称为阻尼振荡）。其振荡频率为 ω_d，ω_d 称为阻尼自然振荡频率。

$y(t) = 1 - \dfrac{\mathrm{e}^{-\xi\omega_n t}}{\sqrt{1-\xi^2}}\sin(\omega_d t + \varphi)$，式中 $\omega_d = \omega_n\sqrt{1-\xi^2}$；$\varphi = \arctan\dfrac{\sqrt{1-\xi^2}}{\xi}$。

其阶跃响应曲线如图 2-2-18（b）所示。

（4）实例。

振荡环节的特点在于它包含了两个独立储能元件并且能量可以相互转换。比如弹簧-质量机械系统、R-L-C 电路、直流可控电动机等都是二阶振荡环节。

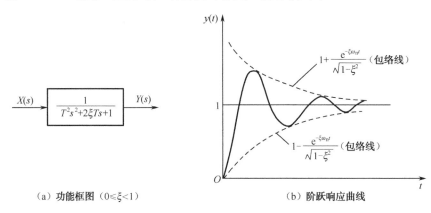

（a）功能框图（$0 \leqslant \xi < 1$）   （b）阶跃响应曲线

图 2-2-18　振荡环节（Oscillating Element）

7. 延迟环节

延迟环节又称时滞环节，其输出量与输入量变化形式相同，但要延迟一段时间。

（1）微分方程：$y(t) = x(t - \tau_0)$（τ_0 为纯延迟时间）。

（2）传递函数与功能框图：

由拉氏变换延迟定理可得 $G(s) = \dfrac{Y(s)}{X(s)} = \mathrm{e}^{-\tau_0 s} = \dfrac{1}{\mathrm{e}^{\tau_0 s}}$。 　　　　　　　　　　　（2-2-27）

若将 $\mathrm{e}^{\tau_0 s}$ 按泰勒（Taylor）级数展开得　$\mathrm{e}^{\tau_0 s} = 1 + \tau_0 s + \dfrac{\tau_0^2 s^2}{2!} + \dfrac{\tau_0^3 s^3}{3!} + \cdots$。

由于 τ_0 很小，所以可只取前两项，即 $\mathrm{e}^{-T_0 s} \approx 1 + \tau_0 s$，于是由式（2-2-27）有：

$$G(s) = \frac{Y(s)}{X(s)} = \mathrm{e}^{-\tau_0 s} = \frac{1}{\mathrm{e}^{\tau_0 s}} \approx \frac{1}{\tau_0 s + 1}$$

上式表明，**在延迟时间很小的情况下，延迟环节可用一个小惯性环节来代替**。延迟环节的功能框图如图 2-2-18（a）所示。

（3）动态响应。

延迟环节的阶跃响应曲线如图 2-2-19（b）所示。

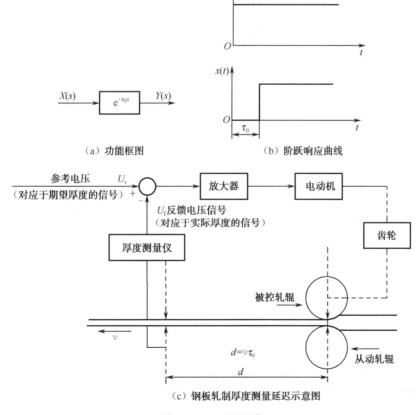

（a）功能框图　　　　　　　　（b）阶跃响应曲线

（c）钢板轧制厚度测量延迟示意图

图 2-2-19　延迟环节

（4）实例。

① 液压油从液压泵到阀控油缸间的管道传输产生的时间上的延迟。

② 热量通过传导因传输速率低而造成的时间上的延迟。

③ 晶闸管整流电路，当控制电压改变时，由于晶闸管导通后即失控，要等到下一个周期开始后才能响应，这意味着，在时间上也会造成延迟（对单相全波电路，平均延迟时间 $\tau_0 = 5\text{ms}$；对三相桥式电路，$\tau_0 = 1.7\text{ms}$）。

④ 各种传送带（或传送装置）因传送造成的时间上的延迟。

⑤ 从切削加工状况到测得结果之间的时间上的延迟。

系统中出现时滞，对系统的稳定性很不利，时滞越大，影响越大。

图 2-2-19（c）所示为一钢板轧机示意图。由图可见，若轧机轧辊中心线到厚度测量仪的距离为 d（这段距离是无法避免的），设轧钢的线速度为 v，则测得实际厚度的时刻要比轧制的时刻延迟 τ_0（$\tau_0 = d/v$）。

8. 运算放大器

图 2-2-20 为运算放大器的电路图。由于运算放大器的开环增益极大，输入阻抗也极大，所以把 A 点看成"虚地"，即 $U_A \approx 0$。同时有 $i' \approx 0$ 及 $i_1 \approx -i_f$。于是 $\dfrac{U_i(s)}{Z_0(s)} = -\dfrac{U_o(s)}{Z_f(s)}$。

由上式可得运算放大器的传递函数为：

$$G(s) = \frac{U_o(s)}{U_i(s)} = -\frac{Z_f(s)}{Z_0(s)} \tag{2-2-28}$$

由上式可见，**若选择不同的输入回路阻抗 Z_0 和反馈回路阻抗 Z_f，就可组成各种不同的传递函数。这是运算放大器的一个突出的优点**。应用这一点，可以组成各种调节器和各种模拟电路。

例 2-2-6　比例加积分调节器的传递函数。

解： 比例加积分调节的电路图如图 2-2-21 所示。由图可知：

$$Z_0(s) = R_0, \quad Z_f(s) = R_1(s) + \frac{1}{C_1 s}$$

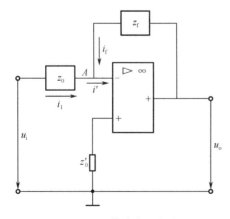

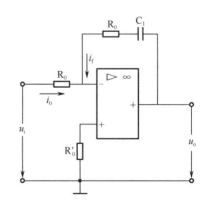

图 2-2-20　运算放大器电路图　　　　图 2-2-21　比例加积分调节器电路图

将上两式代入式（2-2-28）有：

$$G(s) = \frac{U_o(s)}{U_i(s)} = \frac{Z_f(s)}{Z_0(s)} = -\left(\frac{R_1}{R_0} + \frac{1}{R_0 C_1 s} \right) = K \frac{Ts + 1}{Ts}$$

式中　$K = -\dfrac{R_1}{R_0}$；

　　　$T = R_1 C_1$。

2.3　结构图等效变换和系统传递函数

2.3.1　典型连接的等效传递函数

1. 串联连接的等效传递函数

在控制系统中若干个环节按信号传递的方向串联在一起，并且各环节之间没有负载效应和返回影响时，这种连接称为串联连接。若干个串联环节可以等效成一个环节。现以两个串联环节为例说明等效传递函数的计算方法，如图 2-3-1 所示。

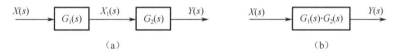

（a）　　　　　　　　　　　　　　　　　（b）

图 2-3-1　串联连接

等效传递函数计算方法：

$$G(s) = \frac{Y(s)}{X(s)} = \frac{X_1(s)}{X(s)} \cdot \frac{Y(s)}{X_1(s)} = G_1(s) \cdot G_2(s) \tag{2-3-1}$$

式（2-3-1）表明，两个环节相串联，则等效传递函数等于两个传递函数的乘积。若有几个环节相串联，则等效传递函数为各环节传递函数之积，即：

$$G(s) = G_1(s)G_2(s)\cdots G_n(s) = \prod_{i=1}^{n} G_i(s)$$

但必须说明，上面的结论只有在环节间无负载效应时才成立。

2. 并联连接的等效传递函数

在自动控制系统中，同一信号输入到各环节，并转换成物理量相同的信号，再相加后成为输出信号，这种连接称为并联连接，如图 2-3-2 所示。

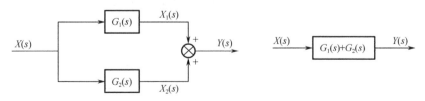

图 2-3-2　并联连接

计算方法：

由 $Y(s) = X_1(s) + X_2(s) = G_1(s)X(s) + G_2(s)X(s) = [G_1(s) + G_2(s)]X(s)$

等效传递函数为 $G(s) = \dfrac{Y(s)}{X(s)} = G_1(s) + G_2(s)$ $\tag{2-3-2}$

式（2-3-2）表明两个环节并联的等效传递函数等于两个环节传递函数的代数和。若有几个环节并联时，等效传递函数等于各环节的传递函数代数和。即：

$$G(s) = G_1(s) + G_2(s) + \cdots + G_n(s) = \sum_{i=1}^{n} G_i(s)$$

3. 反馈连接的等效传递函数

如图 2-3-3 所示为反馈连接，对于这种连接，各信号的关系为：

$$E(s) = X(s) \mp X_f(s)$$

$$Y(s) = G(s)\,E(s)$$

$$X_f(s) = H(s)\,Y(s)$$

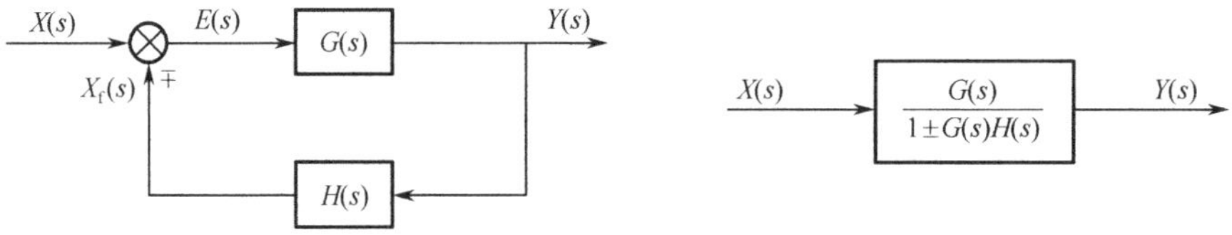

图 2-3-3 反馈连接

消去中间变量 $X_f(s)$ 和 $E(s)$，便可得到反馈连接的等效传递函数 $G_B(s)$。

负反馈时：

$$G_B(s) = \frac{G(s)}{1 + G(s)H(s)} \tag{2-3-3}$$

正反馈时：

$$G_B(s) = \frac{G(s)}{1 - G(s)H(s)} \tag{2-3-4}$$

反馈连接是重要的连接方式之一，是结构变换中最常用的基本公式。当反馈通道的传递函数 $H(s)=1$ 时，称为单位反馈。则：

$$G_B(s) = \frac{G(s)}{1 + G(s)} \tag{2-3-5}$$

4. 相加点和分支点的移动

对复杂的系统，为了求取传递函数，常常需要将分支点、相加点进行移动。移动的原则是，移动前、后应保持信号不变。

下面介绍几种经常遇到的移动规则。

（1）相加点从某一方框的输入端移到输出端，如图 2-3-4 所示。

图 2-3-4 相加点后移

（2）相加点从某一方框的输出端移到输入端，如图 2-3-5 所示。

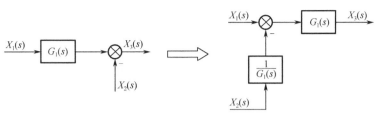

图 2-3-5 相加点前移

（3）分支点从某一方框的输入端移到输出端，如图 2-3-6 所示。两者是等效的。

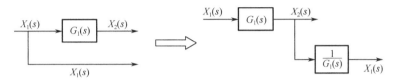

图 2-3-6 分支点后移

（4）分支点从某一方框的输出端移到输入端，如图 2-3-7 所示。两者是等效的。

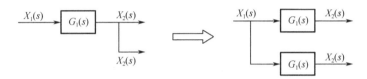

图 2-3-7 分支点前移

（5）两个分支点之间可以互换位置，如图 2-3-8 所示。

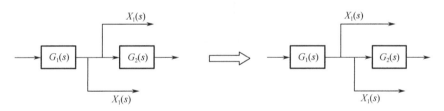

图 2-3-8 分支点互换位置

（6）分支点和相加点一般不能简单地换位，如图 2-3-9 所示。

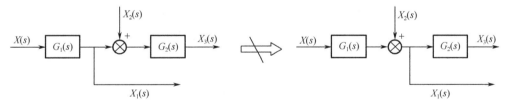

图 2-3-9 不正确换位

换位前： $X_1(s) = G_1(s)X(s)$

换位后： $X_1(s) = G_1(s)X(s) + X_2(s)$

两者不等，正确换位如图 2-3-10 所示。

换位后： $X_1(s) = G_1(s)X(s) + X_2(s) - X_2(s) = G_1(s)X(s)$

换位后需要增加一个相加点，并减去 $X_2(s)$ 两者才能等效。故分支点和相加点换位时应该特别注意。

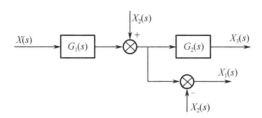

图 2-3-10　正确换位

例 2-3-1　简化图 2-3-11（a）所示的系统结构图，并求系统传递函数。

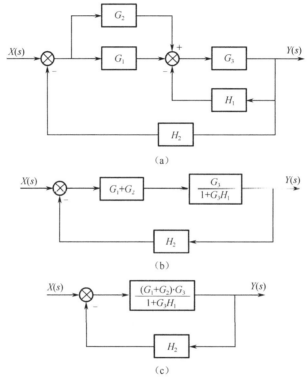

图 2-3-11　系统结构图

解： 这是一个无交叉多回路结构图，具有并、串联，局部反馈，主反馈系统。首先将并联和局部反馈简化，如图 2-3-11（b）所示，再将串联简化，如图 2-3-11（c）所示。

系统开环传递函数为：

$$G_K(s) = \frac{(G_1 + G_2) \cdot G_3 \cdot H_2}{1 + G_3 \cdot H_1}$$

系统闭环传递函数为：

$$G_B(s) = \frac{(G_1 + G_2) \cdot G_3}{1 + G_3 H_1 + (G_1 + G_2) \cdot G_3 \cdot H_2}$$

误差传递函数为：

$$G_e(s) = \frac{1}{1 + G_K(s)} = \frac{1 + G_3 H_1}{1 + G_3 H_1 + (G_1 + G_2) \cdot G_3 \cdot H_2}$$

例 2-3-2　简化图 2-3-12（a）所示系统结构图，并求系统闭环传递函数。

解：这是一个多回路结构图，具有相加点和分支点交叉。简化这种系统时，首先要把交叉连接变换成无交叉连接的多回路系统。方法之一是将分支点 *A* 前移，如图 2-3-12（a）所示，简化成无交叉多回路系统，然后按无交叉多回路从内往外进行简化，如图 2-3-12（b）和图 2-3-12（c）所示。

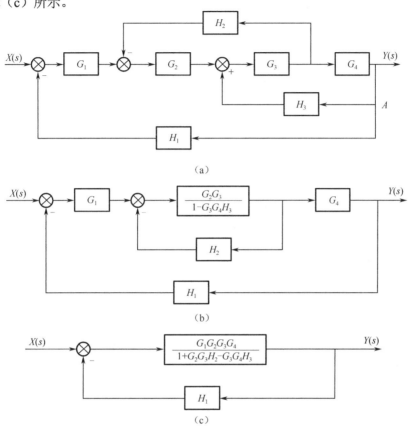

（a）

（b）

（c）

图 2-3-12　系统结构图

闭环传递函数为：

$$G_{\text{B}}(s) = \frac{Y(s)}{X(s)} = \frac{G_1 G_2 G_3 G_4}{1 + G_2 G_3 H_2 - G_3 G_4 H_3 + G_1 G_2 G_3 G_4 H_1}$$

例 2-3-3　简化图 2-3-13（a）所示系统结构图，并求闭环传递函数。

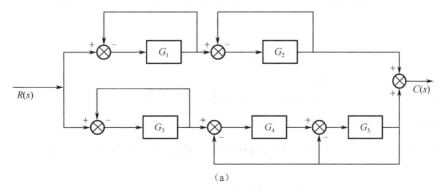

（a）

图 2-3-13　系统结构图

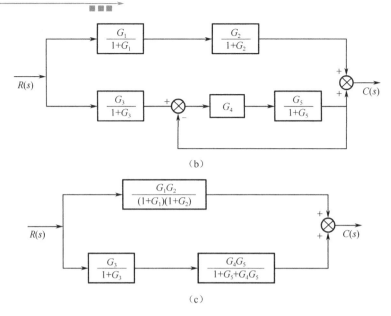

（b）

（c）

图 2-3-13   系统结构图（续）

解：闭环传递函数为

$$G_B(s) = \frac{C(s)}{R(s)} = \frac{G_1 G_2}{(1+G_1)(1+G_2)} + \frac{G_3 G_4 G_5}{(1+G_3)(1+G_5+G_4 G_5)}$$

2.3.2   用梅逊公式求传递函数

应用梅逊（S.J.Mason）公式，可不经任何结构交换，一步写出系统总传递函数。

梅逊公式为：

$$G(s) = \frac{\sum\limits_{K=1}^{n} p_K \Delta_K}{\Delta} \tag{2-3-6}$$

式中 $G(s)$——总传递函数；

p_K——第 K 条前向通道的传递函数；

n——前向通道数。一个前向通道，自身不能有重复的路径，但各前向通道之间允许有相同的部分；

Δ_K——将 Δ 中与第 K 条前向通道相接触（有重合部分）的回路所在项去掉之后的余子式；

Δ——主特征式，且：

$$\Delta = 1 - \sum L_a + \sum L_b L_c - \sum L_d L_e L_f \tag{2-3-7}$$

式中 $\sum L_a$——各回路的回路传递函数之和；

$\sum L_b L_c$——两两互不接触的回路，其回路传递函数乘积之和；

$\sum L_d L_e L_f$——所有三个互不接触的回路，其回路传递函数乘积之和。

回路传递函数是指反馈回路的前向通道和反馈通道传递函数的乘积，并且包含表示反馈极性的正、负号。

例 2-3-4   试求图 2-3-14 所示多回路系统的传递函数。

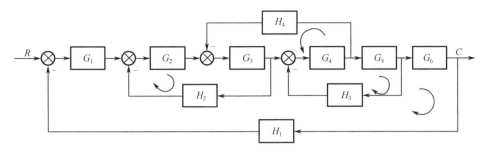

图 2-3-14　多回路系统

解：（1）求 Δ。

系统可以构成四个反馈回路，故：

$$\sum_{a=1}^{4} L_a = L_1 + L_2 + L_3 + L_4$$

$$= -G_1 G_2 G_3 G_4 G_5 G_6 H_1 - G_2 G_3 H_2 - G_4 G_5 H_3 - G_3 G_4 H_4$$

由于均为负反馈回路，各回路传递函数均带负号。

另外，诸回路中只有两个小回路互不接触，没有重合部分，因此：

$$\sum L_b L_c = L_2 L_3 = (-G_2 G_3 H_2)(-G_4 G_5 H_3)$$

$$= G_2 G_3 G_4 G_5 H_2 H_3$$

而 $\sum L_d L_e L_f$ 不存在。

故可得 $\Delta = 1 - \sum L_a + \sum L_b L_c$

$$= 1 + G_1 G_2 G_3 G_4 G_5 G_6 H_1 + G_2 G_3 H_2 + G_4 G_5 H_3 + G_3 G_4 H_4 + G_2 G_3 G_4 G_5 H_2 H_3$$

（2）求 p_K 和 Δ_K。

图 2-3-14 中只有一条向前通道，即输入信号 R 只能经 $G_1 \sim G_6$ 传递至输出端，因此：

$$p_1 = G_1 G_2 G_3 G_4 G_5 G_6$$

又由于所有四个回路均与前向通道相接触，有重合的部分，故 Δ 中去掉这些回路所在项得余子式 $\Delta_1 = 1$。

（3）求总传递函数 C/R。

将 Δ、p_1、Δ_1 代入梅逊公式（2-3-6），得系统传递函数：

$$\frac{C}{R} = \frac{p_1 \Delta_1}{\Delta} = \frac{G_1 G_2 G_3 G_4 G_5 G_6}{1 + G_1 G_2 G_3 G_4 G_5 G_6 H_1 + G_2 G_3 H_2 + G_4 G_5 H_3 + G_3 G_4 H_4 + G_2 G_3 G_4 G_5 H_2 H_3}$$

应用梅逊公式，将大大简化结构变换的计算。但当系统结构较复杂时，容易将前向通道数、回路数及余子式判断错，需格外注意。

例 2-3-5　试求图 2-3-15 所示系统的传递函数。

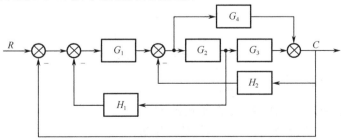

图 2-3-15　系统结构图

解：（1）求 Δ。

此系统关键是回路数应判断正确，共有 5 个反馈回路，回路传递函数分别为 $L_1 = -G_1G_2H_1$，$L_2 = -G_2G_3H_2$，$L_3 = -G_1G_2G_3$，$L_4 = -G_1G_4$，$L_5 = -G_4H_2$，且各回路相互接触，故：

$$\Delta = 1 - \sum_{a=1}^{5} L_a = 1 + G_1G_2H_1 + G_2G_3H_2 + G_1G_2G_3 + G_1G_4 + G_4H_2$$

（2）求 p_K 和 Δ_K。

系统有两条前向通道，且 $p_1 = G_1G_2G_3$、$p_2 = G_1G_4$。

又两条前向通道与 5 个回路均有相重的部分，故 Δ 的余子式 $\Delta_1 = \Delta_2 = 1$。

（3）求总传递函数。

将 Δ、p_K、Δ_K 代入式（2-3-6），得系统传递函数：

$$\frac{C}{R} = \frac{G_1G_2G_3 + G_1G_4}{1 + G_1G_2G_3 + G_1G_2H_1 + G_2G_3H_2 + G_1G_4 + G_4H_2}$$

例 2-3-6 试求图 2-3-16 所示三级 RC 网络的总传递函数 U_c / U_r。

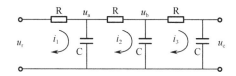

图 2-3-16 三级 RC 网络

解：应用电路理论及复阻抗概念，绘出网络的动态结构如图 2-3-17 所示。

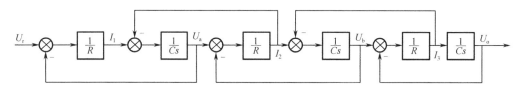

图 2-3-17 三级 RC 网络动态结构图

故：

$$\sum L_a = -\frac{5}{RCs}$$

又由于 5 个回路中可以组成六对两两互不接触的回路，故：

$$\sum L_b L_c = \frac{6}{R^2C^2s^2}$$

另外，还有一组三个互不接触的回路，因此：

$$\sum L_d L_e L_f = -\frac{1}{R^3C^3s^3}$$

而

$$\Delta = 1 + \frac{5}{RCs} + \frac{6}{R^2C^2s^2} + \frac{1}{R^3C^3s^3}$$

又前向通道只有一条，即 $p_1 = \dfrac{1}{R^3C^3s^3}$。

而该前通道与各回路均有接触，故余子式 $\Delta_1 = 1$。

将 Δ、p_1、Δ_1 代入梅逊公式，可得网络传递函数：

$$\frac{U_{\mathrm{c}}(s)}{U_{\mathrm{r}}(s)} = \frac{p_1 \Delta_1}{\Delta} = \frac{\dfrac{1}{R^3 C^3 s^3}}{1 + \dfrac{5}{RCs} + \dfrac{6}{R^2 C^2 s^2} + \dfrac{1}{R^3 C^3 s^3}}$$

$$= \frac{1}{R^3 C^3 s^3 + 5R^2 C^2 s^2 + 6RCs + 1}$$

2.3.3 系统传递函数

在工程应用中，一般是利用结构图求取系统的传递函数。控制系统的典型结构图如图 2-3-18 所示。

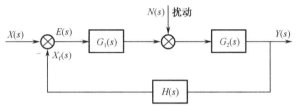

$X(s)$—控制输入；$N(s)$—扰动输入；$Y(s)$—输出；$E(s)$—偏差信号；$X_{\mathrm{f}}(s)$—主反馈信号

图 2-3-18　控制系统的典型结构图

1. 系统闭环传递函数

令扰动 $N(s)$ 为零，在初始条件为零时，系统输出量与输入量的拉氏变换之比称为系统的闭环传递函数，以 $G_{\mathrm{B}}(s)$ 表示：

$$G_{\mathrm{B}}(s) = \frac{Y(s)}{X(s)} = \frac{G(s)}{1 + G(s) \cdot H(s)}$$

式中　$G(s) = G_1(s) \cdot G_2(s)$——前向通道的传递函数。

若反馈为单位反馈，即 $H(s)=1$ 时，系统的闭环传递函数为 $G(s) = \dfrac{Y(s)}{X(s)} = \dfrac{G(s)}{1 + G(s)}$。

2. 系统开环传递函数

扰动作用为零时，将主反馈信号在相加点之前断开。断开之后主反馈信号的拉氏变换与偏差信号的拉氏变换之比称为开环传递函数，以 $G_{\mathrm{K}}(s)$ 表示为：

$$G_{\mathrm{K}}(s) = \frac{X_{\mathrm{f}}(s)}{E(s)} = G(s) \cdot H(s)$$

式中　$G(s) = G_1(s) \cdot G_2(s)$。

单位反馈系统即 $H(s)=1$ 时，$G_{\mathrm{K}}(s) = G(s)$。

开环传递函数是用频率法分析系统的主要数学模型。

3. 误差传递函数

扰动作用为零时，以偏差信号 $e(t)$ 作为输出，$x(t)$ 信号作为输入。依据传递函数的定义有：

$$G_{\mathrm{e}}(s) = \frac{E(s)}{X(s)} = \frac{1}{1 + G_{\mathrm{K}}(s)}$$

误差传递函数是稳态误差分析计算的主要数学模型。

4. 扰动作用的闭环传递函数

对于扰动输入 $N(s)$ 来说，前向通道传递函数为 $G_2(s)$ ，反馈通道传递函数为 $G_1(s)H(s)$ ，以 $G_N(s)$ 表示扰动传递函数，令 $X(s)=0$ 时：

$$G_N(s) = \frac{Y(s)}{N(s)} = \frac{G_2(s)}{1+G(s)H(s)}$$

若控制输入 $x(t)$ 和扰动输入 $n(t)$ 同时作用时，应用叠加原理，输出的拉氏变换为：

$$
\begin{aligned}
Y(s) &= G_B(s) \cdot X(s) + G_N(s) \cdot N(s) \\
&= \frac{G_1(s)G_2(s)}{1+G(s)H(s)} \cdot X(s) + \frac{G_2(s)}{1+G(s)H(s)} \cdot N(s) \\
&= \frac{G_2(s)}{1+G(s)H(s)} \cdot [G_1(s)X(s) + N(s)]
\end{aligned}
$$

对上式取拉氏反变换，便可求出在 $x(t)$ 和 $n(t)$ 同时作用下的输出 $y(t)$ 。

例 2-3-7 某生产机械的恒速控制系统如图 2-3-19 所示，系统中除速度反馈外，又设置了电流反馈，以补偿负载变化的影响，试列出各部分的微分方程式，画出系统的结构图，并求出系统的传递函数 $\dfrac{N(s)}{U_r(s)}$ 。

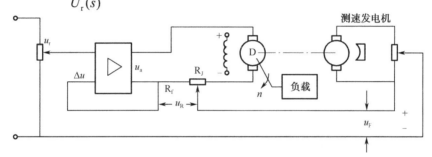

图 2-3-19　恒速控制系统

解： 对于实际的控制系统建立数学模型时，首先应将整个系统分解为若干基本环节，先求各环节的数学模型，再考虑整体数学模型，此系统可划分为给定比较环节、放大环节、电动机及测速发电机四部分。还应注意在速度反馈环内还包含电流正反馈。列写各环节微分方程如下。

比较环节：$u_r - u_F + u_R = \Delta u$

放大环节：$u_a = K \cdot \Delta u$

电枢回路电压：

$$u_a = (R_a + R_J)i_a + L_a \frac{\mathrm{d}i_a}{\mathrm{d}t} + e_b$$

式中　R_a ——电枢电阻；

　　　L_a ——电枢电感；

　　　$e_b = K_e \cdot n$ ——反电动势；

　　　K_e ——反电势系数。

电磁力矩：

$$M_m = C_m i_a$$

式中　C_m ——力矩系数。

电压：$u_R = R_f \cdot i_a$

动力学方程：

$$M_m = J\frac{\mathrm{d}n}{\mathrm{d}t} + fn + M_L$$

式中　J——转动惯量；

　　　M_L——负载力矩；

　　　f——阻尼系数。

测速发电机：

$$u_F = K_t \cdot n$$

拉氏变换为：

$$U_r(s) - U_F(s) + U_R(s) = \Delta U(s)$$

$$U_a(s) = K \cdot \Delta U(s)$$

$$I_a(s) = \frac{1}{(R_a + R_J) + L_a s}[U_a(s) - E_b(s)]$$

$$E_b(s) = K_e \cdot N(s)$$

$$N(s) = \frac{1}{Js + f}[M_m(s) - M_L(s)]$$

$$U_F(s) = K_t \cdot N(s)$$

根据上述各式画出系统结构图，如图 2-3-20 所示。

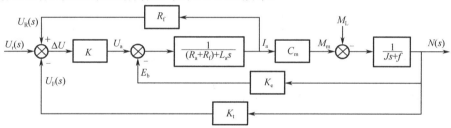

图 2-3-20　恒速控制系统结构图

简化结构图求出（提示：将 E_b 与 U_a 相加点移到放大环节 K 前面）：

$$\frac{N(s)}{U_r(s)} = \frac{K \cdot C_m}{L_a J s^2 + [(R_a + R_J)J + L_a f - K R_J J]s + (K K_t + K_e)C_m + [(R_a + R_J) - K R_f]f}$$

2.4　设计实例：低通滤波器设计

本例的目标是设计一个一阶低通滤波器，其截止频率为 106.1Hz，直流增益为 0.5。图 2-4-1 所示的包含一个储能元件的梯形网络可以用作一阶低通滤波器。

由图 2-4-1 可知网络的直流增益（电容器断开时的增益）为 0.5，满足要求。网络的电压和电流方程为：

$$I_1(s) = \frac{U_1(s) - U(s)}{R}$$

$$U(s) = R[I_1(s) - I_2(s)]$$

$$I_2(s) = \frac{U(s) - U_o(s)}{R}$$

$$U_o(s) = \frac{1}{Cs} I_2(s)$$

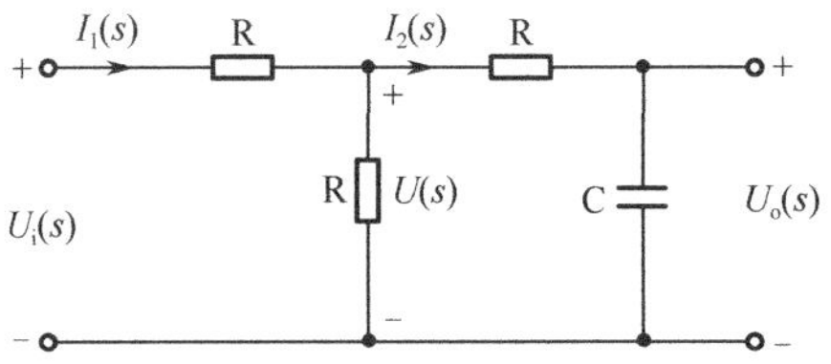

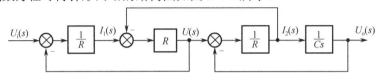

图 2-4-1   梯形网络

由以上代数方程可得梯形网络的结构图如图 2-4-2 所示。

图 2-4-2   梯形网络结构图

利用结构图化简法可求得此梯形网络的传递函数为：

$$\phi(s) = \frac{\dfrac{1}{RCs}}{3 + \dfrac{2}{RCs}} = \frac{1}{2 + RCs} = \frac{\dfrac{1}{3RC}}{s + \dfrac{2}{3RC}}$$

由 $\phi(s)$ 可以看出，直流增益（令 $s=0$）为 0.5。为达到低通滤波器截止频率要求，应将极点配置在 $p=-2\pi \times 106.1=-666.7$ 处，即 $\dfrac{2}{3RC} = 666.7$；$RC=0.001\text{s}$。当选择 $R=1\text{k}\Omega$，$C=1\mu\text{F}$ 时，此时得到的低通滤波器传递函数为：$\phi(s) = \dfrac{333.3}{s + 666.7}$。

小　结

1．数学模型是描述元件及系统在运动过程中各变量之间相互关系的数学表达式。用 MATLAB 求解拉氏变换及反变换也很方便（参考第 9 章）。

2．根据实际系统用解析法建立数学模型，一般是从列写微分方程入手，列写微分方程的主要困难在于对各元部件的工作原理缺乏深入的了解，因而不能正确运用基本力学、电学定律去取舍各种因素，建立一个既简单又足够准确反映瞬态本质的模型，了解元部件的工作原理是正确建立微分方程式的基础。

3．传递函数是一种数学模型，而且是经典控制理论中更为重要的数学模型。它是从微分方程在初条件为零时进行拉氏变换推导得到的。将微分方程中的微分算子 d/dt 换成 s，将变量换为用拉氏变换表示即可得到。

4．传递函数是元件或系统一个输入与一个输出之间的数学描述。它不能表明中间各变量的瞬态特性，这是其局限性。但是，传递函数在控制理论中仍占有重要的地位，是一个最基本的概念。

5．传递函数最基本的形式可归纳为几种典型环节，即放大环节、惯性环节、积分环节、微分环节、振荡环节、时滞环节，共六个典型环节。要理解每个环节的具体实例。

6．结构图是传递函数的图解化，它能直观形象地表示出系统中的信号传递关系，有助于对系统进行分析研究。根据结构图，运用等效变换原则：

串联 $G(s)=\prod_{i=1}^{n}G_i$ ，并联 $G(s)=\sum_{i=1}^{n}G_i(s)$ ，负反馈 $G(s)=\dfrac{G_1(s)}{1+G_1(s)H(s)}$ ，及相加点、分支点移动前、后信号传递保持不变，简化结构图，就可以求得系统的各种传递函数。

7．梅逊公式为：$G(s)=\dfrac{\sum_{K=1}^{n}p_K\Delta_K}{\Delta}$ ，该公式可一步求解出结构图系统的总传递函数，要理解其中每一项的具体含义。

8．掌握用 MATLAB 实现控制系统数学模型的三种表示：（1）传递函数模型，sys2= tf(sysl)；（2）状态空间模型，sysl=ss(a,b,c,d)；（3）系统零极点增益模型，sys3=zpk(z,p,k)。掌握三种模型的相互转换。掌握用 MATLAB 实现结构图的等效变换方法（参考第9章）。

习　题　2

2-1 若某系统在阶跃输入作用 $x(t)=1(t)$ 时，系统在零初始条件下的输出响应为 $Y(t)=1-e^{-2t}+e^{-t}$ ，试求系统的传递函数。

2-2 试求题图 2-1 中各电路的传递函数。

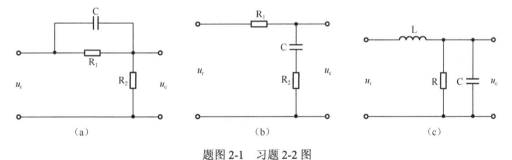

（a）　　　　　　　　　　（b）　　　　　　　　　　（c）

题图 2-1　习题 2-2 图

2-3 试求题图 2-2 中各有源网络的传递函数。

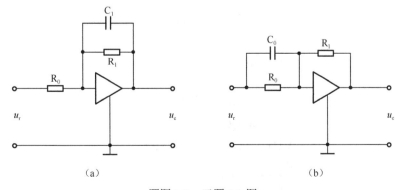

（a）　　　　　　　　　　　　　（b）

题图 2-2　习题 2-3 图

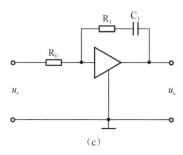

（c）

题图 2-2 习题 2-3 图（续）

2-4 试求题图 2-3 中各机械运动系统的传递函数。

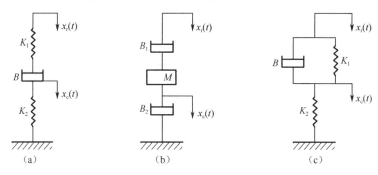

（a） （b） （c）

题图 2-3 习题 2-4 图

2-5 绘制题图 2-4 所示位置随动系统的结构图，并列写出每个元件的传递函数及 $\theta_L(s)/\theta_1(s)$。

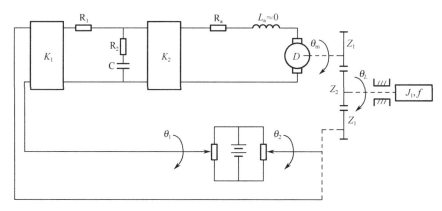

题图 2-4 习题 2-5 图

2-6 系统的微分方程组如下：

$$x_1(t) = x(t) - y(t)$$

$$x_2(t) = \tau \frac{\mathrm{d}x_1(t)}{\mathrm{d}t} + k_1 x_1(t)$$

$$x_3(t) = k_2 x_2(t)$$

$$x_4(t) = x_3(t) - x_5(t) - k_5 y(t)$$

$$\frac{\mathrm{d}x_5(t)}{\mathrm{d}t} = k_3 x_4(t)$$

$$k_4 x_5(t) = T \frac{dy(t)}{dt} + y(t)$$

试绘制系统结构图，并求系统传递函数 $Y(s)/X(s)$。

2-7 系统微分方程如下：

$$x_1(t) = x(t) - y(t) + n_1(t)$$
$$x_2(t) = k_1 x_1(t)$$
$$x_3(t) = x_2(t) - x_5(t)$$
$$T \frac{dx_4(t)}{dt} = x_3(t)$$
$$x_5(t) = x_4(t) - k_2 n_2(t)$$
$$k_0 x_5(t) = \frac{d^2 y(t)}{dt^2} + \frac{dy(t)}{dt}$$

试绘制系统结构图，并求系统传递函数 $Y(s)/X(s)$、$Y(s)/N_1(s)$ 及 $Y(s)/N_2(s)$。

2-8 绘制题图 2-5 的结构图，并求传递函数 $U_c(s)/U_r(s)$。

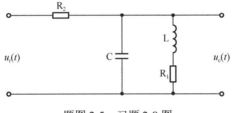

题图 2-5　习题 2-8 图

2-9 试分别简化题图 2-6 所示结构图，并求出相应的传递函数。

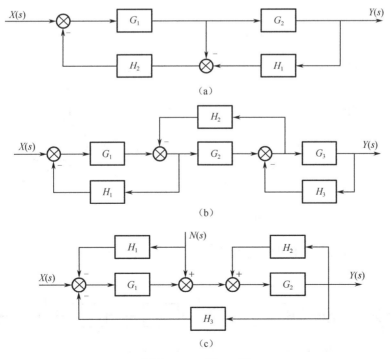

题图 2-6　习题 2-9 图

2-10 已知系统动态结构图如题图 2-7 所示，试求传递函数 $Y(s)/X(s)$ 和 $Y(s)/N(s)$。

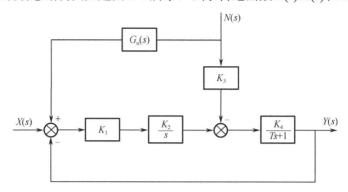

题图 2-7　习题 2-10 图

2-11 自我检查题。

（1）列写题图 2-8 所示机械系统的微分方程，并求传递函数。

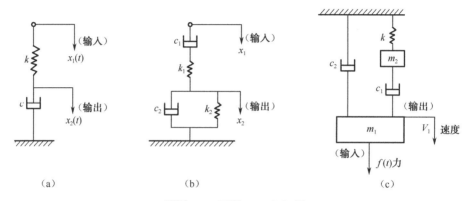

（a）　　　　　　　（b）　　　　　　　（c）

题图 2-8　习题 2-11（1）图

（2）列写题图 2-9 所示电子系统的微分方程，并求传递函数。

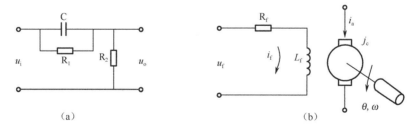

（a）　　　　　　　　　　　　　　（b）

题图 2-9　习题 2-11（2）图

（3）求题图 2-10 所示结构图的传递函数 $\dfrac{\theta_o(s)}{\theta_i(s)}$，已知 $G_1 = G_2 = \dfrac{1}{s+1}$，$G_3 = \dfrac{1}{s}$。

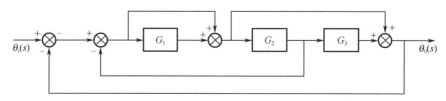

题图 2-10　习题 2-11（3）图

（4）如题图 2-11 所示系统，当输入为 $\theta_i(t)=10\times 1(t)$ 时，系统的稳态输出 $\theta_o(t)\big|_{t\to\infty}=$ ？

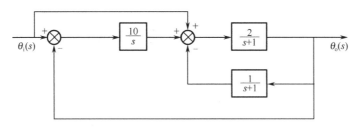

题图 2-11　习题 2-11（4）图

2-12　求下列函数的拉氏变换（用手工和用 MATLAB 求解）。

（1）t^2 ；

（2）$\sin\dfrac{t}{2}$ ；

（3）$t^n e^{at}$ ；

（4）$e^{at}\sin 5t$ ；

（5）t^2+3t+2 ；

（6）$3-2\delta(t)-5u(t-2)$ ；

（7）$(t-1)^2 e^{2t}$ ；

（8）$5\sin 2t-3\cos 2t$ 。

2-13　$f(t)=1+2e^{-2t}+3e^{-5t}$ 的拉氏变换 $F(s)=$ ？

2-14　已知 $f(t)$ 的拉氏变换为 $F(s)=\dfrac{1}{3s^2+5s+4}$ ，则初值 $f(0)=$（　　），$f'(0)=$（　　）。

2-15　求下列函数的拉氏反变换。

（1）$F(s)=\dfrac{1}{s(s+1)}$ ；

（2）$F(s)=\dfrac{s+1}{(s+2)(s+3)^2}$ ；

（3）$F(s)=\dfrac{s+c}{(s+a)(s+b)}$ ；

（4）$F(s)=\dfrac{s+5}{s^2+4s+3}$ 。

第 3 章　控制系统时域分析

内容提要：

控制系统的时域分析法是根据系统的数学模型，直接求解出控制系统被控量的时间响应。然后根据响应的数学表达式（如微分方程的解）及其描述的时间响应曲线来分析系统的控制品质，如稳定性、快速性、稳态精确度等。

时域分析法最大的特点是直观，因而它常常作为学习控制系统分析的入门手段。为了便于求解和研究控制系统的时间响应，输入信号一般采用典型输入信号。本章将首先介绍评价时间响应的性能指标。由于实际控制系统有简单的和复杂的，反映在数学模型上，就有低阶的和高阶的。本章将分别介绍一阶系统、二阶系统和高阶系统的时域分析方法。稳定性是控制系统正常工作的基本条件，稳态精确度也是工程中的主要问题。本章将重点介绍代数稳定判据（即劳斯判据）、稳态误差分析计算（误差定义、静态误差系数）、扰动误差及减小稳态误差的方法。

3.1　时域性能指标

控制系统的时间响应，可以划分为瞬态和稳态两个过程。瞬态过程又称为过渡过程，是指系统从初始状态到接近最终状态的响应过程，反映了系统的稳定性与快速性；稳态过程是指时间 t 趋于无穷时系统的输出状态，反映了系统的准确性。研究系统瞬态性能，通常以系统对单位阶跃输入信号的瞬态响应来评价系统性能，单位阶跃响应曲线如图 3-1-1 所示。瞬态性能指标如下。

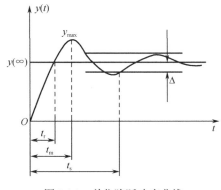

图 3-1-1　单位阶跃响应曲线

（1）**最大超调量或超调量 δ**：超调量是指在瞬态过程中，输出量的最大值超过稳态的值与输出量的稳态值的百分数。即：

$$\delta = \frac{y_{\max} - y(\infty)}{y(\infty)} \times 100\%$$

式中　$y_{\max}$——输出量的最大值；

$y(\infty)$——输出量的稳态值。

一般情况下，要求 δ 值在 5%～35%之间。

（2）**峰值时间 t_m**：指在响应过程中，单位阶跃响应超过稳态值而达到第一个峰值所需要的时间。

（3）**上升时间 t_r**：对欠阻尼系统是指输出量第一次达到稳态值 $y(\infty)$的时间。对于无振荡的系统指响应由稳态值的 10%到 90%所需要的时间。

（4）**过渡过程时间或调节时间 t_s**：输出量 $y(t)$与稳态值 $y(\infty)$之间的偏差达到允许范围（一般取 2%或 5%）并维持在此允许范围以内所需的时间。

（5）**瞬态过程中的振荡次数 N：** 振荡次数是指在调节时间 t_s 内，输出量偏离稳态值的振荡次数。

上述几项指标中，上升时间 t_r、峰值时间 t_m 及调节时间 t_s 均表征系统瞬态过程的快速性，而超调量 δ 及振荡次数表征系统瞬态过程的平稳性。稳态性能指标将在稳态误差一节中作详细介绍。

3.2 一阶系统的瞬态响应

由一阶微分方程式描述的系统，称为一阶系统，如 R-C 网络、空气加热器、液面控制系统等都是一阶系统。

一阶系统微分方程式的标准形式为

$$T\frac{\mathrm{d}y(t)}{\mathrm{d}t} + y(t) = x(t) \tag{3-2-1}$$

式中　T——时间常数（s），它表示系统的惯性。

一阶系统的结构图如图 3-2-1 所示，其闭环传递函数为：

$$G_B(s) = \frac{Y(s)}{X(s)} = \frac{1}{Ts+1}$$

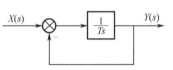

下面分析一阶系统对典型输入信号的响应。分析时，假设系统的初始条件为零。

图 3-2-1　一阶系统的结构图

1. 一阶系统的单位阶跃响应

单位阶跃输入信号的拉氏变换为 $X(s) = \dfrac{1}{s}$，则单位阶跃响应函数的拉氏变换为：

$$Y(s) = G_B(s)X(s) = \frac{1}{Ts+1} \times \frac{1}{s}$$

取 $Y(s)$ 的拉氏反变换：

$$y(t) = L^{-1}\left[\frac{1}{Ts+1} \times \frac{1}{s}\right] = L^{-1}\left[\frac{1}{s} - \frac{1}{s+\dfrac{1}{T}}\right]$$

则：

$$y(t) = 1 - \mathrm{e}^{-\frac{t}{T}} \quad (t \geqslant 0) \tag{3-2-2}$$

一阶系统的单位阶跃响应曲线是一条由零开始，按指数规律上升最终趋于 1 的曲线，如图 3-2-2 所示。由此可得出：

（1）由式（3-2-2）可以看出，输出由稳态分量 1 和瞬态分量 $\mathrm{e}^{-\frac{t}{T}}$ 组成。当 t 趋于无穷大时，$\mathrm{e}^{-\frac{t}{T}}$ 衰减为零。显然，响应曲线具有非振荡特征，故又称为非周期响应。

（2）时间常数 T 是一阶系统的一个重要参数。当

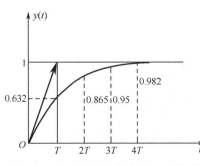

图 3-2-2　一阶系统单位阶跃响应曲线

$t=3T$ 时，响应输出可达稳态值的 95%；$t=4T$ 时，响应输出可达稳态值的 98.2%，也就是说，当 $t=3T$ 或 $4T$ 时，稳态误差为 5%或 2%。从工程实际的角度来看，误差小于 5%或 2%，就认为过渡过程已经结束。

故过渡过程时间一般取 $t_s=3T$（误差 5%）或 $t_s=4T$（误差 2%）。

系统时间常数 T 越小，调节时间 t_s 越短，响应速度越快。

（3）由给定输入和系统输出可知，单位阶跃响应的稳态误差等于零。因为单位阶跃输入期望的输出应为 1，实际输出为 $y(t)$，稳态误差为希望输出减去实际稳态输出，即：

$$e_{ss} = 1 - \lim_{t \to \infty} y(t) = 1 - y(\infty) = 1 - 1 = 0$$

式中　　e_{ss}——稳态误差。

2. 一阶系统的单位斜坡响应

单位斜坡输入信号的拉氏变换为 $X(s)=\dfrac{1}{s^2}$，故单位斜坡响应的拉氏变换为：

$$Y(s) = G_B(s)X(s) = \frac{1}{Ts+1} \cdot \frac{1}{s^2}$$

展成部分分式：$Y(s) = \dfrac{1}{s^2} - \dfrac{T}{s} + \dfrac{T^2}{Ts+1}$

拉氏反变换为：$y(t) = t - T + Te^{-\frac{t}{T}}$ 　　　　　　　　　　　　　　　　（3-2-3）

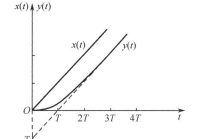

图 3-2-3　一阶系统单位斜坡响应曲线

一阶系统单位斜坡响应曲线如图 3-2-3 所示。

（1）由式（3-2-3）可知，系统的响应函数是由两部分组成的，瞬态分量 $Te^{-\frac{t}{T}}$ 和稳态分量 $t-T$。当时间趋于无穷大时，瞬态分量 $Te^{-\frac{t}{T}}$ 衰减到零。

（2）时间常数 T 越小，衰减越快，响应速度快。过渡过程时间 t_s 同样是 $t_s=3T$ 或 $4T$。

（3）单位斜坡响应具有稳态误差。输入信号 t 即是输出的期望值，那么时间常数越小，稳态误差越小。

3. 一阶系统的单位脉冲响应

输入信号 $x(t) = \delta(t)$，拉氏变换为 $X(s)=1$，所以单位脉冲响应的拉氏变换就是系统的传递函数，即：

$$Y(s) = G_B(s)X(s) = G_B(s) = \frac{1}{Ts+1}$$

取拉氏反变换便得单位脉冲响应函数为：

$$y(t) = \frac{1}{T}e^{-\frac{t}{T}}$$

一阶系统单位脉冲响应曲线如图 3-2-4 所示，由图可以看出：

（1）脉冲响应函数是单调下降的指数曲线。

（2）过渡过程时间也是 $t_s = 3T \sim 4T$。输出的初始值

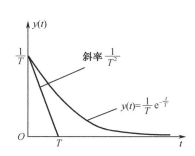

图 3-2-4　一阶系统单位脉冲响应曲线

为 $\dfrac{1}{T}$，当时间趋于无穷大时，输出量趋于零。时间常数 T 越小，调节时间越短，说明系统的惯性越小，对输入信号反映的快速性能越好。

在实际工程中，理想单位脉冲函数无法得到，因此常用具有一定脉冲宽度 h 和有限幅度的脉动函数来代替，代替条件为 $h<0.1T$。

4. 三种响应之间的关系

比较一阶系统对单位脉冲、单位阶跃和单位斜坡输入信号的响应，就会发现它们的输入信号有如下关系：

$$\delta(t)=\frac{\mathrm{d}}{\mathrm{d}t}[1(t)]; \quad 1(t)=\frac{\mathrm{d}}{\mathrm{d}t}[t\cdot1(t)]; \quad 1(t)=\int_{\infty}^{\infty}\delta(t)\mathrm{d}t; \quad t=\int_{0}^{1}1(\tau)\mathrm{d}\tau$$

则一定有如下的时间响应关系与之对应：**系统对输入信号导数的响应，就等于系统对该输入信号响应的导数；系统对输入信号积分的响应，就等于系统对该输入信号响应的积分，其积分常数由零初始条件确定。**

这是线性定常系统的两个重要特性，它不仅适用于一阶线性定常系统，也适用于任意阶线性定常系统。但不适用于时变系统和非线性系统。

3.3 二阶系统的阶跃响应

由二阶微分方程式描述的系统称为二阶系统。分析二阶系统的瞬态特性对于研究自动控制系统的瞬态特性具有重要意义。这是因为在实际工程中，在一定的条件下，忽略一些次要因素，常常可以把一个高阶系统降为二阶系统来处理，仍不失系统特性的基本性质。在初步设计时，常常可将一个高阶系统简化为一个二阶系统作近似分析。因此详细讨论和分析二阶系统的特性，具有极为重要的意义。

首先，我们推导一个具体的位置随动系统数学模型。然后抽象为一般形式进行讨论。位置随动系统原理图如图 3-3-1 所示。

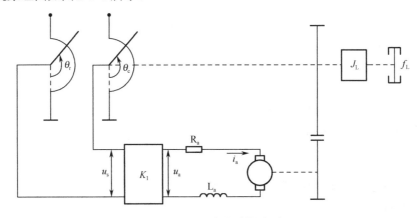

图 3-3-1　位置随动系统原理图

该系统的任务是控制一个转动的负载，该负载具有黏性摩擦 f_{L} 和转动惯量 J_{L}，要求使负载的位置与输入转角 θ_{r} 的位置同步。由图 3-3-1 可以看出

比较环节：$\qquad u_s = K_s(\theta_r - \theta_c)$

功率放大环节：$\qquad u_a = K_1 u_s$

电动机：电压方程 $\qquad u_a = L_a \dfrac{di_a}{dt} + R_a i_a + K_e \dfrac{d\theta}{dt}$

$\qquad\qquad$ 电磁力矩 $\qquad M_D = K_m \cdot i_a$

$\qquad\qquad$ 动力学方程 $\qquad J \dfrac{d^2\theta}{dt^2} = M_D - f \dfrac{d\theta}{dt}$

式中　J 和 f——折算到电动机轴上的总转动惯量和总黏性摩擦系数。

$\qquad$ 减速器：$\qquad\qquad \dfrac{\theta_c(t)}{\theta(t)} = \dfrac{1}{i}$

式中　i——减速比。

$\qquad$ 位置随动系统结构图如图 3-3-2 所示。

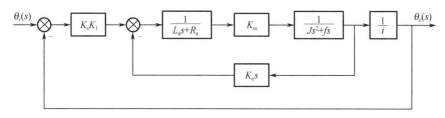

图 3-3-2　位置随动系统结构图

系统开环传递函数：

$$G_K(s) = \frac{(K_s K_1 K_m)/i}{s[(L_a s + R_a)(Js + f) + K_m K_e]} \qquad (3\text{-}3\text{-}1)$$

由于电枢电感 L_a 很小，可忽略不计。则：

$$G_K(s) = \frac{(K_s K_1 K_m)/(iR_a)}{s\{Js + [f + (K_m K_e)/R_a]\}} \qquad (3\text{-}3\text{-}2)$$

令 $\qquad\qquad (K_s K_1 K_m)/(iR_a) = K$

$\qquad\qquad\qquad f + (K_a K_e)/R_a = F$

则 $\qquad\qquad G_K(s) = \dfrac{K/J}{s^2 + (F/J)s}$

系统闭环传递函数为：

$$G_B(s) = \frac{\theta_c(s)}{\theta_r(s)} = \frac{K/J}{s^2 + (F/J)s + K/J} \qquad (3\text{-}3\text{-}3)$$

该式为二阶系统闭环传递函数的标准形式。

为了使研究结果具有普遍的意义，令：

$$\omega_n^2 = \frac{K}{J} ; \quad 2\xi\omega_n = \frac{F}{J}$$

式中　ω_n——无阻尼自然频率或无阻尼振荡频率；

$\qquad$ ξ——阻尼比。

ω_n、ξ 两个参数是决定二阶系统瞬态特性的非常重要的参数，这样又可把二阶系统的传递函数写成如下标准式：

$$G_B(s) = \frac{\omega_n^2}{s^2 + 2\xi\omega_n s + \omega_n^2} \qquad (3\text{-}3\text{-}4)$$

$$G_K(s) = \frac{\omega_n^2}{s(s + 2\xi\omega_n)} \qquad (3\text{-}3\text{-}5)$$

其结构图如图 3-3-3 所示。

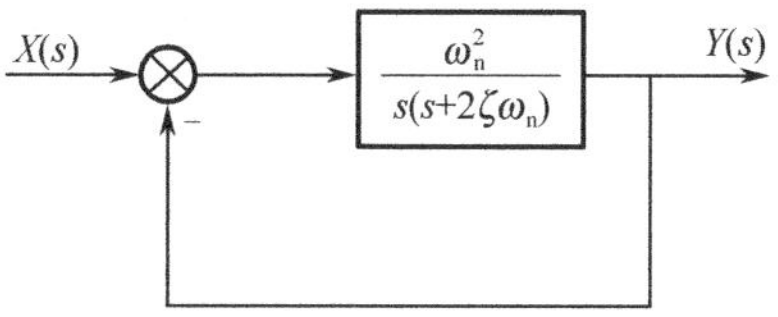

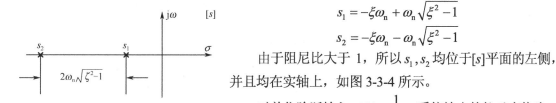

图 3-3-3　二阶系统标准结构图

3.3.1　二阶系统的单位阶跃响应

现以典型的单位反馈系统来分析二阶系统的单位阶跃响应。系统的响应取决于系统闭环特征方程式的根，即闭环极点。二阶系统的特征方程式为：

$$D(s) = s^2 + 2\xi\omega_n s + \omega_n^2 = 0$$

它的两个根（极点）为：

$$s_{1,2} = -\xi\omega_n \pm \omega_n\sqrt{\xi^2 - 1}$$

由于阻尼比 ξ 的不同，对应的响应也不一样。下面分几种情况来分析二阶系统的瞬态响应。

1. 过阻尼（$\xi > 1$）的情况

系统的两个特征根为：

$$s_1 = -\xi\omega_n + \omega_n\sqrt{\xi^2 - 1}$$
$$s_2 = -\xi\omega_n - \omega_n\sqrt{\xi^2 - 1}$$

图 3-3-4　$\xi > 1$ 时根的分布

由于阻尼比大于 1，所以 s_1，s_2 均位于[s]平面的左侧，并且均在实轴上，如图 3-3-4 所示。

对单位阶跃输入 $X(s) = \dfrac{1}{s}$，系统输出的拉氏变换为：

$$Y(s) = \frac{\omega_n^2}{s(s^2 + 2\xi\omega_n s + \omega_n^2)} = \frac{\omega_n^2}{s(s - s_1)(s - s_2)}$$

展成部分分式：$Y(s) = \dfrac{A_0}{s} + \dfrac{A_1}{s - s_1} + \dfrac{A_2}{s - s_2}$

式中各系数按下式求出：

$$A_0 = \frac{\omega_n^2}{s(s - s_1)(s - s_2)} s \Big|_{s=0}$$

$$= \frac{\omega_n^2}{(\xi\omega_n - \omega_n\sqrt{\xi^2 - 1})(\xi\omega_n + \omega_n\sqrt{\xi^2 - 1})} = 1$$

$$A_1 = \frac{\omega_n^2}{s(s - s_1)(s - s_2)}(s - s_1)\Big|_{s=s_1} = \frac{-1}{2\sqrt{\xi^2 - 1}(\xi - \sqrt{\xi^2 - 1})}$$

$$A_2 = \frac{\omega_n^2}{s(s - s_1)(s - s_2)}(s - s_2)\Big|_{s=s_2} = \frac{-1}{2\sqrt{\xi^2 - 1}(\xi + \sqrt{\xi^2 - 1})}$$

求 $Y(s)$ 的拉氏反变换，可得：

$$y(t) = L^{-1}\left[\frac{A_0}{s} + \frac{A_1}{s-s_1} + \frac{A_2}{s-s_2}\right]$$

$$= 1 + A_1 e^{s_1 t} + A_2 e^{s_2 t} \qquad (3\text{-}3\text{-}6)$$

$$= 1 - \frac{1}{2\sqrt{\xi^2-1}}\left(\frac{1}{\xi-\sqrt{\xi^2-1}} e^{-(\xi-\sqrt{\xi^2-1})\omega_n t} + \frac{1}{\xi+\sqrt{\xi^2-1}} e^{-(\xi+\sqrt{\xi^2-1})\omega_n t}\right)$$

由式（3-3-6）可以看出，瞬态响应曲线由稳态分量和两项瞬态分量组成。两项瞬态分量，一项的衰减指数为 $s_1 = -(\xi-\sqrt{\xi^2-1})\omega_n$，另一项为 $s_2 = -(\xi+\sqrt{\xi^2-1})\omega_n$，当 $\xi \gg 1$ 时，后一项的衰减指数远远大于前一项。也就是说，在瞬态过程中后一分量衰减得快。

因此后一项瞬态分量只是在响应的前期对系统有影响，而在后期影响很小。所以近似分析过阻尼的瞬态响应时，可以将后一项忽略不计。这样二阶系统的瞬态响应就类似于一阶系统的响应。

2. 欠阻尼（$0<\xi<1$）的情况

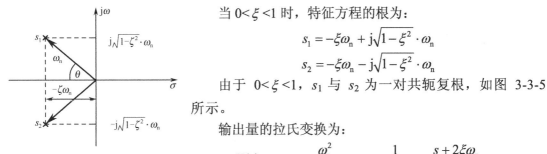

图 3-3-5　$0<\xi<1$ 时根的分布

当 $0<\xi<1$ 时，特征方程的根为：

$$s_1 = -\xi\omega_n + j\sqrt{1-\xi^2}\cdot\omega_n$$

$$s_2 = -\xi\omega_n - j\sqrt{1-\xi^2}\cdot\omega_n$$

由于 $0<\xi<1$，s_1 与 s_2 为一对共轭复根，如图 3-3-5 所示。

输出量的拉氏变换为：

$$Y(s) = \frac{\omega_n^2}{s(s^2+2\xi\omega_n s+\omega_n^2)} = \frac{1}{s} - \frac{s+2\xi\omega_n}{s^2+2\xi\omega_n s+\omega_n^2}$$

由于 $L[e^{-at}\cdot\sin\omega t] = \dfrac{\omega}{(s+a)^2+\omega^2}$，　$L[e^{-at}\cdot\cos\omega t] = \dfrac{s+a}{(s+a)^2+\omega^2}$

将 $Y(s)$ 变换成如下形式，求其原函数，即：

$$Y(s) = \frac{1}{s} - \frac{s+\xi\omega_n}{(s+\xi\omega_n)^2+(\sqrt{1-\xi^2}\cdot\omega_n)^2} - \frac{\xi}{\sqrt{1-\xi^2}}\frac{\sqrt{1-\xi^2}\,\omega_n}{(s+\xi\omega_n)^2+(\sqrt{1-\xi^2}.\omega_n)^2}$$

反变换为：

$$y(t) = L^{-1}[Y(s)] = 1 - e^{-\xi\omega_n t}\left(\cos\sqrt{1-\xi^2}\,\omega_n t + \frac{\xi}{\sqrt{1-\xi^2}}\sin\sqrt{1-\xi^2}\,\omega_n t\right)$$

由图 3-3-5，可知 $\sin\theta = \sqrt{1-\xi^2}$，　$\cos\theta = \xi$，　$\tan\theta = \dfrac{\sqrt{1-\xi^2}}{\xi}$

则：　$$y(t) = 1 - \frac{1}{\sqrt{1-\xi^2}} e^{-\xi\omega_n t}\sin(\sqrt{1-\xi^2}\,\omega_n t+\theta)$$

$$= 1 - \frac{1}{\sqrt{1-\xi^2}} e^{-\xi\omega_n t}\sin(\omega_d t+\theta), \quad t\geqslant 0 \qquad (3\text{-}3\text{-}7)$$

式中　$\omega_d = \sqrt{1-\xi^2}\,\omega_n$ ——阻尼振荡角频率或振荡角频率；

$$\theta = \tan^{-1}\frac{\sqrt{1-\xi^2}}{\xi}\text{。}$$

由式（3-3-7）可以看出，在 $0<\xi<1$ 的情况下，二阶系统的瞬态响应的瞬态分量为一按指数衰减的简谐振荡时间函数，阻尼比越小，最大振幅越大。以 ξ 为参变量的系统瞬态响应曲线如图 3-3-6 所示。

3. 临界阻尼（ $\xi=1$ ）的情况

当 $\xi=1$ 时，特征方程： $D(s) = s^2 + 2s\omega_n + \omega_n^2 = (s+\omega_n^2) = 0$

系统有两个负实重根： $s_1 = s_2 = -\omega_n$ ，如图 3-3-7 所示。

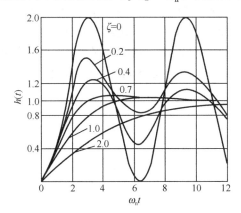

图 3-3-6　二阶系统的单位阶跃响应

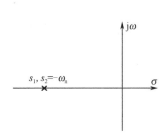

图 3-3-7　 $\xi=1$ 时根的分布

系统输出的拉氏变换为 $Y(s) = \dfrac{\omega_n^2}{s(s+\omega_n)^2}$

将上式分解为部分分式 $Y(s) = \dfrac{A_1}{s} + \dfrac{A_{01}}{(s+\omega_n)} + \dfrac{A_{02}}{(s+\omega_n^2)^2}$

式中各待定系数按下式求出：

$$A_1 = \left.\frac{\omega_n^2}{s(s+\omega_n^2)}s\right|_{s=0} = 1$$

$$A_{02} = \left.\frac{\omega_n^2}{s(s+\omega_n)^2}(s+\omega_n)^2\right|_{s=-\omega_n} = -\omega_n$$

$$A_{01} = \left.\frac{\mathrm{d}}{\mathrm{d}s}\left[\frac{\omega_n^2}{s(s+\omega_n)^2}(s+\omega_n)^2\right]\right|_{s=-\omega_n} = -1$$

因此　　 $Y(s) = \dfrac{1}{s} - \dfrac{1}{s+\omega_n} - \dfrac{\omega_n}{(s+\omega_n)^2}$

上式的拉氏反变换为：

$$y(t) = 1 - \mathrm{e}^{-\omega_n t}(1+\omega_n t) \qquad t \geq 0 \tag{3-3-8}$$

故当 $\xi=1$ 时，二阶系统的瞬态响应为一单调上升曲线，如图 3-3-6 所示。

4. 无阻尼（ $\xi=0$ ）时的情况

当 $\xi=0$ 时，输出量的拉氏变换为：

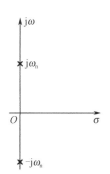

$$Y(s) = \frac{\omega_n^2}{s(s^2 + \omega_n^2)}$$

特征方程的根为 $s_1 = j\omega_n$，$s_2 = -j\omega_n$，如图 3-3-8 所示。

将 $Y(s)$ 展成部分分式：

$$Y(s) = \frac{1}{s} - \frac{s}{s^2 + \omega_n^2}$$

因此 $Y(s)$ 的拉氏反变换为：

$$y(t) = 1 - \cos\omega_n t \qquad (3\text{-}3\text{-}9)$$

图 3-3-8　$\xi = 0$ 时

根的分布

当 $\xi = 0$ 时，系统为不衰减的振荡，其瞬态响应曲线如图 3-3-6 所示。

综上分析可以看出，阻尼比不同时，二阶系统的瞬态响应有很大差别，**当 $\xi = 0$ 时，系统等幅振荡，不能正常工作，而在 $\xi \geqslant 1$ 时，系统瞬态响应为非周期过渡，响应速度又太慢。在欠阻尼 $0 < \xi < 1$ 中，对应 $\xi = 0.4 \sim 0.8$ 时，响应过程不仅过渡过程时间较短，而且振荡也不严重。因此，一般选择二阶系统工作在 $\xi = 0.4 \sim 0.8$ 的欠阻尼工作状态。**

3.3.2　二阶系统的瞬态响应性能指标

1. 上升时间

在瞬态过程中第一次到达稳态值的时间称为上升时间 t_r。依据这个定义，令 $y(t) = 1$，则由式（3-3-7）可得 $\dfrac{e^{-\xi\omega_n t_e}}{\sqrt{1-\xi^2}} \cdot \sin(\omega_d t_r + \theta) = 0$。

由于在 $t < \infty$ 期间，也就是在没有达到稳态之前，$\dfrac{e^{-\xi\omega_n t_e}}{\sqrt{1-\xi^2}} > 0$，所以 $\sin(\omega_d t + \theta) = 0$，由此可得 $\omega_d t + \theta = 0, \pi, 2\pi, \cdots$，当 $\omega_d t + \theta = 0$ 时，t_r 为负值，因此，上升时间应满足 $\omega_d t + \theta = \pi$，故：

$$t_r = \frac{\pi - \theta}{\omega_d} = \frac{\pi - \theta}{\omega_n\sqrt{1-\xi^2}} \qquad (3\text{-}3\text{-}10)$$

由式（3-3-10）可以看到 ξ 和 ω_n 对上升时间的影响。当 ω_n 一定时，阻尼比越大，则上升时间越长；当 ξ 一定时，ω_n 越大，则上升时间越短。

2. 峰值时间

依据峰值时间 t_m 的定义，将式（3-3-7）对时间求导，并令其等于零，即：

$$\frac{dy(t)}{dt}\bigg|_{t=t_m} = 0$$

得　　　　　$$\xi\omega_n\sin(\omega_d t + \theta) - \omega_n\sqrt{1-\xi^2}\cos(\omega_d t + \theta) = 0$$

由于　　　　　$$\sin\theta = \sqrt{1-\xi^2} \text{和} \cos\theta = \xi$$

可得　　　　　$$\sin\omega_d t_m = 0$$

所以　　　　　$$\omega_d t_m = 0, \pi, 2\pi, \cdots$$

故到达第一个峰值应满足 $\omega_d t_m = \pi$，则：

$$t_m = \frac{\pi}{\omega_d} = \frac{\pi}{\omega_n\sqrt{1-\xi^2}} \qquad (3\text{-}3\text{-}11)$$

由式（3-3-11）可以看出，当 ξ 一定时，t_{m} 与 ω_{n} 成反比，即 ω_{n} 越大，峰值时间越小。当 ω_{n} 一定时，t_{m} 随 ξ 减小而减小。

3. 超调量 δ

最大超调量发生在 $t=t_{\mathrm{m}}$ 的时刻。依据超调量的定义：

$$\delta = \frac{y(t_{\mathrm{m}}) - y(\infty)}{y(\infty)} \times 100\%$$

对于单位阶跃响应，其稳态分量 $y(\infty)=1$，代入上式可得：

$$\delta = -\frac{1}{\sqrt{1-\xi^2}} \mathrm{e}^{-\xi\omega_{\mathrm{n}}t_{\mathrm{m}}} \cdot \sin(\omega_{\mathrm{d}}t_{\mathrm{m}} + \theta) \times 100\%$$

因为 $\sin(\omega_{\mathrm{d}}t_{\mathrm{m}} + \theta) = \sin(\omega_{\mathrm{n}} \cdot \sqrt{1-\xi^2} \cdot \dfrac{\pi}{\omega_{\mathrm{n}}\sqrt{1-\xi^2}} + \theta) = \sin(\pi + \theta)$

$$= -\sin\theta = -\sqrt{1-\xi^2}$$

所以

$$\delta = \mathrm{e}^{\frac{\xi\pi}{\sqrt{1-\xi^2}}} \times 100\% \tag{3-3-12}$$

从式（3-3-12）可知，**超调量只是阻尼比 ξ 的函数。而与无阻尼自然频率 ω_{n} 无关**。因此，当给定标准二阶系统阻尼比 ξ 时，就可求得相应的超调量 δ，反之亦然。一般选取 **ξ =0.4～0.8 时，相应的超调量 δ =25%～2.5%。当 ξ =0.707 时，称为二阶工程最佳参数，相应超调量为 4.3%。**

4. 调节时间 t_{s}

依据调节时间定义，当 $t \geqslant t_{\mathrm{s}}$ 时，有：

$$\Delta y(t) = y(\infty) - y(t) = \frac{\mathrm{e}^{-\xi\omega_{\mathrm{n}}t}}{\sqrt{1-\xi^2}} \sin(\sqrt{1-\xi^2}\,\omega_{\mathrm{n}}t + \theta)$$

允许误差 $\Delta y(t)$ 一般取 0.05 或 0.02，可得：

$$\frac{\mathrm{e}^{-\xi\omega_{\mathrm{n}}t_{\mathrm{s}}}}{\sqrt{1-\xi^2}} \sin(\sqrt{1-\xi^2}\,\omega_{\mathrm{n}}t_{\mathrm{s}} + \theta) = 0.05 \text{（或 0.02）}$$

为了简单起见，采用近似计算，忽略正弦函数的影响，认为指数项衰减到 0.05 或 0.02 时过渡过程即进行完毕。故上式可写成：

$$\frac{1}{\sqrt{1-\xi^2}} \mathrm{e}^{-\xi\omega_{\mathrm{n}}t_{\mathrm{s}}} = 0.05 \text{（或 0.02）}$$

由此可得调节时间 t_{s} 为：

$$t_{\mathrm{s}}(5\%) = \frac{1}{\xi\omega_{\mathrm{n}}}\left[3 - \frac{1}{2}\ln(1-\xi^2)\right] \approx \frac{3}{\xi\omega_{\mathrm{n}}},\ 0 < \xi < 0.9 \tag{3-3-13}$$

$$t_{\mathrm{s}}(2\%) = \frac{1}{\xi\omega_{\mathrm{n}}}\left[4 - \frac{1}{2}\ln(1-\xi^2)\right] \approx \frac{4}{\xi\omega_{\mathrm{n}}},\ 0 < \xi < 0.9 \tag{3-3-14}$$

如果考虑正弦项时，t_{s} 与 ξ 之间的函数关系复杂，只能用计算机计算求取 $t_{\mathrm{s}} = f(\xi)$。实际工程中，一般都采用近似计算方法进行估算。

由上述分析可知，调节时间 t_s 近似与 $\xi\omega_n$ 成反比。在设计工程系统时，ξ 通常由要求的超调量 δ 来确定，所以 t_s 主要根据 ω_n 来确定。也就是说在不改变系统超调量的情况下，可以通过改变系统的 ω_n 来改变调节时间 t_s。

5. 振荡次数

振荡次数是指在 $0<t<t_s$ 时间区间内，$y(t)$ 波动的次数，根据这一定义可得振荡次数为：

$$N = \frac{t_s}{t_f}$$

式中 $\quad t_f = \dfrac{2\pi}{\omega_d} = \dfrac{2\pi}{\omega_n\sqrt{1-\xi^2}}$ ——系统阻尼振荡周期。

例 3-3-1 设单位负反馈系统的开环传递函数为 $G_K(s) = \dfrac{1}{s(s+1)}$，试求系统的性能指标峰值时间、超调量和调节时间。

解： 根据题目给出条件可知闭环传递函数为

$$G_B(s) = \frac{Y(s)}{X(s)} = \frac{1}{s^2+s+1}$$

与二阶系统传递函数标准形式 $\dfrac{\omega_n^2}{s^2+2\zeta\omega_n s+\omega_n^2}$ 相比较可得 $\omega_n^2=1$，$2\zeta\omega_n=1$，即 $\omega_n=1, \zeta=0.5$。由此可知，系统为欠阻尼状态。故单位阶跃响应的性能指标为：

$$t_m = \frac{\pi}{\omega_n \cdot \sqrt{1-\zeta^2}} = 3.63\text{s}$$

$$\delta = \mathrm{e}^{-\pi\zeta/\sqrt{1-\zeta^2}} \times 100\% = 16.4\%$$

$$t_s(2\%) = \frac{4}{\zeta\omega_n} = \frac{4}{0.5\times1} = 8\text{s}$$

$$t_s(5\%) = \frac{3}{\zeta\omega_n} = \frac{3}{0.5\times1} = 6\text{s}$$

例 3-3-2 设单位负反馈系统的开环传递函数为 $G_K(s) = \dfrac{K}{s(Ts+1)}$，若 $T=0.1$s，试求开环放大系数 $K=10$/s 和 $K=20$/s 时：（1）阻尼比 ζ 及无阻尼自然振荡角频率 ω_n；（2）单位阶跃响应的超调量 δ 和调节时间 t_s。

解： 这是一道典型二阶系统求性能指标的练习题，通过该练习题的数值计算，加深理解开环放大系数 K 值的改变，对系统参数 ζ，ω_n 及性能指标的影响。

（1）系统闭环传递函数为：

$$G_B(s) = \frac{K}{Ts^2+s+K} = \frac{K/T}{s^2+1/T\cdot s+K/T}$$

与二阶系统传递函数标准形式 $\dfrac{\omega_n^2}{s^2+2\zeta\omega_n s+\omega_n^2}$ 相比较，可得：

$$\omega_n = \sqrt{\frac{K}{T}} \; ; \quad 2\zeta\omega_n = \frac{1}{T} \text{ 或 } \zeta = \frac{1}{2\sqrt{TK}}$$

当 $K=10$/s 时，$\omega_n=10$（rad/s），$\zeta=0.5$。

当 $K=20/s$ 时， $\omega_n=14.14$（rad/s）， $\zeta=0.354$。

（2） $\delta=\mathrm{e}^{-\pi\zeta\big/\sqrt{1-\zeta^2}}\times100\%$ ， $t_m=\dfrac{\pi}{\omega_n\sqrt{1-\zeta^2}}$ ， $t_s(5\%)=\dfrac{3}{\zeta\omega_n}$

当 $K=10/s$ 时， $\delta=16.3\%$ ， $t_m=0.362$（s）， $t_s=0.6$（s）。

当 $K=20/s$ 时， $\delta=30.4\%$ ， $t_m=0.237$（s）， $t_s=0.6$（s）。

由此可见，开环放大系数增大，使 ξ 减小， ω_n 增大，超调量增大，峰值时间减小，调节时间基本不变。

3.4 代数稳定判据

稳定性是控制系统的重要性能，是系统正常工作的首要条件。因此，分析系统的稳定性，并提出保证系统稳定的条件，是设计控制系统的基本任务之一。

1. 稳定性的概念和稳定的充分必要条件

如果系统受到瞬时扰动作用，不论扰动引起被控量偏离原始的平衡状态产生多大的偏差，当扰动取消后，偏差逐渐衰减，最终偏差趋近于零。系统恢复到原平衡状态，则系统是稳定的。反之，若偏差随着时间推移而发散，则系统是不稳定的。

线性系统的稳定性取决于系统本身固有的特性，而与扰动信号无关，它取决于瞬时扰动取消后瞬态分量衰减与否。根据前一节分析，瞬态分量的衰减与否，取决于系统闭环传递函数的极点在[s]平面上的分布：如果所有极点分布在[s]平面的左半部，系统的瞬态分量将逐渐衰减为零，则系统稳定；如果有共轭极点分布在虚轴上，则系统的瞬态分量作等幅振荡，系统处于临界稳定状态；如果有闭环极点分布在[s]平面的右半部，则系统具有发散的瞬态分量，系统不稳定。

依据上述分析，**线性系统稳定的充分必要条件是：系统特征方程式所有的根（或极点）全部具有负实部，也就是所有的根均分布在[s]平面虚轴的左面。**

因此，可以根据求解特征方程式的根来判断是否稳定。但是，求解高阶特征方程式的根是很困难的，故不直接求根。一般都采用间接方法来判断特征方程式所有的根是否分布在[s]平面虚轴的左侧或者说特征方程式所有的根是否具有负实部。

经常应用的间接方法有：代数稳定判据，频率法稳定判据。频率法将在第4章中介绍。

2. 劳斯（ROUTH）稳定判据

劳斯在 1877 年提出了判别 n 次代数方程式所有的根都具有负实部的一般方法，用该方法也可以确定含有正实根的数目。

劳斯判据，首先将系统的特征方程式写成标准形式，并检查各项符号是否相同和缺相。若符号不同或缺相，则系统不稳定。符号相同又不缺相，这是系统稳定的必要条件，但系统是否稳定，需要列劳斯表判断。

特征方程式写成如下标准式：

$$a_n s^n + a_{n-1}s^{n-1} + a_{n-2}s^{n-2} + \cdots + a_1 s + a_0 = 0$$

把特征方程式的系数排列成如下形式的劳斯表：

第一列　第二列　第三列　…

	第一列	第二列	第三列		
s^n	a_n	a_{n-2}	a_{n-4}	…	第一行
s^{n-1}	a_{n-1}	a_{n-3}	a_{n-5}	…	第二行
s^{n-2}	b_1	b_2	b_3	…	第三行
s^{n-3}	c_1	c_2	c_3	…	第四行
$\vdots$	$\vdots$	$\vdots$	$\vdots$	$\vdots$	
s^0					

第一行与第二行的系数向右展开，分别列到a_1和a_0为止。第三行以后的各系数，分别根据前两行系数求得，这些行称为导出行或计算行。

$$b_1 = \frac{a_{n-1} \cdot a_{n-2} - a_n \cdot a_{n-3}}{a_{n-1}}$$

$$b_2 = \frac{a_{n-1} \cdot a_{n-4} - a_n \cdot a_{n-5}}{a_{n-1}}$$

$$b_3 = \frac{a_{n-1} \cdot a_{n-6} - a_n \cdot a_{n-7}}{a_{n-1}}$$

…

系数b_i的计算，一直进行到其余的b值全部等于零为止。

$$c_1 = \frac{b_1 \cdot a_{n-3} - b_2 \cdot a_{n-1}}{b_1}$$

$$c_2 = \frac{b_1 \cdot a_{n-5} - b_3 \cdot a_{n-1}}{b_1}$$

$$c_3 = \frac{b_1 \cdot a_{n-7} - b_4 \cdot a_{n-1}}{b_1}$$

…

以此类推一直计算到s^0为止。在计算过程中，为了简化数值运算，可以用正整数去除或乘某一行的各项，并不改变稳定性的结论。

列出劳斯表后，就可以分成以下三种情况阐述劳斯稳定判据。

（1）**第一行所有系数均不为零时，劳斯稳定判据如下，如果劳斯表中第一列各系数均为正数，则系统稳定。如果第一列有负数，则第一列数符号改变的次数等于特征根中具有正实部根的个数。系统不稳定。**

例 3-4-1　设系统的特征方程式为：

$$s^4 + 6s^3 + 12s^2 + 11s + 6 = 0$$

试判别系统的稳定性。

解：特征方程式符号相同，又不缺相，故满足系统稳定的必要条件。列劳斯表判别：

s^4	1	12	6
s^3	6	11	0
s^2	61	36	（同乘6）
s^1	455	0	（同乘61）
s^0	36		

由于第一列各系数均为正数，故系统稳定。也可以将特征方程式因式分解为：

$$(s+2)\times(s+3)\times(s^2+s+1)=0$$

根 $s_1=-2, s_2=-3, s_3, s_4=-\dfrac{1}{2}\pm\mathrm{j}\dfrac{\sqrt{3}}{2}$ 均有负实部，故系统稳定。

例 3-4-2　设系统特征方程式为：

$$s^5+2s^4+s^3+3s^2+4s+5=0$$

试判别系统的稳定性。

解： 列劳斯表

$$
\begin{array}{llll}
s^5 & 1 & 1 & 4 \\
s^4 & 2 & 3 & 5 \\
s^3 & -1 & 3 & 0 \quad（同乘2）\\
s^2 & 9 & 5 & 0 \\
s & 32 & & \quad（同乘9）\\
s^0 & 5 &
\end{array}
$$

第一列符号改变两次，因此该系统有两个正实部根，系统不稳定。

（2）某一行的系数为零，其余不为零，或部分为零。

当出现这种情况时，可用一无穷小量 $\varepsilon>0$ 代替该零相，然后按照通常方法计算劳斯表中其余各项。如果零 (ε) 上面的系数符号与零 (ε) 下面的系数符号相反，表明有两次符号改变。

例如，特征方程式为

$$s^4+2s^3+s^2+2s+1=0$$

列劳斯表

$$
\begin{array}{llll}
s^4 & 1 & 1 & 1 \\
s^3 & 2 & 2 & 0 \\
s^2 & \varepsilon & 1 & 0 \\
s^1 & 2-\dfrac{2}{\varepsilon} & & \\
s^0 & 1 &
\end{array}
$$

第一列各项系数，当 ε 趋近于零时，$2-\dfrac{2}{\varepsilon}$ 的值是一个很大的负值，因此可认为第一列中各项系数值符号改变了两次，该系统具有两个正实部根，系统不稳定。

如果零 (ε) 上面的符号和下面的符号相同，则说明存在一对虚根。

例如：

$$s^3+2s^2+s+2=0$$

列劳斯表：

$$
\begin{array}{lll}
s^3 & 1 & 1 \\
s^2 & 2 & 2 \\
s^1 & \varepsilon & \\
s^0 & 2 &
\end{array}
$$

将特征方程式因式分解为：

$$(s^2 + 1)(s + 2) = 0$$

根为

$$s_{1,2} = \pm j1, s_3 = -2$$

系统等幅振荡，所以系统是临界稳定，即不稳定。

（3）某行所有项系数均为零的情况。

如果劳斯表中某一行（k 行）所有系数均为零，这往往表明系统是不稳定的。因为造成这一情况的原因是由于特征根对称于[s]平面的原点，如 $p = \pm\sigma, p = \pm j\omega, p = \pm\sigma \pm j\omega$。为了写出下面各行，可按下述步骤处理：

① 利用（$k-1$）行的各项为系数构成辅助方程式，式中 s 各项均为偶次。

② 将辅助方程式对 s 求导，用求导得到的各项系数来代替原来（k 行）为零的各项，然后继续计算。

③ 特征方程式对称原点的根，可由方程式等于零求得。

例 3-4-3 系统特征方程式为：

$$s^6 + 2s^5 + 8s^4 + 12s^3 + 20s^2 + 16s + 16 = 0$$

解：列劳斯表

$$
\begin{array}{llllll}
s^6 & 1 & 8 & 20 & 16 \\
s^5 & 2 & 12 & 16 & 0 \\
s^4 & 2 & 12 & 16 & \longrightarrow \text{辅助方程} \quad 2s^4 + 12s^2 + 16 \\
s^3 & 0 & 0 & 0 & 0 & \qquad\qquad\qquad\qquad \downarrow \text{求导} \\
s^3 & 8 & 24 & & & \longleftarrow 8s^3 + 24s \\
s^2 & 6 & 16 \\
s^1 & 8/3 \\
s^0 & 16
\end{array}
$$

由表的第一列可以看出，各项符号没有改变，说明在[s]右半部没有极点，但是由于 s^3 的各项都为零，这表明有共轭虚根，所以系统是等幅振荡的，虚根的值可由辅助方程求得：

$$2x^4 + 12x^2 + 16 = 0$$

或

$$x^4 + 6x^2 + 8 = 0$$

解得

$$s_{1,2} = \pm j\sqrt{2}; s_{3,4} = \pm j2$$

3. 用劳斯判据确定系统参数的临界值

代数稳定判据除了可以用来判定系统是否稳定之外，还可以用来分析系数变化对系统稳定性的影响，从而给出使系统稳定的参数范围。

例 3-4-4 单位负反馈系统的开环传递函数为 $G_K(s) = \dfrac{K}{s(0.1s+1)(0.25s+1)}$，试求 K 的稳定范围。

解：系统的闭环特征方程式为

$$s(0.1s+1)(0.25s+1) + K = 0$$

$$0.025s^3 + 0.35s^2 + s + K = 0$$

列劳斯表：

$$
\begin{array}{ccc}
s^3 & 0.025 & 1 \\
s^2 & 0.35 & K \\
s^1 & \dfrac{0.35-0.025K}{0.35} & \\
s^0 & K &
\end{array}
$$

系统稳定的充分必要条件为：

$$K>0且0.35-0.025K>0$$

得 $$0<K<14$$

所以保证系统稳定，K 的取值范围为 $0<K<14$。

3.5　稳态误差

控制系统的稳态误差是衡量控制系统稳态精度的重要指标。影响稳态误差的因素很多。如系统的结构、系统的参数、输入量的形式及内、外干扰等因素都影响系统的稳态误差。此外，元件的不灵敏区、零点漂移、机械间隙、摩擦等因素也影响系统的稳态误差。本节只讨论由系统结构、参数、输入信号的形式及干扰因素所造成的误差。不讨论由不灵敏区、零点漂移、机械间隙、摩擦等因素引起的永久性误差。

3.5.1　稳态误差及误差系数

控制系统的典型结构如图 3-5-1 所示，系统的稳态误差有两种定义方法。

输入端定义：

$$E(s)=X(s)-X_\mathrm{f}(s)=X(s)-H(s)Y(s)$$

这个误差是可测量的，但是这个误差并不一定反映实际值与期望值的偏差。

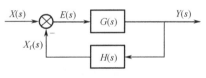

图 3-5-1　控制系统的典型结构图

输出端定义：

系统输出量的实际值与期望值的偏差，用 $E'(s)$ 表示。这种方法定义的误差，在性能指标提法中经常使用，但在实际系统中有时无法测量。

对于单位反馈系统，输出量的期望值就是输入信号，因而两种误差的定义方法是一致的。对于非单位反馈系统，两种方法定义的误差关系为 $E'(s)=\dfrac{E(s)}{H(s)}$，证明如下。

由图 3-5-1 可知：

$$Y(s)=\frac{G(s)}{1+G(s)H(s)}X(s)=\frac{G(s)H(s)}{1+G(s)H(s)}\frac{X(s)}{H(s)}$$

等效结构图如图 3-5-2 所示。

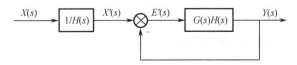

图 3-5-2　等效的单位反馈结构图

其中，$X'(s)$ 表示等效单位反馈系统的输入信号，也就是输出的期望值，因而 $E'(s)$ 是从输出端定义的非单位控制系统的误差。

$$E'(s) = X'(s) - Y(s) = \frac{X(s)}{H(s)} - Y(s) = \frac{X(s) - H(s)Y(s)}{H(s)} = \frac{E(s)}{H(s)} \quad (3\text{-}5\text{-}1)$$

由前面分析可知，从系统输入端定义的系统误差 $E(s)$ 可以直接地或间接地表示从系统输出端定义的系统误差 $E'(s)$。在以后的叙述中，均采用从系统输入端定义的误差进行分析和计算。如果有必要计算输出端的误差，则可利用上式进行换算。

依据输入端误差定义方法，可得误差传递函数为：

$$G_e(s) = \frac{E(s)}{X(s)} = \frac{1}{1 + G(s)H(s)} = \frac{1}{1 + G_K(s)}$$

式中　$G_K(s) = G(s) \cdot H(s)$——开环传递函数。

误差的拉氏变换为：　$E(s) = \dfrac{X(s)}{1 + G_K(s)}$

应用终值定理可求稳态误差为：

$$e(\infty) = \lim_{t \to \infty} e(t) = \lim_{s \to 0} \frac{sX(s)}{1 + G_K(s)} \quad (3\text{-}5\text{-}2)$$

由此可知，系统的开环传递函数 $G_K(s)$ 和输入量 $X(s)$ 决定了稳态误差。

下面讨论这两个因素对稳态误差的影响。

为了便于讨论，可按开环传递函数 $G_K(s)$ 中所串联的积分环节的数目对系统进行分类。系统的开环传递函数经过整理一般可表示为：

$$G_K(s) = \frac{K \prod\limits_{i=1}^{m} (\tau_i s + 1)}{s^N \prod\limits_{j=1}^{n-N} (T_j s + 1)} \quad (3\text{-}5\text{-}3)$$

式中　N——开环传递函数中串联积分环节的个数，或称无差度数。

$N=0$ 时的系统，称为 0 型系统，又称为有差系统；$N=1$ 时的系统，称为 1 型系统，又称为一阶无差系统；$N=2$ 时的系统，称为 2 型系统，又称为二阶无差系统；以此类推。N 越高，系统稳态精度越高，但系统的稳态性越差。一般所采用的是 0 型、1 型和 2 型系统。

下面讨论不同型次的系统，在不同输入信号形式作用下的稳态误差。

（1）单位阶跃函数输入，$X(s) = \dfrac{1}{s}$。

稳态误差为：

$$e(\infty) = \lim_{s \to 0} sE(s) = \lim_{s \to 0} \frac{1}{1 + G_K(s)} = \frac{1}{1 + \lim\limits_{s \to 0} G_K(s)}$$

令 $K_p = \lim\limits_{s \to 0} G_K(s)$，**$K_p$ 称为位置误差系数**，则：

$$e(\infty) = \frac{1}{1 + K_p}$$

对于 0 型系统，$N=0$。位置误差系数为：

$$K_p = \lim_{s \to 0} \frac{K \prod\limits_{i=1}^{m} (\tau_i s + 1)}{\prod\limits_{j=1}^{n} (T_j s + 1)} = K$$

因此 0 型系统的稳态误差：

$$e(\infty) = \lim_{s \to 0} sE(s) = \frac{1}{1 + K_p} = \frac{1}{1 + K}$$

0 型系统的位置误差由开环放大系数决定，K 越大，$e(\infty)$ 越小。对于 1 型或 2 型系统，$N=1$ 或 $N=2$，位置误差系数为：

$$K_p = \lim_{s \to 0} \frac{K \prod\limits_{i=1}^{m} (\tau_i s + 1)}{s^N \prod\limits_{j=1}^{n} (T_j s + 1)} = \infty$$

因此位置误差为 $e(\infty) = \dfrac{1}{1 + K_p} = 0$

由此可知，**对于单位阶跃输入，1 型及以上各型系统的稳态误差均为零。**

（2）单位斜坡函数输入，$X(s) = \dfrac{1}{s^2}$。

稳态误差为：

$$e(\infty) = \lim_{s \to 0} sE(s) = \lim_{s \to 0} \frac{1}{s[1 + G_K(s)]} = \frac{1}{\lim\limits_{s \to 0} sG_K(s)}$$

令 $K_v = \lim\limits_{s \to 0} sG_K(s)$，**$K_v$ 称为速度误差系数**，则：

$$e(\infty) = \frac{1}{K_v}$$

对于 0 型系统，$N=0$。速度误差数为：

$$K_v = \lim_{s \to 0} \frac{sK \prod\limits_{i=1}^{m} (\tau_i s + 1)}{\prod\limits_{j=1}^{n} (T_j s + 1)} = 0$$

则

$$e(\infty) = \frac{1}{K_v} = \infty$$

对于 1 型系统：$K_v = K$；$e(\infty) = \dfrac{1}{K}$。

对于 2 型及以上系统：$K_v = \infty$；$e(\infty) = 0$。

在斜坡输入情况下，0 型系统的稳态误差为无穷大，也就是说，系统输出量不能跟随系统的输入量；1 型系统有跟踪误差；2 型及以上系统，能准确地跟踪输入，稳态误差为零。

（3）单位抛物线（加速度）函数输入，$X(s) = \dfrac{1}{s^3}$。

稳态误差为：

$$e(\infty) = \lim_{s \to 0} sE(s) = \lim_{s \to 0} \frac{1}{s^2[1 + G_K(s)]} = \frac{1}{\lim\limits_{s \to 0} s^2 G_K(s)}$$

令 $K_a = \lim\limits_{s \to 0} s^2 G_K(s)$ ，K_a 称为加速度误差系数，则：

$$e(\infty) = \frac{1}{K_a}$$

对于 0 型和 1 型系统：$K_a = 0$ ；$e(\infty) = \infty$ 。

对于 2 型系统：$K_a = K$ ；$e(\infty) = \frac{1}{K}$ 。

由此可知，**0 型和 1 型系统都不能跟踪加速度输入；只有 2 型系统可以跟踪加速度输入，但是有稳态误差；3 型及以上系统，能准确地跟踪输入，稳态误差为零。型次超过 3 型的系统稳定性很难调节。故本书以分析 3 型以下系统为主。**

现将各型系统在不同输入情况下的误差系数和稳态误差列于表 3-5-1 中。输入/输出特性曲线如图 3-5-3 所示。

表 3-5-1   不同输入不同类型系统的稳态误差

$x(t)$	1		t		$\frac{1}{2}t^2$	
系统	K_p	$e(\infty)$	K_v	$e(\infty)$	K_a	$e(\infty)$
0 型	K	$\frac{1}{1+K}$	0	∞	0	∞
1 型	∞	0	K	$\frac{1}{K}$	0	∞
2 型	∞	0	∞	0	K	$\frac{1}{K}$

例 3-5-1   已知开环传递函数分别为 $\dfrac{10}{s(s+1)}$ 和 $\dfrac{10}{s(2s+1)}$ 的两个系统，试求它们的静态误差系数和输入为 $x(t) = R_0 + R_1 t + R_2 t^2$ 时的稳态误差（其中 R_0、R_1、R_2 均为正常数）。

解：（1）两个系统均为 1 型系统，其稳态误差系数为：

第一个系统

$K_p = \lim\limits_{s \to 0} \dfrac{10}{s(s+1)} = \infty$

$K_v = \lim\limits_{s \to 0} s \cdot \dfrac{10}{s(s+1)} = 10$

$K_a = \lim\limits_{s \to 0} s^2 \dfrac{10}{s(s+1)} = 0$

第二个系统

$K_p = \lim\limits_{s \to 0} \dfrac{10}{s(2s+1)} = \infty$

$K_v = \lim\limits_{s \to 0} s \cdot \dfrac{10}{s(2s+1)} = 10$

$K_a = \lim\limits_{s \to 0} s^2 \dfrac{10}{s(2s+1)} = 0$

（2）用静态误差系数法计算稳态误差。

$$e(\infty) = \frac{R_0}{1+K_p} + \frac{R_1}{K_v} + \frac{2R_2}{K_a}$$

第一个系统

$e(\infty) = \infty$

第二个系统

$e(\infty) = \infty$

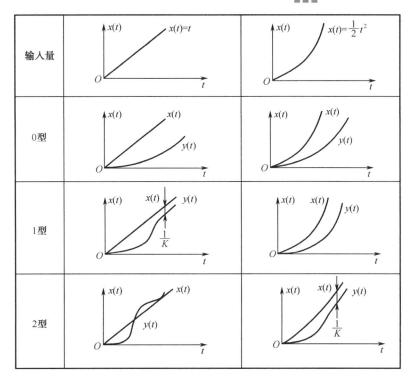

图 3-5-3 输入/输出特性曲线

例 3-5-2 单位负反馈控制系统的开环传递函数为 $G_K(s) = \dfrac{1000}{s(s+10)}$，试求在输入信号为 $x(t)=1+2t$ 作用时的稳态误差。

解： 该题是求稳态误差的基本题目，可采用不同的方法求解。在这里需用系统的叠加原理，且首先要判断系统的类型。

方法 1：依据定义，用终值定理求稳态误差。

由题可知系统闭环传递函数为：

$$G_B(s) = \frac{1000}{s^2 + 10s + 1000}$$

输入信号的拉氏变换为：

$$X(s) = \frac{1}{s} + \frac{2}{s^2} = \frac{s+2}{s^2}$$

根据误差的定义，误差信号的拉氏变换为：

$$E(s) = X(s) - Y(s) = [1 - G_B(s)]X(s)$$
$$= \frac{s+2}{s^2}\left(1 - \frac{1000}{s^2+10s+1000}\right) = \frac{(s+2)(s+10)}{s(s^2+10s+1000)}$$

由终值定理：

$$e(\infty) = \lim_{s\to 0} sE(s) = \lim_{s\to 0} s\frac{(s+2)(s+10)}{s(s^2+10s+1000)} = 0.02$$

方法 2：用静态误差系数法求稳态误差。

由于系统是 1 型系统，因此根据叠加原理：

当 $x(t) = 1(t)$ 时

$$K_{\mathrm{p}} = \lim_{s \to 0} G_{\mathrm{K}}(s) = \lim_{s \to 0} \frac{1000}{s(s+10)} = \infty$$

$$e_1(\infty) = \frac{1}{1+K_{\mathrm{p}}} = 0$$

当 $x(t) = 2t$ 时

$$K_{\mathrm{v}} = \lim_{s \to 0} s \cdot G_{\mathrm{K}}(s) = \lim_{s \to 0} s \frac{1000}{s(s+10)} = 100$$

$$e_2(\infty) = \frac{2}{K_{\mathrm{v}}} = 0.02$$

故：

$$e(\infty) = e_1(\infty) + e_2(\infty) = 0 + 0.02 = 0.02$$

3.5.2　扰动稳态误差

控制系统除了输入信号作用外，还经常受各种扰动作用，如负载的波动、电源电压和频率的波动、环境变化而引起的元件参数变化等，均属于对系统的扰动或干扰。在这些扰动信号的作用下，系统也将产生稳态误差，称为扰动稳态误差，扰动稳态误差的大小反映了系统抗干扰的能力。一般希望扰动误差越小越好。**在理想情况下，系统对于任意形式的扰动作用其稳态误差总应为零。**

设扰动量为 $N(s)$，如图 3-5-4 所示。当输入量为零时，扰动量输出的拉氏变换为：

$$Y_{\mathrm{N}}(s) = \frac{G_2(s)}{1+G_1(s)G_2(s)H(s)} N(s) = G_{\mathrm{en}}(s) N(s)$$

式中　$G_{\mathrm{en}}(s) = \dfrac{G_2(s)}{1+G_1(s)G_2(s)H(s)}$——扰动误差传递函数。

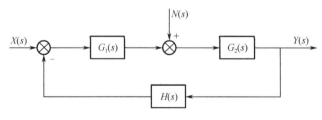

图 3-5-4　具有扰动作用的结构图

由于在有扰动时希望输出值应为零，系统误差依据定义应是希望输出与实际输出之差。扰动输入作用下希望输出为 0。因此误差信号的拉氏变换应为：

$$E_n(s) = -Y_{\mathrm{N}}(s) = -G_{\mathrm{en}}(s) \cdot N(s)$$

根据拉氏变换的终值定理，可求出扰动作用下的稳态误差为：

$$e_n(\infty) = \lim_{t \to \infty} e_n(t) = \lim_{s \to 0} s E_n(s) = -\lim_{s \to 0} s G_{\mathrm{en}}(s) N(s)$$

$$= -\lim_{s \to 0} \frac{s G_2(s)}{1+G_1(s)G_2(s)H(s)} \cdot N(s) \tag{3-5-4}$$

当 $N(s) = \dfrac{1}{s}$ 时，　　　　$e_n(\infty) = -\lim_{s \to 0} \dfrac{G_2(s)}{1+G_1(s)G_2(s)H(s)}$ \tag{3-5-5}

例 3-5-3 设控制系统如图 3-5-4 所示，其中 $G_1(s)=5$，$G_2(s)=\dfrac{2}{s(s+1)}$，$H(s)=1$，输入信号 $x(t)=t$，扰动信号 $n(t)=1(t)$，试计算该系统的稳态误差。

解： 令 $n(t)=0$，$G_K(s)=\dfrac{10}{s(s+1)}$

输入信号为单位斜坡信号：

$$K_v=\lim_{s\to0}sG_k(s)=\lim_{s\to0}\frac{10}{(s+1)}=10$$

$$e_x(\infty)=\frac{1}{K_v}=0.1$$

令 $X(s)=0$，可得在扰动作用下的误差传递函数：

$$G_{en}(s)=G_2(s)/[1+G_1(s)G_2(s)H(s)]$$
$$=[2/s(s+1)]/\{1+10/[s(s+1)]\}$$
$$=2/[s(s+1)+10]$$

扰动作用的拉氏变换为：

$$N(s)=\frac{1}{s}$$

所以：

$$e_n(\infty)=-\lim_{s\to0}G_{en}(s)=-\lim_{s\to0}\frac{2}{s(s+1)+10}=-0.2$$

根据线性叠加原理：

$$e(\infty)=e_x(\infty)+e_n(\infty)=-0.1$$

特别要指出，在实际系统中，有时作用在系统上的干扰方向是变化的。因此，常取 $e(\infty)=|e_x(\infty)|+|e_n(\infty)|$ 作为结果。本例，应取 $e(\infty)=0.3$。

3.5.3 减小稳态误差的方法

在控制系统设计和实现时，都要根据实际工作需要对系统提出稳态误差的要求，如何保证系统的稳态误差不超过要求值，可采用以下几种方法减小稳态误差。

1. 增大系统的开环放大系数

提高系统对参考输入的跟踪能力，增大扰动作用点以前的前向通道的放大系数以减小扰动引起的稳态误差。增大开环放大系数是一种简单有效的办法，但是放大系数的增加将会降低系统的稳定性，故增大放大系数受稳定性的限制。

2. 增加积分环节，提高无差度

增加积分环节可以消除不同输入信号量的稳态误差，但是当积分环节的个数超过两个时，要使系统稳定就非常困难。所以实际的工作系统串联积分环节数不能超过两个。

3. 补偿

补偿是指作用于被控对象的控制信号中除了偏差信号外，还引入与扰动或给定量有关的补偿信号，以提高系统的控制精度，减小误差。这种控制称为复合控制或前馈补偿控制。

1）输入作用的复合控制

图 3-5-5 所示的控制系统中，输入信号 $X(s)$ 通过补偿装置 $G_c(s)$ 对系统进行开环控制。引入补偿信号 $X_b(s)$ 与偏差信号 $E(s)$ 一起，对被控对象进行复合控制。等效结构图如图 3-5-6 所示。

系统的闭环传递函数为：

$$G_B(s) = \frac{Y(s)}{X(s)} = \frac{G_1(s)G_2(s)}{1 + G_1(s)G_2(s)}\left(1 + \frac{G_c(s)}{G_1(s)}\right) = \frac{[G_1(s) + G_c(s)]G_2(s)}{1 + G_1(s)G_2(s)}$$

系统的误差传递函数为：

$$G_e(s) = \frac{E(s)}{X(s)} = \frac{X(s) - Y(s)}{X(s)} = 1 - \frac{Y(s)}{X(s)} = \frac{1 - G_c(s)G_2(s)}{1 + G_1(s)G_2(s)} \qquad （3\text{-}5\text{-}6）$$

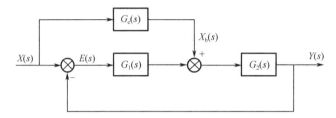

图 3-5-5　复合控制系统的结构图

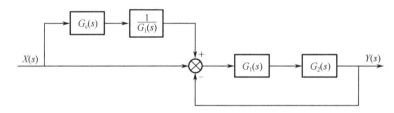

图 3-5-6　复合控制系统的等效结构图

则误差信号的拉氏变换为：

$$E(s) = \frac{1 - G_c(s)G_2(s)}{1 + G_1(s)G_2(s)}X(s) \qquad （3\text{-}5\text{-}7）$$

如果选择补偿装置的传递函数为：

$$G_c(s) = \frac{1}{G_2(s)} \qquad （3\text{-}5\text{-}8）$$

则系统补偿后误差为：　　　　　　　　$E(s)=0$

闭环传递函数为 $G_B(s) = \dfrac{Y(s)}{X(s)} = 1$ ，即 $Y(s)=X(s)$。这时系统的误差为零，输出量完全跟踪输入量。这种将误差完全补偿的作用称为全补偿。式（3-5-8）称为按输入作用全补偿的条件。

2）扰动作用的复合控制

图 3-5-7 是按外部扰动补偿的复合控制系统。该系统由扰动引起的误差就是输入量为零时系统输出量，等效结构图如图 3-5-8 所示。

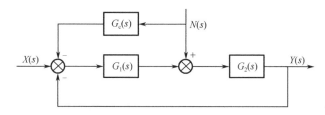

图 3-5-7 按扰动补偿的复合控制

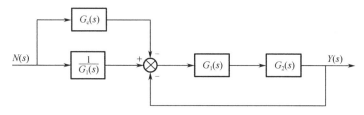

图 3-5-8 按扰动补偿的复合控制等效结构图

系统输出的拉氏变换为：

$$Y(s) = \frac{G_1(s)G_2(s)}{1+G_1(s)G_2(s)} \cdot \left[\frac{1}{G_1(s)} - G_c(s) \right] N(s)$$

$$= \frac{[1-G_1(s)G_2(s)]G_2(s)}{1+G_1(s)G_2(s)} N(s) \qquad (3\text{-}5\text{-}9)$$

如果选取：

$$G_c(s) = \frac{1}{G_1(s)} \qquad (3\text{-}5\text{-}10)$$

则得： $Y(s)=0$

这就是对外部扰动作用的全补偿。**式（3-5-10）称为按扰动输入全补偿的条件**，在实际工程中，实现全补偿的条件是很困难的。但是，即使能实现部分补偿也可以取得显著的效果。

例 3-5-4 已知单位负反馈二阶系统，补偿前的开环传递函数为 $G_K(s) = \dfrac{K}{s(Ts+1)}$ ，求：

（1）未加补偿时，当 $x(t)=t$ 时系统的稳态误差；

（2）加入如图 3-5-9 所示补偿，且 $x(t)=t$ 时系统的稳态误差，并分析其稳定性。

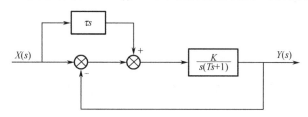

图 3-5-9 补偿后的结构图

解：（1）补偿前的稳态误差。

闭环传递函数为：

$$G_B(s) = \frac{K}{Ts^2 + s + K}$$

误差传递函数为：

$$G_\mathrm{e}(s) = \frac{1}{1 + G_\mathrm{K}(s)} = \frac{s(Ts+1)}{Ts^2 + s + K}$$

当输入信号 $x(t) = t$ 时，$X(s) = \dfrac{1}{s^2}$，稳态误差为：

$$e(\infty) = \lim_{t \to \infty} e(t) = \lim_{s \to 0} sE(s) = \lim_{s \to 0} s\frac{s(Ts+1)}{Ts^2 + s + K} \cdot \frac{1}{s^2} = \frac{1}{K}$$

系统将产生速度稳态误差，其大小取决于开环增益 K 的大小。

（2）补偿后的稳态误差。

为了补偿速度误差，引进输入信号的微分信号，如图 3-5-9 所示。

闭环传递函数为：

$$G_\mathrm{B}(s) = \frac{K(\tau s + 1)}{Ts^2 + s + K}$$

误差传递函数为：

$$G_\mathrm{e}(s) = \frac{E(s)}{X(s)} = 1 - G_\mathrm{B}(s) = \frac{s(Ts + 1 - K\tau)}{Ts^2 + s + K}$$

当选 $\tau = \dfrac{1}{K}$ 时，误差传递函数为：

$$G_\mathrm{e}(s) = \frac{Ts^2}{Ts^2 + s + K}$$

误差的拉氏变换为：

$$E(s) = \frac{Ts^2}{Ts^2 + s + K} X(s)$$

在输入信号为斜坡函数的情况下，$X(s) = \dfrac{1}{s^2}$，系统的稳态误差为：

$$e(\infty) = \lim_{s \to 0} sE(s) = \lim_{s \to 0} s\frac{Ts^2}{Ts^2 + s + K} \cdot \frac{1}{s^2} = 0$$

由此可见，在引入补偿 $G_\mathrm{c}(s) = \dfrac{1}{K}s$（也称为前馈控制）后，可使系统的速度误差为零。

将原来的 1 型系统提高为 2 型系统。此时等效单位反馈系统的开环传递函数为 $G_\mathrm{e}(s) = \dfrac{1}{1 + G'_\mathrm{K}(s)}$。

可得

$$G'_\mathrm{K}(s) = \frac{1}{G_\mathrm{e}(s)} - 1 = \frac{s + K}{Ts^2}$$

由前面的分析可知，引入前馈控制装置不影响系统的稳定性。因为这两个系统的特征方程式相同。

最后再一次指出，引入适当的前馈控制装置，可以提高系统的稳态精度，但不改变系统的稳定性。

3.6　设计实例：望远镜指向控制系统的设计

哈勃太空望远镜是一种非常复杂和昂贵的科学仪器，它的 2.4m 镜头拥有所有镜头中最光滑的表面，其指向系统能在 400 英里以外将视场聚集在一个硬币上。如图 3-6-1 所示是望远镜指向系统的数学模型。

设计的目标是选择 K_1 和 K，使得：①在阶跃输入下，系统超调量小于等于 10%；②斜坡输入下稳态误差最小；③减小阶跃干扰的影响。

将图 3-6-1（a）简化得图 3-6-1（b）。

（1）由 $\sigma \leqslant 10\%$，可得 $\xi = 0.6$。

（2）由图 3-6-1（b）可得，单位斜坡输入下系统稳态误差为 $e_{ss} = \dfrac{1}{K_v}$

其中　　$K_v = \lim\limits_{s \to 0} s \dfrac{K}{s(s+K_1)} = \dfrac{K}{K_1}$

则　　　$e_{ss} = \dfrac{1}{K/K_1} = \dfrac{K_1}{K}$

若使稳态误差满足要求，$\dfrac{K}{K_1}$ 越大越好。

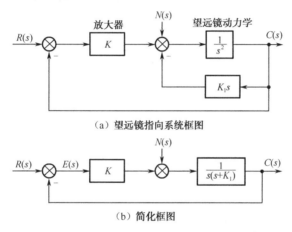

（a）望远镜指向系统框图

（b）简化框图

图 3-6-1　望远镜指向系统的数学模型

（3）单位阶跃扰动（即 $N(s) = \dfrac{1}{s}$）下，系统输出为：

$$C_n(s) = \frac{\dfrac{1}{s(s+K_1)}}{1 + \dfrac{K}{s(s+K_1)}} \cdot \frac{1}{s} = \frac{1}{s^2 + K_1 s + K} \cdot \frac{1}{s}$$

在单位阶跃扰动下，系统稳态误差为 $e_{ss} = \lim\limits_{s \to 0} sE(s) = -\lim\limits_{s \to 0} sC_n(s) = -\dfrac{1}{K}$ 。

由此可知，为了减小阶跃扰动的影响，K 越大越好。为了完成设计，需要选择 K。系统的特征方程为（$\xi = 0.6$）：

$$s^2 + K_1 s + K = s^2 + 2 \times 0.6 \cdot \omega_n s + \omega_n^2 = 0$$

可得 $\omega_n = \sqrt{K}$ ，$K_1 = 1.2\omega_n = 1.2\sqrt{K}$ ，$\dfrac{K}{K_1} = \dfrac{\sqrt{K}}{1.2}$ 。选择 $K=25$ 时，则 $K_1=6$，$\dfrac{K}{K_1} = 4.17$ 。

若选择 $K=100$，则 $K_1=12$，$\dfrac{K}{K_1} = 8.33$ 。

实际系统中，我们必须限制 K 使系统工作在线性区。当 $K=100$ 时系统的结构图如图 3-6-2 所示。系统的阶跃响应如图 3-6-3 所示，可见超调量满足要求。此时，斜坡输入下的稳态误差 $e_{ss}=\dfrac{1}{K/K_1}=\dfrac{1}{8.33}=0.12$。由此可见，当 $K=100$ 时，可以得到一个很好的系统。

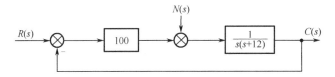

图 3-6-2　所设计的系统结构图（$K=100$）

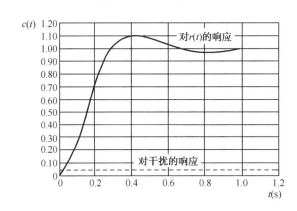

图 3-6-3　系统的阶跃响应（$K=100$）

小　　结

1．时域分析是通过直接求解系统在典型输入信号作用下的时间响应，从而可以很直观地分析系统的性能好坏。

2．常用的典型输入信号有阶跃函数、斜坡函数、抛物线函数和正弦函数。阶跃输入函数为条件较恶劣的输入信号。如果一个系统受到阶跃输入后的输出响应能满足性能指标的要求，则受到其他输入信号后，输出响应一般都能满足性能指标的要求，所以时域分析最常用的典型输入信号是阶跃输入函数。正弦输入函数是频域法分析系统的主要输入信号，这将在第 4 章中详细介绍。

3．时域性能指标有动态性能指标 t_r、t_m、t_s 和 σ 等；稳态性能指标为稳态误差 e_{ssr} 和 e_{ssn}。

4．许多自动控制系统，经过参数整定和调试，其动态特性可以近似为一阶、二阶系统。所以一阶、二阶系统的分析结果，常常可以作为高阶系统分析的基础。

5．对于高阶系统，如果能找到一对（或一个）主导极点，则高阶系统可以近似用二阶（或一阶）系统进行分析。主导极点是控制理论中重要的概念之一（本章中没有讲解高阶系统的分析，可参照二阶系统的分析方法来学习）。

6．稳定性是系统正常工作的先决条件，闭环系统的零、极点在根平面（$[s]$ 平面）上的分布，完全确定了系统的稳定性，系统稳定的充分必要条件是：闭环极点全部位于 $[s]$ 平面的左半平面。掌握劳斯稳定判据的应用。

7．系统的稳态误差也是重要的性能指标。稳态误差分为给定值（参考输入）稳态误差 e_{ssr} 和扰动稳态误差 e_{ssn}。前者根据系统的类型（0 型、1 型、2 型⋯）及典型输入信号的不同，用稳态误差系数(K_p, K_v, K_a)求取。后者应按扰动稳态误差的定义求取。

8．可采用如下三种减小稳态误差的措施：（1）增大系统的开环放大系数；（2）增加积分环节；（3）采用补偿的方法。

9．用工具软件 MATLAB 解决控制系统时域性能指标的计算、判别控制系统的稳定性、计算控制系统的稳态误差等时域分析问题（参考第 9 章）。

习　题　3

3-1 系统的结构图如题图 3-1 所示。

已知一阶元件的传递函数为 $G(s) = \dfrac{10}{0.2s+1}$，欲采用加负反馈的办法，将过渡时间 t_s 减小为原来的 0.1 倍，并保证总放大系数不变。试确定参数 K_H 和 K_0 的数值。

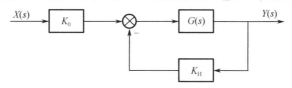

题图 3-1　习题 3-1 图

3-2 设单位负反馈系统的开环传递函数为：

$$G_K(s) = \frac{4}{s(s+2)}$$

试写出该系统的单位阶跃响应和单位斜坡响应的表达式。

提示：若单位斜坡输入，输出为

$$y(t) = t - \frac{2\zeta}{\omega_\psi} + \frac{e^{-\zeta\omega_n t}}{\omega_n\sqrt{1-\zeta^2}} \cdot \sin(\omega_d t + \psi) \quad t \geq 0$$

$$\psi = 2\tan^{-1}\left(\frac{\sqrt{1-\zeta^2}}{\zeta}\right)$$

3-3 一单位负反馈二阶控制系统的单位阶跃响应曲线如题图 3-2 所示。试确定其开环传递函数。

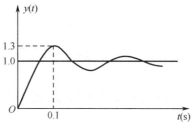

题图 3-2　习题 3-3 图

3-4 一单位负反馈控制系统的开环传递函数为 $G_K(s) = \dfrac{K}{s(0.1s+1)}$

设分别求当 $K=10$ 和 $K=20$ 时，系统的阻尼比 ζ、无阻尼自然频率 ω_n、δ 及峰值时间 t_m，并讨论 K 的大小对动态性能指标的影响。

3-5 闭环系统的传递函数为 $G_B(s) = \dfrac{\omega_n^2}{s^2 + 2\zeta\omega_n s + \omega_n^2}$。

（1）试求 $\zeta=0.1$，$\omega_n=5$；$\zeta=0.1$，$\omega_n=10$；$\zeta=0.1$，$\omega_n=1$ 时单位阶跃响应的超调量 δ 和调节时间 t_s。

（2）试求 $\zeta=0.5$，$\omega_n=5$ 时单位阶跃响应的超调量 δ 和调节时间 t_s。

（3）讨论系统参数 ζ，ω_n 与调节时间的关系。

3-6 有闭环系统的特征方程如下：

（1）$s^3 + 20s^2 + 4s + 50 = 0$；

（2）$s^3 + 20s^2 + 4s + 100 = 0$；

（3）$s^4 + 2s^3 + 6s^2 + 8s + 8 = 0$。

试用劳斯判据判断系统的稳定性。

3-7 一单位负反馈控制系统的开环传递函数为 $G_K(s) = \dfrac{K}{s(0.1s+1)(0.25s+1)}$。

试确定使系统稳定的开环放大系数 K 的取值范围。

3-8 已知单位负反馈控制系统的开环传递函数如下：

（1）$G_K(s) = \dfrac{10}{(0.1s+1)(0.5s+1)}$；

（2）$G_K(s) = \dfrac{7(s+1)}{s(s+4)(s^2+2s+2)}$；

（3）$G_K(s) = \dfrac{8(0.5s+1)}{s^2(0.1s+1)}$。

当输入信号为 $1(t)$、t 和 t^2 时，试用静态误差系数法分别求出系统的稳定误差。

3-9 试分析题图 3-3 所示各系统稳定与否，输入撤除后这些系统是衰减还是发散？是否振荡？

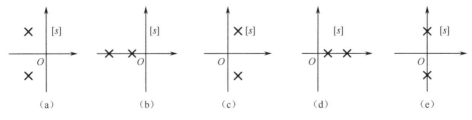

题图 3-3 习题 3-9 图

3-10 一系统结构图如题图 3-4 所示，并设 $G_1(s) = \dfrac{K_1(1+T_1 s)}{s}$，$G_2(s) = \dfrac{K_2}{s(1+T_2 s)}$。求当扰动量分别以 $N(s) = \dfrac{1}{s}$，$\dfrac{1}{s^2}$ 作用于系统时，系统的扰动稳态误差。

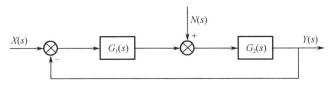

题图 3-4 习题 3-10 图

3-11 选择题。

（1）一系统的传递函数为 $\dfrac{2}{s+0.25}$，其时间常数为_____。

①0.25   ②4   ③2   ④8

（2）系统的运动微分方程式为 $J\dot{\omega}(t)+C\omega(t)=m(t)$，其时间常数为_____。

① C/J ②J ③J/C ④C

（3）若二阶系统的阻尼比为 0.65，则系统的阶跃响应为_____。

①等幅振荡   ②衰减振荡

③振荡频率为 ω_n 的振荡   ④振荡频率为 ω_d 的衰减振荡

（4）二阶系统的超调量 δ_____。

①只与 ζ 有关   ②与 ζ 无关

③与 ω_n 无关   ④与 ω_n 有关

⑤反映系统的相对稳定性

（5）两个二阶系统的超调量 δ 相等，则这两个系统具有相同的_____。

①ω_n ②ζ ③K ④ω_d

（6）对二阶欠阻尼系统，若保持 ζ 不变，而增大 ω_n，则_____。

①影响超调量   ②可以提高系统的快速性

③减小调节时间   ④增大调节时间

（7）根据下列几个系统的特征方程，可以判断肯定不稳定的系统有_____。

①$-s^3-bs^2-as=0$ ②$as^3+bs^2+cs+d=0$

③$as^3+bs^2+c=0$ ④$as^4+bs^3-cs^2+ds+e=0$

其中 a、b、c、d、e 均为不等于零的正数。

（8）某一系统的速度误差为零，则该系统的开环传递函数可能是_____。

①$\dfrac{K}{Ts+1}$ ②$\dfrac{s+d}{s(s+a)(s+b)}$

③$\dfrac{K}{s(s+a)}$ ④$\dfrac{K}{s^2(s+a)}$ ⑤$\dfrac{K}{s^2(s+a)(s+b)}$

3-12 自我检查题。

（1）一阶系统响应越快，时间常数 T 越_____。

（2）二阶欠阻尼系统，峰值时间 $t_m=$？ 超调量 $\delta=$？

（3）静态误差系数 $K_p=$？ $K_v=$？ $K_a=$？

（4）选择题。

① 1 型系统开环增益为 10，系统在单位斜坡输入作用下的稳态误差 $e(\infty)$ 为_____。

①0.1   ②0   ③1/11   ④∞

② 系统的传递函数为 $\dfrac{3}{s(s+1)}$ ，则该系统在单位脉冲函数输入的作用下输出为

_____。

①$3(1-e^{-t})$ ②$1+e^{-t}$ ③$1-e^{-t}$

（5）控制系统如题图 3-5 所示。

① 当 $K_f=0$ 时，求计算机系统的阻尼比 ζ 、无阻尼自然振荡频率 ω_n 和在单位斜坡输入时的稳态误差 $e(\infty)$。

② 当要求 $\zeta=0.6$ 时，确定 K_f 的值并计算在单位斜坡输入时的稳态误差 $e(\infty)$。

③ 说明加入 $K_f s$ 局部反馈时对系统性能的影响。

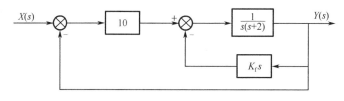

题图 3-5 习题 3-12（5）图

第 4 章 频域分析法

内容提要：

本章首先由系统对正弦输入的稳态响应引出频率特性基本概念及频率响应，具体讲述频率特性的表示方法，即极坐标图（奈氏图）和对数频率特性图（Bode 图）；通过典型环节频率特性的绘制，引出系统开环频率特性两种曲线的手工绘制方法。然后根据绘制出的曲线，用奈氏稳定判据判断其稳定性并计算其相对稳定性指标——相角裕量和幅值裕量；最后分析系统频率特性性能与时域性能指标之间的关系，并举例说明。

在第 3 章中介绍的时域分析方法，可以求出系统的输出量随时间的变化规律，比较直观。但是，对高阶系统用解析法求解系统的瞬态过程比较麻烦，阶次越高，求解计算工作量越大。对于高阶系统也很难看出某个环节和参数对整个系统瞬态过程有怎样的影响；当系统的瞬态特性不满足要求时，很难确定应该采取什么样的措施才能改进系统的瞬态特性。

频率法是研究自动控制系统的一种经典工程方法，也是一种基本方法。它仍然是分析研究系统的瞬态特性、稳定性、稳态误差等问题的主要方法之一。其研究方法是用图解方法间接分析系统的瞬态特性和稳定性。一旦用频率法对控制系统做出了分析和设计后，再根据时域和频域的关系就可确定系统的时域特性。用频率法分析和设计控制系统的优点如下：

（1）当控制系统的结构和参数变化时，很容易确定相应的频率特性的变化。再通过频率特性指标和时域性能指标之间的关系，就可以将系统的结构和参数与时域性能指标联系起来了。

（2）不用求解系统的闭环特征方程，用系统开环频率特性曲线图就可以研究闭环系统的稳定性和相对稳定性。

（3）频率特性有明确的物理意义，控制系统或元部件的频率特性都可用实验方法测定，这对于很难列写运动方程的元部件或系统很有实用意义。

（4）频率法不仅适用于线性定常系统的分析研究，还可推广应用于某些非线性控制系统。

（5）当系统在某些频率范围内存在严重的噪声时，应用频率法可以设计出能够抑制这些噪声的系统。

4.1 频率特性的基本概念与表示方法

4.1.1 频率特性的基本概念

在一般情况下，系统的传递函数为：

$$G(s) = \frac{Y(s)}{X(s)} = \frac{K\prod\limits_{i=1}^{m}(s - Z_i)}{\prod\limits_{j=1}^{n}(s - P_j)} \tag{4-1-1}$$

若输入信号为正弦函数：

$$x(t) = x_0 \sin \omega t$$

式中　x_0——输入信号的幅值；

　　　ω——输入信号的角频率。

输入信号的拉氏变换为：

$$X(s) = \frac{\omega x_0}{s^2 + \omega^2} = \frac{\omega x_0}{(s + j\omega)(s - j\omega)}$$

则输出信号的拉氏变换为：

$$Y(s) = G(s)X(s) = \frac{K \prod\limits_{i=1}^{m}(s - Z_i)}{\prod\limits_{j=1}^{n}(s - P_j)} \cdot \frac{\omega x_0}{(s + j\omega)(s - j\omega)} \tag{4-1-2}$$

为求出系统对正弦输入信号的响应，将式（4-1-2）展开成部分分式的形式。若系统的全部极点都不相同，则：

$$Y(s) = \frac{A_{01}}{s + j\omega} + \frac{A_{02}}{s - j\omega} + \frac{A_1}{s - P_1} + \cdots + \frac{A_n}{s - P_n} \tag{4-1-3}$$

式中　$A_i(i = 1, 2, \cdots, n)$——待定常数；

　　　A_{01}, A_{02}——待定共轭复数。

对式（4-1-3）取拉氏反变换，则得系统的输出响应函数为：

$$y(t) = A_{01}e^{-j\omega t} + A_{02}e^{j\omega t} + A_1 e^{P_1 t} + \cdots + A_n e^{P_n t} \tag{4-1-4}$$

对于稳定的系统，P_j $(j = 1, 2, \cdots, n)$ 必须具有负实部，因此，当 t 趋于无穷大时，$e^{P_j t}$ 各项都趋于零。所以在稳态时，系统输出响应仅由式（4-1-4）前两项决定，即：

$$y(t) = A_{01}e^{-j\omega t} + A_{02}e^{j\omega t} \tag{4-1-5}$$

如果 $Y(s)$ 含有 n 重极点 P_0，则 $y(t)$ 中包含有 $t^i e^{P_0 t}(i = 0, 1, 2, \cdots, h-1)$ 一些项。对于稳定系统，由于 P_0 有负实部，所以 $t^i e^{P_0 t}$ 各项随 t 趋于无穷大时都趋于零，仍得式（4-1-5）结果。

式（4-1-5）中系数 A_{01}, A_{02} 可按下式计算：

$$A_{01} = G(s)X(s) \cdot (s + j\omega) |_{s=-j\omega}$$

$$= G(s)\frac{\omega x_0(s + j\omega)}{(s + j\omega)(s - j\omega)} |_{s=-j\omega}$$

$$= -\frac{x_0}{2j}G(-j\omega)$$

同理　　　　　　　　　$$A_{02} = \frac{x_0}{2j}G(j\omega) \tag{4-1-6}$$

因为 $G(j\omega)$ 是一个复数，故可以用幅值和相角表示，即：

$$G(j\omega) = |G(j\omega)|e^{j\phi(\omega)} \tag{4-1-7}$$

式中　$|G(j\omega)|$——$G(j\omega)$ 的幅值；

　　　$\phi(\omega)$——$G(j\omega)$ 的相角（或幅角）。

$$\phi(\omega) = \angle G(j\omega) = \tan^{-1}\left[\frac{G(j\omega)\text{的虚部}}{G(j\omega)\text{的实部}}\right]$$

同理
$$G(-\mathrm{j}\omega) = |G(-\mathrm{j}\omega)|\mathrm{e}^{-\mathrm{j}\phi(\omega)} = |G(\mathrm{j}\omega)|\mathrm{e}^{-\mathrm{j}\phi(\omega)}$$

将式（4-1-6）、式（4-1-7）代入式（4-1-5）得：

$$
\begin{aligned}
y(t) &= x_0 |G(\mathrm{j}\omega)| \frac{\mathrm{e}^{\mathrm{j}[\omega t+\phi(\omega)]} - \mathrm{e}^{-\mathrm{j}[\omega t+\phi(\omega)]}}{2\mathrm{j}} \\
&= x_0 |G(\mathrm{j}\omega)| \sin[\omega t + \phi(\omega)] \\
&= y(\omega)\sin[\omega t + \phi(\omega)]
\end{aligned}
\tag{4-1-8}
$$

式中　　$y(\omega) = x_0 |G(\mathrm{j}\omega)|$——输出信号稳态分量的振幅。

由式（4-1-8）可以看出系统稳态输出 $y(t)$ 与输入信号频率相同。其幅值和相角通常不等于输入信号的幅值和相角，而是输入信号角频率 ω 的函数。

通常，把系统对正弦输入信号的稳态响应称为频率响应，当输入信号的角频率 ω 在某一范围内改变时所得到的一系列频率的响应称为这个系统的**频率特性**。

定义 $A(\omega) = \dfrac{y(\omega)}{x_0} = |G(\mathrm{j}\omega)|$ 为系统的**幅频特性**，它描述系统对不同频率输入信号的稳态响应幅值衰减（或放大）的特性。

定义 $\phi(\omega) = \angle G(\mathrm{j}\omega)$ 为系统的**相频特性**，它描述系统对不同频率输入信号的稳态响应相位滞后($\phi<0$)或超前($\phi>0$)的特性。

幅频特性和相频特性可由一个表达式表示，即：

$$\boldsymbol{G(\mathrm{j}\omega) = |G(\mathrm{j}\omega)|\mathrm{e}^{\mathrm{j}\phi(\omega)}}$$

称为系统的**频率特性**。

从上述定义可以看出，系统的频率特性可由该系统的传递函数用 $\mathrm{j}\omega$ 代替 s 求得。

例 4-1-1　求图 4-1-1 所示 R-C 电路的频率响应。

解：R-C 电路的传递函数为

$$G(s) = \frac{1}{Ts+1}$$

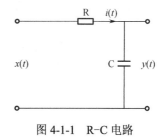

式中　　$T = RC$——时间常数。

正弦输入信号为：$x(t) = x_0 \sin\omega t$

电路频率特性以 $\mathrm{j}\omega$ 代替 s 可得：

$$G(\mathrm{j}\omega) = \frac{1}{1+\mathrm{j}T\omega} = |G(\mathrm{j}\omega)|\mathrm{e}^{\mathrm{j}\phi(\omega)}$$

图 4-1-1　R-C 电路

幅频特性为：

$$|G(\mathrm{j}\omega)| = \frac{1}{|1+\mathrm{j}T\omega|} = \frac{1}{\sqrt{1+(T\omega)^2}}$$

相频特性为：

$$\phi(\omega) = \angle G(\mathrm{j}\omega) = -\tan^{-1}T\omega$$

系统频率特性为：

$$y(t) = \frac{x_0}{\sqrt{1+(T\omega)^2}} \cdot \sin(\omega t - \tan^{-1}T\omega)$$

从 R-C 电路的频率特性可以看出一般规律：电路参数(R、C)给定后，$G(\mathrm{j}\omega)$ 随频率变化规律就完全确定。所以频率特性反映了电路本身的性质，与外界因素无关。

例 4-1-2 设系统的传递函数 $G(s) = \dfrac{K}{Ts+1} = \dfrac{10}{0.5s+1}$，求输入信号频率 $f=1\text{Hz}$，振幅 $x_0 = 10$ 时，系统的稳态输出。

解：（1）输出与输入频率相同。

$f=1\text{Hz}$，所以 $\omega = 2\pi f = 6.3$（rad/s）

（2）求输出与输入相位差。

惯性环节相位落后为：$\phi = -\tan^{-1} T\omega = -\tan^{-1} 0.5 \times 6.3 = -\tan^{-1} 3.15 \approx -72.4^\circ$

（3）求输出幅值。

$$y_0 = x_0 \cdot K \left| \frac{1}{0.5\text{j}\omega + 1} \right| = 10 \times 10 \times \frac{1}{\sqrt{(0.5 \times 6.3)^2 + 1}} = \frac{100}{3.295} \approx 30.3$$

（4）稳态输出。

$$y(t) = y_0 \cdot \sin(\omega t + \phi) = 30.3\sin(6.3t - 72.4^\circ)$$

4.1.2 频率特性的表示方法

系统或环节的频率特性的表示方法很多，其本质都是一样的，只是表示的形式不同而已。最常用的频率特性有幅相频率特性和对数频率特性。

1. 幅相频率特性

幅相频率特性可以表示成代数或指数形式。

（1）代数表示形式。

设系统或环节的传递函数为 $G(s)$，以 $\text{j}\omega$ 代替 s 可得系统或环节的频率特性为：

$$G(\text{j}\omega) = P(\omega) + \text{j}Q(\omega) \tag{4-1-9}$$

式中　$P(\omega)$——频率特性的实部，称为**实频特性**；

　　　$Q(\omega)$——频率特性的虚部，称为**虚频特性**。

这就是频率特性的代数表示形式。

（2）指数表示形式。

$$G(\text{j}\omega) = |G(\text{j}\omega)|\,\text{e}^{\text{j}\phi(\omega)} = A(\omega)\text{e}^{\text{j}\phi(\omega)} \tag{4-1-10}$$

式中　$A(\omega)$——复数频率特性的模，称为**幅频特性**；

　　　$\phi(\omega)$——复数频率特性的相位移，称为**相频特性**。

两种表示方法的关系为：

$$A(\omega) = \sqrt{P^2(\omega) + Q^2(\omega)}; \phi(\omega) = \tan^{-1}\frac{Q(\omega)}{p(\omega)}$$

在工程分析和设计中，通常把频率特性画成一些曲线。幅相频率特性曲线是以 ω 为参变量把幅频特性和相频特性同时表示在复平面上。例如，指数形式表示的频率特性，可以在极坐标中以一个矢量来表示，如图 4-1-2（a）所示。矢量的长度等于模 $A(\omega_\text{i})$，相位移 $\phi(\omega_\text{i})$ 等于 $A(\omega_\text{i})$ 相对于极轴坐标的转角。

若将极坐标与直角坐标重合，如图 4-1-2（b）所示，极坐标原点与直角坐标原点重合，取极坐标轴为直角坐标轴的实轴，当 ω 由 0 变到 ∞ 时，$G(\text{j}\omega)$ 的矢量终端将在极坐标系或直角坐标系中描绘出一条曲线，如图 4-1-2（c）所示，这条曲线称为系统或环节的**幅相频率特性曲线或奈氏图**。

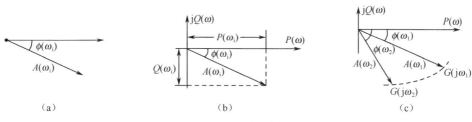

（a） （b） （c）

图 4-1-2 幅相频率特性表示法

2. 对数频率特性

对数频率特性是将频率特性表示在半对数坐标中。

对式（4-1-10）两边取以 10 为底的对数，得：

$$\lg G(j\omega) = \lg[A(\omega) \cdot e^{j\phi(\omega)}]$$
$$= \lg A(\omega) + j\phi(\omega)\lg e$$
$$= \lg A(\omega) + j0.434\phi(\omega)$$

习惯上，一般不考虑 0.434 这个系数，只用相位移 $\phi(\omega)$ 本身。

对数频率特性曲线用两条曲线表示，即对数幅频特性曲线和相频特性曲线。通常把幅频和相频特性组成的对数频率特性曲线称为 Bode 图。

对数幅频特性曲线绘制在半对数坐标中，半对数坐标如图 4-1-3 所示，横轴为角频率 ω，采用对数比例尺（或称对数标度），ω 每变化 10 倍，横坐标就增加一个单位长度，这个长度代表 10 倍频的距离，称之为"十倍频"或"十倍频程"（**dec**）。横坐标单位长度的刻度值见表 4-1-1。

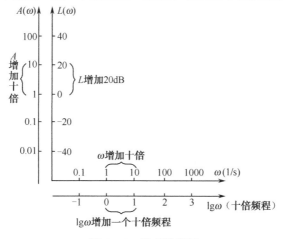

图 4-1-3 半对数坐标

纵坐标以分贝（dB）为单位，等分分度。分贝值与幅频值的关系为 $L(\omega) = 20\lg A(\omega)\text{dB}$，如 $A(\omega) = 10$，则 $L(\omega) = 20\text{dB}$。

相频特性曲线：横坐标与幅频特性的横坐标相同，纵坐标表示相角位移，单位为"度"或"弧度"，采用等分分度。

表 4-1-1 横坐标单位长度的刻度值

ω	1	2	3	4	5	6	7	8	9	10
$\lg\omega$	0	0.301	0.477	0.602	0.699	0.788	0.845	0.903	0.954	1

对数频率特性表示法的优点：

（1）在研究频率范围很宽的频率特性时，缩小了比例尺，在一张图上能很清楚地画出低频段、中频段和高频段。

（2）将乘除运算变成了加减运算，使绘制频率特性曲线大大简化、方便。因为控制系统一般都是由许多环节串联构成的。串联后开环频率特性为：

$$G(j\omega) = G_1(j\omega)G_2(j\omega)\cdots G_n(j\omega)$$

写成指数形式：

$$A(\omega) = A_1(\omega)e^{j\phi_1(\omega)}A_2(\omega)e^{j\phi_2(\omega)}\cdots A_n(\omega)e^{j\phi_n(\omega)}$$

所以：

$$A(\omega) = A_1(\omega)A_2(\omega)\cdots A_n(\omega)$$

$$\phi(\omega) = \phi_1(\omega) + \phi_2(\omega) + \cdots + \phi_n(\omega)$$

在极坐标中绘制幅相频率特性时，要进行乘法运算。作乘法运算不如作加法运算方便。在半对数坐标中绘制幅频特性曲线时，由于：

$$20\lg A(\omega) = 20\lg A_1(\omega) + 20\lg A_2(\omega) + \cdots + 20\lg A_n(\omega)$$

将乘法运算变成加法运算，给绘图带来很大方便。

（3）可以采用简便方法绘制近似的对数幅频曲线。

4.2　典型环节的频率特性

这一节着重研究典型环节的幅相频率特性曲线和对数频率特性曲线的绘制方法及其特点。

1. 比例环节的频率特性

比例环节的传递函数为：

$$G(s)=K$$

1）幅相频率特性

$$G(j\omega)=K=P(\omega)+jQ(\omega)=A(\omega)e^{j\phi(\omega)} \tag{4-2-1}$$

式中　实频特性 $P(\omega)=K$；

　　　　虚频特性 $Q(\omega)=0$；

　　　　幅频特性 $A(\omega)=K$；

　　　　相频特性 $\phi(\omega)=0$。

由式（4-2-1）可以看出，比例环节的幅频特性、相频特性均与频率无关，所以 ω 由 $0 \to \infty$ 时，$G(j\omega)$ 在图中为实轴上一矢量。$\phi(\omega)=0$ 表示输出与输入同相位，如图 4-2-1 所示。

2）对数频率特性

对数幅频特性为：$L(\omega)=20\lg A(\omega)=20\lg K$

$L(\omega)$ 为常数，是平行于横轴的一条直线。当 $K>1$ 时，$20\lg K>0$；$K=1$ 时，$20\lg K=0$；$K<1$ 时，$20\lg K<0$。

相频特性为 $\phi(\omega)=0$，与横轴重合。比例环节的对数频率特性如图 4-2-2 所示。

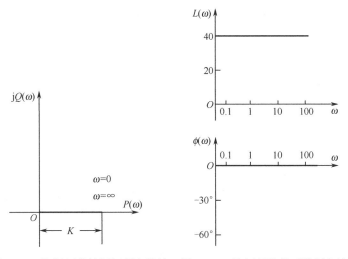

图 4-2-1 比例环节的幅相频率特性　图 4-2-2 比例环节的对数频率特性

2. 惯性环节的频率特性

惯性环节的传递函数为：

$$G(s) = \frac{1}{1 + Ts}$$

式中　T——环节的时间常数。

1）幅相频率特性

$$G(\mathrm{j}\omega) = \frac{1}{1 + \mathrm{j}T\omega} = P(\omega) + \mathrm{j}Q(\omega) = A(\omega)\mathrm{e}^{\mathrm{j}\phi(\omega)} \tag{4-2-2}$$

式中　实频特性 $P(\omega) = \dfrac{1}{1 + T^2\omega^2}$；

　　　虚频特性 $Q(\omega) = \dfrac{-T\omega}{1 + T^2\omega^2}$；

　　　幅频特性 $A(\omega) = \dfrac{1}{\sqrt{1 + T^2\omega^2}}$；

　　　相频特性 $\phi(\omega) = -\tan^{-1}T\omega$。

给出一个频率可以算出相应的 $P(\omega)$ 和 $Q(\omega)$ 或者 $A(\omega)$ 和 $\phi(\omega)$，分别得出在直角坐标中的一个点或者是极坐标中的一个矢量。当 ω 由 0 变为 ∞ 时，可以算出一组 $P(\omega)$ 和 $Q(\omega)$ 或者 $A(\omega)$ 和 $\phi(\omega)$ 值。几个特征点的值见表 4-2-1。

表 4-2-1　几个特征点的值

ω	0	1/T	∞
$P(\omega)$	1	1/2	0
$Q(\omega)$	0	−1/2	0
$A(\omega)$	1	$1/\sqrt{2}$	0
$\phi(\omega)$	0°	−45°	−90°

根据这些数值，可以绘出幅相频率特性曲线，如图 4-2-3 所示。很容易证明，惯性环节的幅相频率特性曲线是个半圆，圆心为（0.5，j0），半径为 0.5。

2）对数频率特性

惯性环节对数幅频特性为：

$$L(\omega)=20\lg A(\omega)=20\lg \frac{1}{\sqrt{1+T^2\omega^2}} =-20\lg \sqrt{1+T^2\omega^2} \qquad （4-2-3）$$

从上式可以看到：

在低频段 $T\omega \ll 1$（或 $\omega \ll 1/T$）时，可以近似地认为 $T\omega=0$，则 $L(\omega)\approx-20\lg 1=0\mathrm{dB}$。

故在低频时，对数幅频特性可以用零分贝线近似表示，称为低频渐近线，如图 4-2-4① 线段。

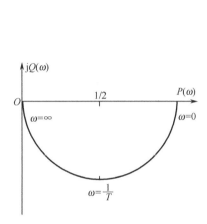

图 4-2-3　惯性环节的幅相频率特性　　　　图 4-2-4　惯性环节对数频率特性

在高频段，$T\omega \gg 1$（或 $\omega \gg 1/T$）时，忽略 1，可以近似的认为 $L(\omega)\approx-20\lg T\omega$。

这是一条斜线，其斜率为-20dB/十倍频（dB/dec），故在高频时可用斜率为-20dB/十倍频的直线近似表示，称为高频渐近线，如图 4-2-4②线段。

上述分析表明：惯性环节对数幅频特性曲线，可由两条渐近线来表示。在 $0<\omega<1/T$ 的范围内，是 $L(\omega)=0$ 的直线；在 $1/T<\omega<\infty$ 的范围内，$L(\omega)\approx-20\lg T\omega$，是一条斜率为-20dB/十倍频的直线。这两条直线在 $\omega=1/T$ 处相交，相交点的频率 $\omega=1/T$，称为**转折频率或交接频率**。在绘制对数幅频特性时，转折频率是一个重要参数。转折频率近似地将对数幅频特性曲线分成两段，即低频段和高频段。

用对数渐近幅频特性代替实际的对数幅频特性，将存在误差。最大误差发生在转折频率 $\omega=1/T$ 处，其误差值为：

$$L(\omega=1/T)=-20\lg \sqrt{2} =-3\mathrm{dB}$$

不同频率上的误差值列于表 4-2-2 中。

表 4-2-2　惯性环节对数幅频特性误差表

ωT	$\frac{1}{10}$	$\frac{1}{4}$	$\frac{1}{2}$	1	2	4	10
误差（dB）	-0.04	-0.26	-1.0	-3	-1.0	-0.26	-0.04

由表中可以看出，在高于或低于转折频率十倍频程处的误差值近似等于-0.04dB。

惯性环节的相频特性为：

$$\phi(\omega) = -\tan^{-1} T\omega = -\tan^{-1} \frac{\omega}{\omega_1} \qquad (4\text{-}2\text{-}4)$$

式中 $\omega_1 = 1/T$。

为了近似绘制相频特性，确定以下几个点就可以了。

惯性环节相位总是滞后，在 $\omega=0$ 时相位移 $\phi(0)=0$；转折频率处 $\omega=1/T$，相位移 $\phi(1/T) = -45°$；当 $\omega \to \infty$ 时，相位移 $\phi(\infty) = -90°$，即惯性环节相位最大滞后为 $-90°$。

从惯性环节对数频率特性曲线图可以看出，**惯性环节是一个低通滤波器**，对于高于 $\omega=1/T$ 频率的信号，输出幅值迅速衰减，相移较大，惯性环节只能较精确地复现低频信号。

惯性环节的时间常数 T 取不同值时，其转折频率 $1/T$ 在横轴上左右移动，同时对数幅频特性和对数相频特性也将随之左右移动，但它们的形状保持不变。

3. 积分环节的频率特性

积分环节的传递函数为：

$$G(s) = \frac{1}{s}$$

1）幅相频率特性

$$G(j\omega) = \frac{1}{j\omega} = -j\frac{1}{\omega} = \frac{1}{\omega} e^{-j\pi/2} \qquad (4\text{-}2\text{-}5)$$

则 $P(\omega)=0, Q(\omega)=-\dfrac{1}{\omega}, A(\omega)=\dfrac{1}{\omega}, \phi(\omega)=-\pi/2$。

积分环节的幅相频率特性如图 4-2-5 所示。在 $0 \leqslant \omega \leqslant \infty$ 范围内，频率特性为负虚轴。

2）对数频率特性

积分环节的对数幅频特性为：

$$L(\omega)=20\lg A(\omega)=20\lg \frac{1}{\omega}=-20\lg \omega \qquad (4\text{-}2\text{-}6)$$

由上式可知，对数幅频特性是一条斜率为-20dB/十倍频的直线，如图 4-2-6 所示。它在 $\omega=1\text{rad/s}$ 这一点穿过零分贝线。如果在传递函数中有 N 个积分环节串联，则：

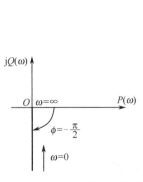

图 4-2-5　积分环节的幅相频率特性

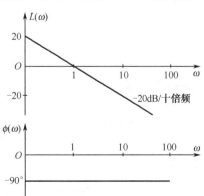

图 4-2-6　积分环节的对数频率特性

$$L(\omega)=20\lg\frac{1}{\omega^N}=-N\times20\lg\omega$$

这是一条斜率为-20dB/十倍频的斜线，且在$\omega=1$rad/s处穿过横轴。

积分环节的相频特性为$\phi(\omega)=-90°$。

相位滞后与频率无关，在$0\leqslant\omega\leqslant\infty$范围内，相频特性为平行于横轴的一条直线，如图4-2-6所示。当传递函数中有N个串联积分环节时，相频特性为$\phi(\omega)=-N\times90°$。

4. 微分环节的频率特性

理想微分环节的传递函数为：

$$G(s)=s$$

1）幅相频率特性

$$G(\mathrm{j}\omega)=\mathrm{j}\omega=\omega\mathrm{e}^{\mathrm{j}\pi/2} \qquad (4\text{-}2\text{-}7)$$

幅频特性为$A(\omega)=\omega$；相频特性为$\phi(\omega)=\pi/2$。所以在$0\leqslant\omega\leqslant\infty$范围内，幅相特性与正虚轴重合，如图4-2-7所示。

2）对数频率特性

微分环节的对数幅频特性为：

$$L(\omega)=20\lg A(\omega)=20\lg\omega \qquad (4\text{-}2\text{-}8)$$

显然，理想微分环节对数幅频特性曲线是一条斜率为20dB/十倍频，通过$\omega=1$rad/s点的直线。

相频特性为$\phi(\omega)=90°$，是一条平行于横轴的直线，如图4-2-8所示。

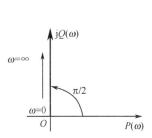

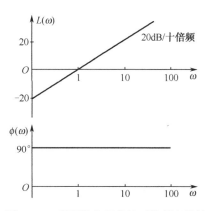

图4-2-7　理想微分环节的幅相频率特性　　　图4-2-8　理想微分环节的对数频率特性

5. 一阶微分环节的频率特性

一阶微分环节的传递函数为：

$$G(s)=1+\tau s$$

1）幅相频率特性

$$G(\mathrm{j}\omega)=1+\mathrm{j}\tau\omega=\sqrt{1+(\tau\omega)^2}\,\mathrm{e}^{\mathrm{j}\phi(\omega)} \qquad (4\text{-}2\text{-}9)$$

则$P(\omega)=1,Q(\omega)=\tau\omega,A(\omega)=\sqrt{1+(\tau\omega)^2}$，$\phi(\omega)=\tan^{-1}\tau\omega$。

当 ω 由 0 增大至 ∞ 时，$A(\omega)$ 由 1 增至 ∞，相位由 0° 增至 90°，是一条由实轴 1 点为起点，平行正虚轴的直线，如图 4-2-9 所示。

2）对数频率特性

对数频率特性为：

$$L(\omega)=20\lg A(\omega)=20\lg\sqrt{1+(\tau\omega)^2}$$

相频特性为：

$$\phi(\omega)=\tan^{-1}\tau\omega$$

显然，一阶微分环节的对数幅频特性和相频特性，分别与惯性环节的频率特性相差一个符号，即对称于横轴。按照与惯性环节相似的绘图方法，绘制对数频率特性如图 4-2-10 所示。

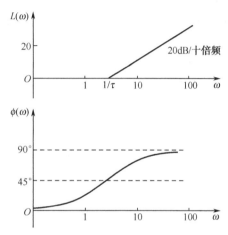

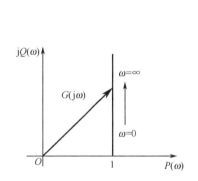

图 4-2-9 一阶微分环节的幅相频率特性 　　　图 4-2-10 一阶微分环节的对数频率特性

6. 振荡环节的频率特性

振荡环节的传递函数为：

$$G(s)=\frac{1}{T^2s^2+2\zeta Ts+1}$$

式中　$T=\dfrac{1}{\omega_n}$——时间常数；

　　　ζ——阻尼比，$0<\zeta<1$。

1）幅相频率特性

$$G(j\omega)=\frac{1}{1-T^2\omega^2+j2\zeta T\omega} \tag{4-2-10}$$

由上式可求得：

实频特性 $P(\omega)=\dfrac{1-T^2\omega^2}{(1-T^2\omega^2)^2+(2\zeta T\omega)^2}$；　虚频特性 $Q(\omega)=\dfrac{2\zeta T\omega}{(1-T^2\omega^2)^2+(2\zeta T\omega)^2}$；

幅频特性 $A(\omega)=\dfrac{1}{\sqrt{(1-T^2\omega^2)^2+(2\zeta T\omega)^2}}$；　相频特性　$\phi(\omega)=-\tan^{-1}\dfrac{2\zeta T\omega}{1-T^2\omega^2}$。

振荡环节幅相频率特性的形状与阻尼比有关，以 ζ 为参变量，给出一个频率就可计算出相应的 $A(\omega)$ 和 $\phi(\omega)$，在极坐标图上依据计算出的 $A(\omega)$ 和 $\phi(\omega)$ 就可画出一个相对应的矢量，当 ω 由 0 变到 ∞ 时，可算出一组 $A(\omega)$ 和 $\phi(\omega)$ 的值。在极坐标图上就可画出一组对应矢量。几个特征点的值见表 4-2-3。

表 4-2-3　几个特征点的值

ω	0	$\dfrac{1}{T}$	∞
$A(\omega)$	1	$\dfrac{1}{2\zeta}$	0
$\phi(\omega)$	0	-90°	-180°

根据这些数值，可以绘出 ω 由 0 变到 ∞ 时矢量端点的轨迹，该轨迹即是振荡环节的幅相频率特性曲线，如图 4-2-11 所示。

由图可以看出，当 ω 等于无阻尼自然角频率 ω_n，即 $\omega = \omega_n = \dfrac{1}{T}$ 时，$A(\omega) = \dfrac{1}{2\zeta}$，$\phi(\omega) = -90^\circ$，即幅值与阻尼比成反比，相位滞后为 90°。

2）对数频率特性

对数频率特性为：

$$L(\omega) = 20\lg A(\omega) = -20\lg\sqrt{(1 - T^2\omega^2)^2 + (2\zeta T\omega)^2} \tag{4-2-11}$$

仿照惯性环节的做法，先求对数幅频特性的渐近线，然后再修正。

在低频段，$T\omega \ll 1$（或 $\omega \ll \dfrac{1}{T}$）范围内时，$A(\omega) \approx 1$，$L(\omega) \approx 20\lg 1 = 0$。这是一条与横轴重合的直线，如图 4-2-12①段，是低频渐近线。

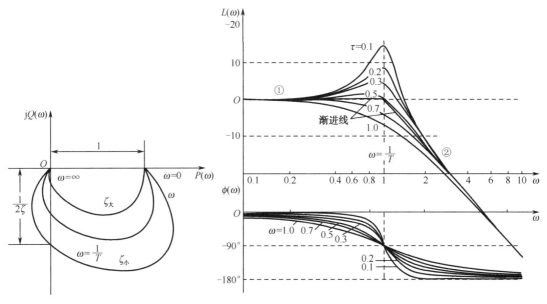

图 4-2-11　振荡环节的幅相频率特性　　　　图 4-2-12　振荡环节的对数频率特性

在高频段，$T\omega \gg 1$（或 $\omega \gg \dfrac{1}{T}$）范围内时，$A(\omega) \approx \dfrac{1}{\sqrt{T^2\omega^2(T^2\omega^2 + 4\zeta^2)}} \approx \dfrac{1}{T^2\omega^2}$，$L(\omega) \approx$

$-20\lg T^2\omega^2=-40\lg T\omega$，这是一条在 $\dfrac{1}{T}$ 处过横轴斜率为-40dB/dec 的直线。如图 4-2-12②段，

是高频渐近线。低、高频渐近线的交点（在横轴的交点）$\omega=\omega_{\mathrm{n}}=\dfrac{1}{T}$ 称为振荡环节的转折频

率。这个频率是一个重要参数。

渐近对数幅频特性没有考虑阻尼比 ζ 的影响，实际上精确的对数幅频特性与阻尼比 ζ 有

关。渐近特性与精确特性之间的误差在 $\omega=\dfrac{1}{T}$ 附近的值最大。在转折频率 $\omega=\dfrac{1}{T}$ 处的误差计

算方法如下：

用渐近特性计算中心　　　$L\left(\omega=\dfrac{1}{T}\right)=0$

用精确特性计算中心　　$L\left(\omega=\dfrac{1}{T}\right)=20\lg\dfrac{1}{2\zeta}$

故误差为　　　　$\Delta L\left(\omega=\dfrac{1}{T}\right)=20\lg\dfrac{1}{2\zeta}-0=-20\lg2-20\lg\zeta$

只有在 $\zeta=0.5$ 时，两者相等。ζ 不同时精确特性如图 4-2-12 所示。由图可以看出
$\zeta=0.4\sim0.7$ 时，误差不大。ζ 很小时，出现一个尖峰，故在应用时要注意这个问题。

相频特性为：

$$\phi(\omega)=-\tan^{-1}\frac{2\zeta T\omega}{1-T^2\omega^2} \tag{4-2-12}$$

当 $\omega=0$ 时，$\phi(0)=0°$；当 $\omega=\dfrac{1}{T}$ 时，$\phi\left(\dfrac{1}{T}\right)=-90°$；当 $\omega=\infty$ 时，$\phi(\infty)=-180°$。相频

特性如图 4-2-12 所示。

由相频特性曲线上可以看出，三个特殊点的相位与阻尼比无关。整个相频特性与阻尼比

有关。相频特性变化的特点是以（$\omega=\dfrac{1}{T}$，$\phi\left(\dfrac{1}{T}\right)=-90°$）点斜对称，在转折频率附近变化

速度快：阻尼比越小，变化速度越快。

7．二阶微分环节的频率特性

二阶微分环节的传递函数为：

$$G(s)=\tau^2s^2+2\zeta\tau s+1 \qquad\qquad 0<\zeta<1 \tag{4-2-13}$$

式中　ζ——不具有振荡环节阻尼系数那样的物理意义。

1）幅相频率特性

$$G(j\omega)=1-\tau^2\omega^2+j2\zeta\tau\omega=\sqrt{(1-\tau^2\omega^2)^2+(2\zeta\tau\omega)^2}\cdot\exp\{j\tan^{-1}[2\zeta\tau\omega/(1-\tau^2\omega^2)]\}$$

幅频特性　$A(\omega)=\sqrt{(1-\tau^2\omega^2)^2+(2\zeta\tau\omega)^2}$；相频特性　$\phi(\omega)=\tan^{-1}\dfrac{2\zeta\tau\omega}{1-\tau^2\omega^2}$。

几个特征点 $A(\omega)$，$\phi(\omega)$ 的值见表 4-2-4。

二阶微分环节的幅相频率特性如图 4-2-13 所示。

表 4-2-4　三个特征点

ω	0	$\dfrac{1}{\tau}$	∞
$A(\omega)$	1	2ζ	∞
$\phi(\omega)$	0	90°	180°

2）对数频率特性

对数幅频特性为：

$$L(\omega)=20\lg A(\omega)=20\lg\sqrt{(1-\tau^2\omega^2)^2+(2\zeta\tau\omega)^2}$$

相频特性为 $\phi(\omega)=\tan^{-1}\dfrac{2\zeta T\omega}{1-\tau^2\omega^2}$

显然，二阶微分环节和振荡环节对数频率特性对称于横轴，如图 4-2-14 所示。

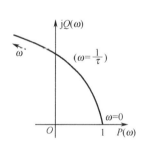

图 4-2-13　二阶微分环节的幅相频率特性

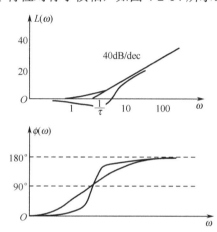

图 4-2-14　二阶微分环节的对数频率特性

8. 延迟环节的频率特性

延迟环节的传递函数为：

$$G(s)=\mathrm{e}^{-\tau s}$$

1）幅相频率特性

$$G(j\omega)=\mathrm{e}^{-j\tau\omega}=\exp[-j\tau\omega] \tag{4-2-14}$$

幅频特性 $A(\omega)=1$，相频特性 $\phi(\omega)=-\tau\omega$，故幅相频率特性是一个以原点为圆心，半径为 1 的圆，如图 4-2-15 所示。

2）对数频率特性

延迟环节的对数频率特性如下。

对数幅频特性为：$L(\omega)=20\lg A(\omega)=0\mathrm{dB}$

相频特性为：$\phi(\omega)=-\tau\omega$

对数频率特性曲线如图 4-2-16 所示。

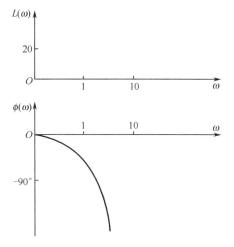

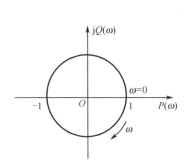

图 4-2-15　延迟环节的幅相频率特性　　　图 4-2-16　延迟环节的对数频率特性

4.3　开环系统频率特性的绘制

绘制开环系统频率特性曲线和绘制环节频率特性曲线一样，可以在复平面上绘制幅相频率特性曲线或者在对数坐标上绘制对数频率特性曲线。

在复平面上绘制幅相频率特性曲线时，可以用实频特性 $P(\omega)$ 和虚频特性 $Q(\omega)$ 绘制，即给出不同的 ω 值（ω 由 $0\to\infty$）计算相应 $P(\omega)$ 和 $Q(\omega)$ 的值，在直角坐标系中得出相应的点，把这些点连接起来，就得到 ω 由 $0\to\infty$ 时的系统开环幅相频率特性曲线。也可以绘制幅频特性 $A(\omega)$ 和相频特性 $\phi(\omega)$，给出不同的 ω 值，计算相应的 $A(\omega)$、$\phi(\omega)$ 的值，在极坐标系中得出相应的点，把这些点连接起来就得到 ω 由 $0\to\infty$ 时的开环幅相频率特性曲线。

在对数坐标系中绘制频率特性曲线时，先绘出各环节的频率特性，然后相加，就得到系统的对数频率特性曲线。

4.3.1　系统的开环幅相频率特性

1. 0型系统的开环幅相频率特性

0型系统的开环传递函数为：

$$G_K(s) = \frac{K\prod_{i=1}^{m}(\tau_i s + 1)}{\prod_{i=1}^{n}(T_i s + 1)} \qquad (n > m)$$

频率特性为：

$$G_K(j\omega) = \frac{K\prod_{i=1}^{m}(j\tau_i \omega + 1)}{\prod_{i=1}^{n}(jT_i \omega + 1)}$$

下面分析这一类型系统幅相频率特性的特点。

（1）在 $\omega = 0$ 时，$A(0) = |G_K(0)| = K$，$\phi(0) = 0°$，所以幅相频率特性由实轴上（K，0）点开始。

（2）在 $\omega=\infty$ 时，由于 $n>m$，$A(\infty)=0$，为坐标原点。为了确定特性曲线以什么角度进入坐标原点，需要求出 $\omega\to\infty$ 时的相角。因为每一个惯性环节在 $\omega\to\infty$ 时相位移为 $-90°$，每一个一阶微分环节在 $\omega\to\infty$ 时相位移为 $+90°$，所以总相位移为：

$$\phi(\infty)=-n\times90°+m\times90°=-(n-m)\times90°$$

（3）在 $0<\omega<\infty$ 的区间，频率特性形状与环节及参数有关。

例 4-3-1 绘制开环系统幅相频率特性，其开环系统频率特性为：

$$G_{K}(j\omega)=\frac{K}{(1+jT_1\omega)(1+jT_2\omega)(1+jT_3\omega)}$$

解： 相位滞后 $\phi(\omega)$ 随 ω 增加以一个方向连续减小，由 0 减到 $270°$，幅相频率特性如图 4-3-1 所示。

若频率特性为：

$$G_{K}(j\omega)=\frac{K(1+j\tau_1\omega)}{(1+jT_1\omega)(1+jT_2\omega)(1+jT_3\omega)} \qquad T_1>\tau_1,T_2>\tau_1,\tau_1>T_3$$

因为在分子中存在 $(1+j\tau_1\omega)$，当 ω 由 $0\to\infty$ 时，使相位移由 $0°\to90°$，这时 $\phi(\omega)$ 不能按一个方向连续变化，其幅相频率特性如图 4-3-2 所示。如果 $T_3>\tau_1$，则幅相频率特性将为图 4-3-1 所示形状。

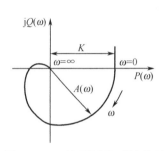

图 4-3-1　0 型系统幅相频率特性

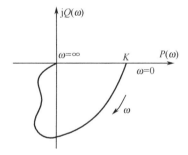

图 4-3-2　0 型系统幅相频率特性（ $\tau_1>T_3$ ）

2. 1 型系统的开环幅相频率特性

1 型系统的开环传递函数为：

$$G_{K}(s)=\frac{K\prod_{i=1}^{m}(\tau_i s+1)}{s\prod_{i=1}^{n-1}(T_i s+1)} \qquad （n>m）$$

开环频率特性为：

$$G_{K}(j\omega)=\frac{K\prod_{i=1}^{m}(j\tau_i\omega+1)}{j\omega\prod_{i=1}^{n-1}(jT_i\omega+1)}$$

当 $\omega\to0^{+}$ 时有 $G_{K}(j\omega)=\dfrac{K}{j\omega}=\dfrac{K}{\omega}e^{-j\pi/2}$，即幅值趋于 ∞，而相角位移为 $-\pi/2$。

当 $\omega\to\infty$ 时，$A(\infty)\to0,\phi(\infty)=-(n-m)\times90°$，其幅相频率特性如图 4-3-3（a）所示。

3. 2型系统的开环幅相频率特性

2型系统的开环频率特性为：

$$G_K(j\omega) = \frac{K\prod_{i=1}^{m}(j\tau_i\omega + 1)}{(j\omega)^2\prod_{i=1}^{n-2}(jT_i\omega + 1)}$$

当 $\omega \to 0^+$ 时，$G_K(j\omega) = \dfrac{K}{(j\omega)^2} = \dfrac{K}{\omega^2}e^{-j\pi}$。即幅值趋于 ∞，而相角位移为 $-\pi$。

当 $\omega \to \infty$ 时，$A(\infty) = 0, \phi(\infty) = -(n-m)\times 90°$，频率特性如图 4-3-3（b）所示。

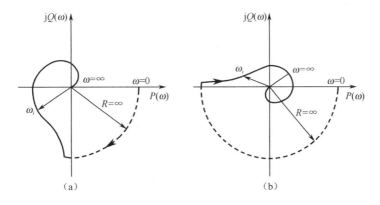

（a）　　　　　　　　　　　（b）

图 4-3-3　1型和2型系统的幅相频率特性

例 4-3-2　概略绘制开环系统幅相频率特性，其开环传递函数为：

$$G_K(s) = \frac{K}{s(T_1 s + 1)(T_2 s + 1)}$$

解：令 $s = j\omega$，得开环系统频率特性为

$$G_K(j\omega) = \frac{K}{(j\omega)(1 + jT_1\omega)(1 + jT_2\omega)}$$

由传递函数可知，系统为 1 型系统。

$\omega \to 0^+$ 时　　$A(0^+) = \infty, \phi(0^+) = -90°$

$\omega \to \infty$ 时　　$A(\infty) = 0, \phi(\infty) = -(n-m)\times 90° = -3\times 90° = -270°$

当 $\omega \to 0^+$ 时，幅相频率特性曲线的起点渐近线不是虚轴，而是横坐标为 σ_x 时的平行于虚轴的直线。σ_x 的求法如下：

$$
\begin{aligned}
G_K(j\omega) &= \frac{K}{(j\omega)(1 + jT_1\omega)(1 + jT_2\omega)} \\
&= \frac{-jK}{\omega[1 - T_1 T_2\omega^2 + j(T_1 + T_2)\omega]} \\
&= \frac{-jK[1 - T_1 T_2\omega^2 - j(T_1 + T_2)\omega]}{\omega[(1 - T_1 T_2\omega^2)^2 + (T_1 + T_2)^2\omega^2]}
\end{aligned}
$$

$$P(\omega) = \frac{-K(T_1 + T_2)}{(1 - T_1 T_2 \omega^2)^2 + (T_1 + T_2)^2 \omega^2}$$

$$Q(\omega) = \frac{-K(1 - T_1 T_2 \omega^2)}{\omega[(1 - T_1 T_2 \omega^2)^2 + (T_1 + T_2)^2 \omega^2]}$$

$$\sigma_x = \lim_{\omega \to 0^+} P(\omega) = -K(T_1 + T_2)$$

求过横轴点的坐标值，令 $Q(\omega) = 0$，可得 $\omega_1 = \sqrt{\dfrac{1}{T_1 T_2}}$，

代入 $P(\omega)$ 中得 $P(\omega_1) = \dfrac{-KT_1 T_2}{T_1 + T_2}$，幅相频率特性如图 4-3-4 所示。

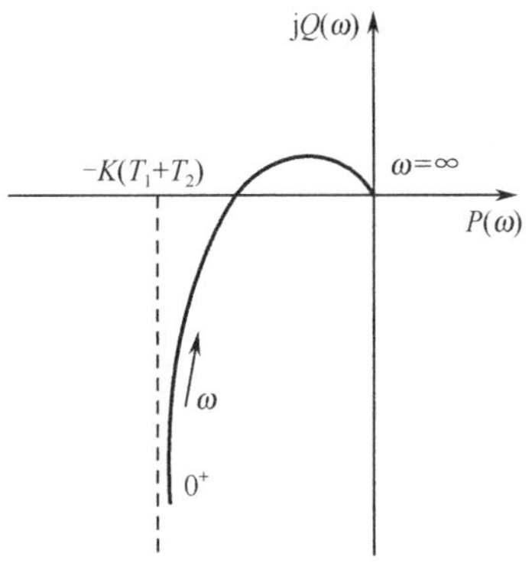

图 4-3-4　例 4-3-2 的幅相频率特性

4．总结

为了概略绘制系统开环幅相频率特性，可用如下方法确定特性的几个关键部分。

1）幅相特性的低频段

开环系统频率特性的一般形式为：

$$G_K(j\omega) = \frac{K \prod\limits_{i=1}^{m}(j\tau_i \omega + 1)}{(j\omega)^N \prod\limits_{i=1}^{n-N}(jT_i \omega + 1)} \quad (n > m)$$

当 $\omega \to 0$ 时，可以确定幅相特性的低频部分。

对于 0 型系统，特性曲线由（K,j0）点开始。

对于 1 型系统，特性曲线趋于一条与虚轴平行的渐近线，其横轴坐标由下式确定：

$$\sigma_x = \lim_{\omega \to 0^+} P(\omega) \tag{4-3-1}$$

对于 2 型系统，由负实轴无穷远处开始，如图 4-3-5（a）所示。

2）幅相特性的高频部分

$$\omega \to \infty \text{ 时，} A(\infty) \to 0, \phi(\infty) = -(n - m) \times 90° \tag{4-3-2}$$

即特性总是顺时针方向终止于原点，如图 4-3-5（b）所示。

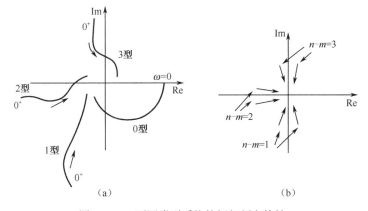

图 4-3-5　不同类型系统的幅相频率特性

3）幅相频率特性曲线与实轴和虚轴的交点

与实轴交点按下述步骤求：令 $Q(\omega)=0$，求出交点频率 ω，代入 $P(\omega)$ 式中，求出交点坐标。与虚轴交点，则令 $P(\omega)=0$，求出交点频率 ω，代入 $Q(\omega)$ 式中求出交点坐标。

如果在传递函数的分子中，无一阶微分环节，则当 ω 由 $0 \to \infty$ 过程中，特性平滑地变化。如果有一阶微分环节，则视时间常数大小不同，特性可能出现凹部。

4.3.2　系统的开环对数频率特性

1.　对数幅频特性

设开环系统传递函数由 n 个典型环节串联组成，则 $G_K(s)=\prod_{i=1}^{n}G_i(s)$

令 $s=j\omega$ 得开环频率特性为 $G_K(j\omega)=\prod_{i=1}^{n}G_i(j\omega)$

或写成：$A(\omega)\mathrm{e}^{j\phi(\omega)}=\prod_{i=1}^{n}A_i(\omega)\cdot \mathrm{e}^{j\sum_{i=1}^{n}\phi_i(\omega)}$

对数频率特性为：

$$20\lg A(\omega)=\sum_{i=1}^{n}20\lg A_i(\omega) \tag{4-3-3}$$

$$\phi(\omega)=\sum_{i=1}^{n}\phi_i(\omega) \tag{4-3-4}$$

上式说明，如果 $G_K(s)$ 由 n 个典型环节串联组成，则其对数幅频特性曲线和相频特性曲线可由典型环节对应曲线相加而得。下面举例说明。

例 4-3-3　以开环传递函数 $G_K(s)=\dfrac{K}{s(T_1 s+1)(T_2 s+1)}$ 为例介绍对数频率特性的画法。

解：对数幅频特性为

$$L(\omega)=20\lg K-20\lg \omega-20\lg \sqrt{(T_1\omega)^2+1}-20\lg \sqrt{(T_2\omega)^2+1}$$

先绘上式中各环节的对数幅频特性，然后将各环节的对数幅频特性的纵坐标相加，即可得到系统开环对数幅频特性曲线，如图 4-3-6 所示。

第一个环节 $L_1(\omega)=20\lg K$ 是比例环节，为平行横轴的一条直线。

第二个环节 $L_2(\omega)=-20\lg \omega$ 是积分环节，为斜率-20dB/dec 在 $\omega=1$rad/s 处过横轴的一条直线。

第三和第四个环节 $L_3(\omega)=-20\lg \sqrt{(T_1\omega)^2+1}$ 和 $L_4(\omega)=-20\lg \sqrt{(T_2\omega)^2+1}$ 均为惯性环节，转折频率分别为 $\omega_1=\dfrac{1}{T_1}$ 和 $\omega_2=\dfrac{1}{T_2}$。

绘出各环节的 $L_1(\omega)$、$L_2(\omega)$、$L_3(\omega)$ 和 $L_4(\omega)$ 以后，将各环节的纵坐标相加，就得到开环对数幅频特性曲线 $L(\omega)$，即图 4-3-6 中 $L(\omega)$ 线。

实际绘制开环对数幅频特性曲线时，不必将各环节的特性单独绘出再相加。按如下步骤进行即可绘制出 $L(\omega)$ 渐近特性曲线。

（1）**确定转折频率 $\dfrac{1}{T_1}$，$\dfrac{1}{T_2}$，$\cdots$，$\dfrac{1}{\tau_1}$，$\dfrac{1}{\tau_2}$，$\cdots$，并标在横轴上。**

（2）在 $\omega = 1\ \text{rad/s}$ 处，标出纵坐标等于 **20lg$K$** 值的 **A** 点，其中 K 为开环放大系数。

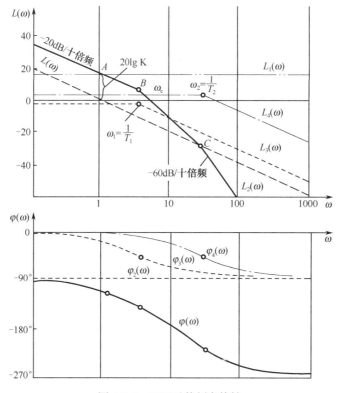

图 4-3-6　开环对数频率特性

（3）通过 **A** 点作一条斜率为**-20NdB/dec**（N 为积分环节数）的直线，直到第一个转折频率，若第一个转折频率的值小于 **1** 时，则该直线的延长线经过 **A** 点。

（4）以后每遇到一个转折频率（含第一个转折频率），就改变一次渐近线斜率。

每当遇到 $\dfrac{1}{1+T_i s}$ 环节的转折频率时，渐近线的斜率增加**-20dB/dec**；

每当遇到（$1+\tau_i s$）环节的转折频率时，斜率增加**+20dB/dec**；

每当遇到 $\dfrac{\omega_n^2}{s^2 + 2\xi\omega_n s + \omega_n^2}$ 环节的转折频率 ω_n 时，斜率增加**-40dB/dec**。

（5）绘出的渐近线，如果需要修正，就进行修正。

系统开环对数幅频特性 $L(\omega)$ 通过横轴，即 $L(\omega_c)=0$ 或 $A(\omega_c)=1$ 时，对应的频率 ω_c 称为**幅值穿越频率**，穿越频率 ω_c 是开环对数频率特性的一个重要参数。

用这种方法可直接绘出如图 4-3-6 实线所示的幅频渐近线。

2. 对数相频特性

绘制开环系统对数相频特性时，可按式（4-3-4）先绘出各环节的对数相频特性，然后将各环节的纵坐标相加，即可得到系统的开环对数相频特性，如图 4-3-6 所示。

开环系统对数相频特性有如下特点：

在低频区，对数相频特性由$-N\times90°$开始（N 为积分环节数）。

在高频区，$\omega\to\infty$，相频特性趋于$-(n-m)\times90°$。

中间部分，可近似绘出。

在实际工作中，当需要精确知道某一频段范围内或某一频率的相位移值时，可用公式进行计算。

例 4-3-4　已知最小相位系统开环对数频率特性曲线如图 4-3-7 所示。试写出开环传递函数 $G_K(s)$ 。

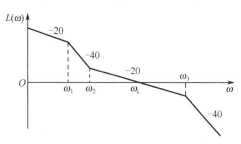

图 4-3-7　最小相位系统开环对数频率特性曲线

解：这是一道已知开环对数幅频特性曲线求传递函数的练习题。本题的目的是熟练掌握各典型环节的对数频率特性曲线。

（1）$\omega < \omega_1$ 的低频段斜率为-20，故低频段为 K/s。

ω 增至 ω_1，斜率由-20 转为-40，增加-20，所以 ω_1 应为惯性环节的转折频率，该环节为 $\dfrac{1}{\dfrac{1}{\omega_1}s+1}$ 。

ω 增至 ω_2，斜率由-40 转为-20，增加+20，所以 ω_2 应为一阶微分环节的转折频率，该环节为 $\dfrac{1}{\omega_2}s+1$ 。

ω 增至 ω_3，斜率由-20 转为-40，该环节为 $\dfrac{1}{\dfrac{1}{\omega_3}s+1}$ ，$\omega > \omega_3$，斜率保持不变。

故系统开环传递函数应由上述各典型环节串联组成，即：

$$G_K(s) = \frac{K\left(\dfrac{1}{\omega_2}s+1\right)}{s\left(\dfrac{1}{\omega_1}s+1\right)\left(\dfrac{1}{\omega_3}s+1\right)}$$

（2）确定开环增益 K。

当 $\omega = \omega_c$ 时，$A(\omega_c)=1$。

所以 $A(\omega_c) = \dfrac{K\sqrt{\left(\dfrac{1}{\omega_2}\omega_c\right)^2+1}}{\omega_c\sqrt{\left(\dfrac{1}{\omega_1}\omega_c\right)^2+1}\cdot\sqrt{\left(\dfrac{1}{\omega_3}\omega_c\right)^2+1}} \approx \dfrac{K\dfrac{1}{\omega_2}\omega_c}{\omega_c\dfrac{1}{\omega_3}\omega_c} = 1$

故　$K = \dfrac{\omega_2 \omega_c}{\omega_3}$

3. 最小相位系统

在右半[s]平面上没有零点和极点的传递函数，称为**最小相位传递函数**，反之，则称为**非最小相位传递函数**。具有最小相位传递函数的系统称为**最小相位系统**，反之称为**非最小相位系统**。

当一个最小相位系统和另一个非最小相位系统的幅频特性相同时，则对于大于零的任何频率，最小相位系统的相位滞后总小于非最小相位系统的相位滞后。比如两个系统的传递函数分别为：

$$G_1(s) = \frac{1 + \tau s}{1 + T s}, \qquad G_2(s) = \frac{1 - \tau s}{1 + T s} \quad (0 < \tau < T)$$

对数幅频特性为：

$$A_1(\omega) = A_2(\omega) = \frac{\sqrt{1 + (\tau\omega)^2}}{\sqrt{1 + (T\omega)^2}}, \; L(\omega) = 20\lg\sqrt{1 + (\tau\omega)^2} - 20\lg\sqrt{1 + (T\omega)^2}$$

两者对数幅频特性相同。

对数相频特性为：　　$\phi_1(\omega) = -\tan^{-1}T\omega + \tan^{-1}\tau\omega$

$$\phi_2(\omega) = -\tan^{-1}T\omega - \tan^{-1}\tau\omega$$

其对数频率特性如图 4-3-8 所示。显然 $G_1(s)$ 为最小相位系统。$G_2(s)$ 为非最小相位系统。

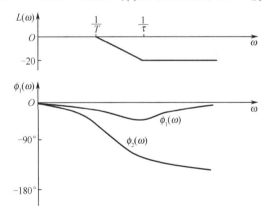

图 4-3-8　$G_1(j\omega)$ 和 $G_2(j\omega)$ 对数频率特性

对最小相位系统而言，幅频特性和相频特性之间具有确定的单值对应关系，因而用对数频率特性进行系统分析和综合时，只画对数幅频特性曲线就够了。

为了确定是不是最小相位系统，则需要检查对数频率特性曲线高频渐近线的斜率和 $\omega \to \infty$ 时的相角。如果在 $\omega \to \infty$ 时，对数幅频特性曲线的斜率为 $-20 \times (n-m)$dB/dec，其中 n，m 分别表示传递函数分母、分子多项式的阶次。同时，相角等于 $-90° \times (n-m)$。那么系统就是最小相位系统。若相角不等于 $-90° \times (n-m)$ 时，则为非最小相位系统。

非最小相位系统多是由于系统中含有延迟环节或小闭环不稳定引起的，故启动性能差，响应缓慢。

4.4 用频率法分析控制系统的稳定性

在时域分析中已经知道，系统稳定的充要条件是系统闭环特征根都位于[s]平面的左半部。但时域法中的劳斯判据不便于研究系统参数、结构对稳定性的影响，无法直接利用开环特性判断闭环系统的稳定性。分析系统稳定性的另一种常用判据为奈奎斯特（Nyquist）判据，是奈奎斯特于 1932 年提出的，为频率法的重要内容，简称奈氏判据。奈氏判据的主要特点有下述四项：

（1）根据系统的开环频率特性研究闭环系统稳定性，而不必求闭环特征根。

（2）能够确定系统的稳定程度（相对稳定性）。

（3）可用于分析系统的瞬态性能，利于对系统的分析与设计。

（4）基于系统的开环奈氏图，是一种图解法，又称几何判据。

4.4.1 用开环幅相频率特性判断闭环系统的稳定性

在第 4.3 节中介绍了绘制奈氏图与 Bode 图。绘制奈氏图只绘出了 ω 从 0 到 ∞ 区间的曲线，而奈奎斯特稳定判据中的奈氏图应绘制 ω 从 $-\infty$ 到 ∞ 整个区间才能应用此判据。当然另外半边可以对称画出。

介于篇幅，此处简略阐述奈奎斯特稳定判据的推导过程。闭环系统是否稳定，取决于闭环特征方程式的根是否都在[s]平面的左半平面。所以用开环频率特性来研究系统的稳定性，首先就要找出开环频率特性和闭环频率特性之间的关系。

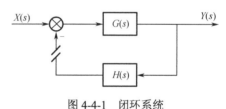

图 4-4-1 闭环系统

闭环系统如图 4-4-1 所示，此系统的开环传递函数为：

$$G_{\mathrm{K}}(s) = G(s)H(s) = \frac{K_1 N_1(s)}{D_1(s)} \cdot \frac{K_2 N_H(s)}{D_H(s)} = \frac{KN(s)}{D_{\mathrm{K}}(s)} \qquad （n > m）$$

系统的闭环传递函数为：

$$G_{\mathrm{B}}(s) = \frac{G(s)}{1 + G(s)H(s)} = \frac{K_1 N_1(s) D_H(s)}{D_{\mathrm{K}}(s) + KN(s)} = \frac{N_{\mathrm{B}}(s)}{D_{\mathrm{B}}(s)} \tag{4-4-1}$$

故闭环系统的特征方程为：

$$D_{\mathrm{B}}(s) = D_{\mathrm{K}}(s) + KN(s) \tag{4-4-2}$$

由此可知闭环系统的特征方程就是开环传递函数的分母和分子之和。一个实际的系统，由于 $n > m$，因此 $D_{\mathrm{B}}(s)$ 与 $D_{\mathrm{K}}(s)$ 的阶次相同，均为 n 次。

引入一个辅助函数 $F(s)$ 为：

$$F(s) = \frac{D_{\mathrm{B}}(s)}{D_{\mathrm{K}}(s)} = 1 + \frac{KN(s)}{D_{\mathrm{K}}(s)} = 1 + G_{\mathrm{K}}(s)$$

用 $j\omega$ 代替 s，可得辅助函数的频率特性为：

$$F(j\omega) = \frac{D_{\mathrm{B}}(j\omega)}{D_{\mathrm{K}}(j\omega)} = 1 + G_{\mathrm{K}}(j\omega) = |F(j\omega)| \mathrm{e}^{j\angle F(j\omega)} \tag{4-4-3}$$

辅助函数也可写成如下形式：

$$F(s) = \frac{K(s-z_1)(s-z_2)\cdots(s-z_n)}{(s-p_1)(s-p_2)\cdots(s-p_n)} \tag{4-4-4}$$

式中 $z_i, p_i(i=1,2,\cdots,n)$ ——辅助函数的零点和极点。

由上面的分析可知，辅助函数 $F(s)$ 有如下特征：

（1）零点 z_i 为闭环传递函数的极点；

（2）极点 p_i 为开环传递函数的极点；

（3）零点和极点的个数相等；

（4）辅助函数 $F(s)$ 和开环传递函数 $G_K(s)$ 只差常数 1。

根据式（4-4-3）和式（4-4-4）可知，判断闭环控制系统的稳定性问题，变成用辅助函数的频率特性 $F(j\omega)$ 判断闭环系统的稳定性。又因为 $F(j\omega)$ 与 $G_K(j\omega)$ 只差常数 1，因此也就可用开环频率特性 $G_K(j\omega)$ 判断闭环系统的稳定性。

$G_K(j\omega)$ 是开环系统的幅相频率特性。由式（4-4-3）可知，$F(j\omega)$ 与 $G_K(j\omega)$ 矢量仅相差一个常数 1。因此，把 $F(j\omega)$ 平面的虚轴向右移动 1 就变成 $G_K(j\omega)$ 平面的虚轴，如图 4-4-2 所示。

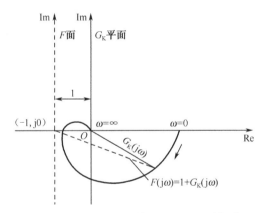

图 4-4-2 $F(j\omega)$ 平面与 $G_K(j\omega)$ 平面关系

这样 $F(j\omega)$ 平面中的原点，就是开环幅相频率特性的极坐标中的 $(-1,j0)$ 点，$F(j\omega)$ 矢量矢端轨迹在 $G_K(j\omega)$ 平面上就是开环幅相频率特性曲线。因此，要求 $F(j\omega)$ 的轨迹不包围 $F(j\omega)$ 平面的坐标原点，就是要求开环幅频特性曲线 $G_K(j\omega)$ 在 $G_K(j\omega)$ 平面中不包围 $(-1,j0)$ 点。由此，可以得出用开环幅相频率特性 $G_K(j\omega)$ 判断闭环系统稳定的判据。

1. 奈奎斯特稳定判据

定理：当 ω 从 $-\infty \sim \infty$ 变化时，在 $G_K(j\omega)$ 平面上奈氏曲线绕（-1，j0）点逆时针旋转的圈数为 N，则有：

$$Z = P - N$$

式中 P——开环系统位于 $G_K(j\omega)$ 右半平面极点的个数；

N——奈氏曲线逆时针方向围绕（-1，j0）点转的圈数；

Z——闭环系统右半平面极点的个数。

（1）如果开环系统是稳定的，即 $P=0$，则其闭环系统稳定（$Z=0$）的充分必要条件是奈氏曲线不包围（-1，j0）点，即 $N=P=0$。

（2）如果开环系统不稳定，且已知有 P 个开环极点在[s]右半平面，则其闭环系统稳定（$Z=0$）的充要条件是奈氏曲线按逆时针方向围绕（-1，j0）点旋转 P 圈，即 $N=P$。

上述定理又称为**奈氏稳定判据**。

显然，用奈氏稳定判据判定闭环系统稳定性时，首先要知道 P 是多少，画出奈氏曲线，找出其围绕（-1，j0）点逆时针旋转多少圈，求出 N；然后再根据奈氏稳定判据求出 Z 是否为零，Z 为零时系统稳定，Z 不为零时系统不稳定。

例 4-4-1　一个单位反馈系统，其开环传递函数为

$G_\mathrm{K}(s) = \dfrac{2}{s-1}$，判断闭环系统的稳定性。

解：这是一个不稳定的惯性环节。$P=1$，绘制 $G_\mathrm{K}(\mathrm{j}\omega)$ 幅相频率特性曲线，如图4-4-3所示。

由图可知 $N=1$，由于 $P=N=1$，所以闭环系统稳定。

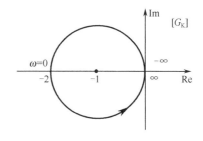

图 4-4-3　例 4-4-1 系统幅相频率特性曲线

2. 开环有串联积分环节的系统

以开环系统传递函数：

$$G_\mathrm{K}(s) = \frac{K}{s(1+T_1 s)(1+T_2 s)} \tag{4-4-5}$$

为例讨论系统中有串联积分环节（即在坐标原点上有极点）时，闭环系统稳定判据的方法。

频率特性为：

$$G_\mathrm{K}(\mathrm{j}\omega) = \frac{K}{\mathrm{j}\omega(1+\mathrm{j}T_1\omega)(1+\mathrm{j}T_2\omega)}$$

开环频率特性在 $\omega=0$ 处，$|G_\mathrm{K}(\mathrm{j}\omega)| \to \infty$ 轨迹不连续，难以说明是否包围（-1，j0）点。在这种情况下，可做如下处理，把频率 ω 沿虚轴变化的路线在原点处做修改。以 $\omega=0$ 为圆心，ρ 为半径，在[s]右半平面做很小的半圆。使频率 ω 的变化路线沿着这个小半圆的表达式为 $s=\rho\mathrm{e}^{\mathrm{j}\theta}$，将 $s=\rho\mathrm{e}^{\mathrm{j}\theta}$ 代入式（4-4-5），则得：

$$G_\mathrm{K}(s) = \frac{K}{\rho\mathrm{e}^{\mathrm{j}\theta}(1+T_1\rho\mathrm{e}^{\mathrm{j}\theta})(1+T_2\rho\mathrm{e}^{\mathrm{j}\theta})}$$

当 ω 从 0^- 变到 0^+ 时，θ 角变化为 $-\dfrac{\pi}{2} \leqslant \theta \leqslant \dfrac{\pi}{2}$。

令 $\rho \to 0$ 则 $G_\mathrm{K}(s) \approx \dfrac{K}{\rho\mathrm{e}^{\mathrm{j}\theta}} = \dfrac{K}{\rho}\mathrm{e}^{-\mathrm{j}\theta} = \infty\mathrm{e}^{-\mathrm{j}\theta}$ （4-4-6）

根据式（4-4-6）就可以将在[s]平面上的无限小半圆变换到$[G_\mathrm{K}(s)]$平面上。

在图 4-4-4 中的 a 点幅值$\rho\to0$，相角 $\theta=-\dfrac{\pi}{2}$，变换到$[G_\mathrm{K}(s)]$平面上，则$|G_\mathrm{K}(s)| \to \infty$，相角 $\phi=-\theta=\dfrac{\pi}{2}$。这表明，在无限小半圆上的 a 点，变换到$[G_\mathrm{K}(s)]$平面上，在正虚轴上无穷远处的 a 点，如图4-4-5所示。同理，图 4-4-4 上的 b 点，c 点，变换到图 4-4-5 上的 b 点，c 点。这样变换后，从图 4-4-5 上可以看出 1 型系统是一个完整的开环频率特性曲线，根据这个曲线，就可以应用前面介绍的方法判断闭环系统的稳定性。

如果 $G_\mathrm{K}(s)$ 在原点处有重根，则 $G_\mathrm{K}(s) \approx \dfrac{K}{\rho^N}\mathrm{e}^{-\mathrm{j}N\theta} = \infty\mathrm{e}^{-\mathrm{j}N\theta}$

式中　N——重根数目。

开环传递函数 $G_K(s)$ 为 2 型和 3 型系统的频率特性曲线如图 4-4-6 所示。

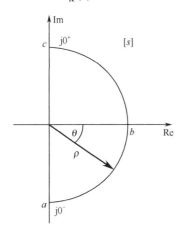

图 4-4-4　在原点有极点时的 s 轨迹图

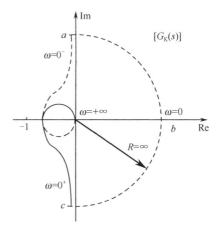

图 4-4-5　1 型系统环节幅相频率特性

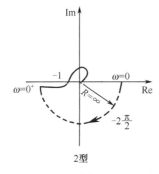

2型

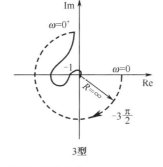

3型

图 4-4-6　2 型、3 型频率特性曲线

实际应用时，对开环有串联积分环节的系统，从 $\omega=0^+$ 开始，以半径为无穷大，画一个逆时针转过 $N\dfrac{\pi}{2}$ 角的增补圆，得到一个完整的开环频率特性曲线。用奈氏判据判断闭环系统的稳定性。

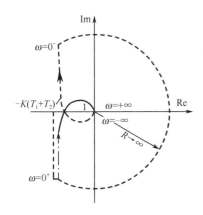

图 4-4-7　例 4-4-2 系统开环幅相频率特性

例 4-4-2　系统开环传递函数为 $G_K(s)=\dfrac{K}{s(T_1 s+1)(T_1 s+1)}$，$K>0$，试确定使系统稳定时，$K$ 的取值范围。

解：由于 $G_K(s)$ 没有极点位于右半 $[s]$ 平面，$P=0$。

由例 4-3-2 中求得：

$\omega=0$ 时，$P(0)=-K(T_1+T_2),Q(0)=-\infty$。

$\omega=\dfrac{1}{\sqrt{T_1 T_2}}$ 时，$P(\omega)=-\dfrac{KT_1 T_2}{T_1+T_2},Q(\omega)=0$。

开环幅相频率特性如图 4-4-7 所示。

当 K 值较大时，由图可以看出，当 ω 由 $-\infty\to\infty$ 时，$G_K(j\omega)$ 顺时针包围（-1，$j0$）点两圈，$N=-2$，故 $N\ne P$，系统不稳定。

减小 K 值，则 $P(\omega)=-1$ 时，达到临界稳定，这时：

$$P(\omega) = -\frac{KT_1T_2}{T_1+T_2} \qquad \text{所以} \qquad K = \frac{T_1+T_2}{T_1T_2}$$

当 $K < \dfrac{T_1+T_2}{T_1T_2}$ 时，$G_K(j\omega)$ 不包围（-1，j0）点，$N=0$，$N=P$，系统稳定。

4.4.2 用开环对数频率特性判断闭环系统稳定性

开环对数频率稳定判据和开环幅相频率特性稳定判据其本质是相同的，但是绘制开环幅相频率特性曲线比较麻烦，绘制开环对数频率特性比较简单，工作可大为简化。

前面介绍的稳定判据是用 ω 由 $-\infty \to \infty$ 时是否包围（-1，j0）的方法来判断，现在把这种判断方法转到 ω 由 $0 \to \infty$ 时 $G_K(j\omega)$ 频率特性曲线在负实轴区间（$-\infty$，-1）内正负穿越次数来判断，如图 4-4-8 所示。

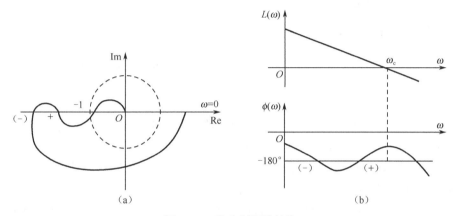

图 4-4-8 稳定判据的转换

开环幅相频率特性，在负实轴区间（$-\infty$，-1）内，由上部穿越负实轴到下部称为**正穿越**，正穿越次数用 N_+ 表示。正穿越时，$G_K(j\omega)$ 的相角位移，将有正的增加。如果 $G_K(j\omega)$ 特性曲线逆时针包围（-1，j0）点，则一定存在正穿越。在（$-\infty$，-1）区间，由下部穿越负实轴到上部称为**负穿越**，负穿越次数用 N_- 表示，如图 4-4-8（a）所示。负穿越时，$G_K(j\omega)$ 的相角位移，将有负的增加。如果 $G_K(j\omega)$ 特性曲线顺时针包围（-1，j0）点则一定存在负穿越。

根据正、负穿越，可将奈氏稳定判据表述如下：当 ω 由 0 变到 $+\infty$ 时，在复平面上，开环幅相频率特性 $G_K(j\omega)$ 正穿越和负穿越次数之差为 $P/2$，则闭环系统稳定，否则系统不稳定。即：

$$N_+ - N_- = \frac{P}{2} \tag{4-4-7}$$

注意：奈氏曲线始于或止于点（-1，j0）以左负实轴，称为一个**半次穿越**，如图 4-4-9 所示。

下面将这一结论用于对数频率特性。

开环系统幅相频率特性与对数频率特性之间存在如下对应关系：

（1）在 $G_K(j\omega)$ 平面上，$|G_K(j\omega)|=1$ 的单位圆，对应于对数幅频特性的 0 分贝线。

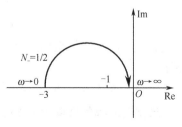

图 4-4-9 半次穿越

（2）在 $G_K(j\omega)$ 平面上，单位圆外的区域，对应于对数幅频特性 0 分贝线以上的区域。

（3）在 $G_K(j\omega)$ 平面上，单位圆内的区域，对应于对数幅频特性 0 分贝线以下的区域。

（4）在 $G_K(j\omega)$ 平面上的负实轴，对应于相频特性上的 $\phi(\omega)=-\pi$ （ $-180°$ ）线。

当幅相频率特性正穿越时，产生正的相位移，对应对数相频特性应由下部向上部穿越 $-180°$ 线，称为正穿越；当幅相频率特性负穿越时，产生负的相位移，对应对数相频特性应由上部向下部穿越 $-180°$ 线，称为负穿越，如图 4-4-8（b）所示。

依据上述对应关系，**对数频率稳定判据**可以叙述如下：

在开环对数频率特性曲线上，在 $L(\omega)$ 大于 0dB 的所有频段范围内，对数相频特性与 $-180°$ 线，正、负穿越次数之差等于 $P/2$，则闭环系统稳定，否则系统不稳定。

当开环传递函数串联有积分环节，应从 0^+ 开始，补上 $N\times90°$ 相位移的虚线到 $\omega=0$ 处。应将补上的虚线看成是对数相频特性的一部分。

4.4.3 系统的稳定裕量

在频域中，通常用相角裕量和幅值裕量这两个量来表示系统的相对稳定性。

1. 相角裕量

对于开环传递函数 $P=0$ 系统，若开环系统幅相频率特性曲线不包围 $(-1,j0)$ 点，则闭环系统稳定；若通过 $(-1,j0)$ 点，则处于临界稳定；若包围 $(-1,j0)$ 点，则系统不稳定。

幅相频率特性 $G_K(j\omega)=G(j\omega)H(j\omega)$ 曲线与[GH]平面上的单位圆相交处的频率 ω_c 称为穿越频率，如图 4-4-10 所示。当 $\omega=\omega_c$ 时，相频特性 $\phi(\omega_c)$ 与 $-180°$ 相差的角度称为相角裕量。相角裕量是从负实轴算起，逆时针方向规定为正，顺时针方向为负。由图 4-4-10 可看出，相角裕量和相角位移 $\phi(\omega_c)$ 有如下关系：

$$v=180°+\phi(\omega_c) \tag{4-4-8}$$

对于最小相位系统，为了使系统稳定，相角裕量必须为正值。相角裕量的物理意义表示使系统达到临界稳定时，还需要增加（或减少）的滞后相角量。相角裕量是设计控制系统时的一个重要指标，它和系统瞬态特性的有效阻尼比有密切的关系。**通常选取 $v=30°\sim60°$。**

2. 幅值裕量

相频特性 $\phi(\omega_g)=-180°$ 时频率 ω_g 称为相位穿越频率；在 $\omega=\omega_g$ 时，幅相频率特性的幅值的倒数称为系统的幅值裕量。即 $K_g=\dfrac{1}{|G_K(j\omega_g)|}$。

如果以分贝表示，则：

$$h=20\lg K_g=-20\lg|G_K(j\omega_g)| \tag{4-4-9}$$

当 $|G_K(j\omega)|<1$ 时，幅值裕量的分贝数为正值，当 $|G_K(j\omega)|>1$ 时，幅值裕量的分贝数为负值。**对于最小相位系统，幅值裕量的分贝数为正，系统稳定；幅值裕量分贝数为负，系统不稳定。**

幅值裕量的物理意义表示幅值 $|G_K(j\omega)|$ 再增加（或减少） K_g 倍，使系统达到临界稳定。**通常要求幅值裕量大于 6dB。**

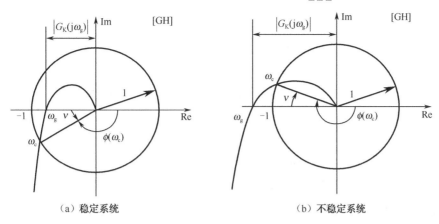

（a）稳定系统　　　　　　（b）不稳定系统

图 4-4-10　极坐标图上相角裕量和幅值裕量

相角裕量和幅值裕量在对数坐标系上的表示如图 4-4-11 所示。

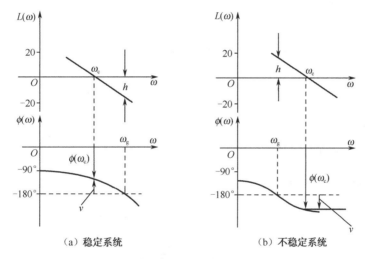

（a）稳定系统　　　　　　（b）不稳定系统

图 4-4-11　对数坐标系上幅值裕量和相角裕量

最后需要指出，仅用相角裕量或仅用幅值裕量，都不足以说明系统的相对稳定性，为了确定系统的相对稳定性，必须同时给出这两个指标。**对于最小相位系统，只有相角裕量和幅值裕量同时为正时，系统才稳定。**在对数坐标系上，v 在 $-180°$ 线上为正，h 在 0 分贝线以下为正。**对最小相位系统要求 $v = 30° \sim 60°$，$h > 6\mathrm{dB}$**，在穿越频率 ω_c 处，对数幅频特性斜率通常为 $-20\mathrm{dB/dec}$。

例 4-4-3 单位反馈系统开环传递函数为 $G_\mathrm{K}(s) = \dfrac{K}{s(T_1 s + 1)(T_2 s + 1)}$。

（1）试分析不同 K 值时系统的稳定性。

（2）确定当 $T_1 = 1, T_2 = 0.5$ 和 $K = 0.75$ 时系统的幅值裕量。

解：本题介绍粗略地绘制系统开环幅相频率特性曲线的方法，并用幅相特性曲线（奈氏）稳定判据，判断系统放大系数的变化对闭环系统稳定性的影响。

（1）首先将幅相频率特性用实部和虚部表示。

$$G_k(j\omega) = \frac{K}{j\omega(jT_1\omega+1)(jT_2\omega+1)} = \frac{K/\omega}{j[1-T_1T_2\omega^2+j(T_1+T_2)\omega]}$$

$$= \frac{-K(T_1+T_2)}{1+(T_1^2+T_2^2)\omega^2+T_1^2T_2^2\omega^4} - j\frac{\dfrac{K}{\omega}(1-T_1T_2\omega^2)}{1+(T_1^2+T_2^2)\omega^2+T_1^2T_2^2\omega^4}$$

实部：$P(\omega) = \dfrac{-K(T_1+T_2)}{1+(T_1^2+T_2^2)\omega^2+T_1^2T_2^2\omega^4}$

虚部：$Q(\omega) = \dfrac{-\dfrac{K}{\omega}(1-T_1T_2\omega^2)}{1+(T_1^2+T_2^2)\omega^2+T_1^2T_2^2\omega^4}$

（2）求 $G_K(j\omega)$ 曲线与负实轴的交点。

$G_K(j\omega)$ 与负实轴交点处 $Q(j\omega)=0$，求出对应此点的 ω_g。即 $\omega_g=\dfrac{1}{\sqrt{T_1T_2}}$，将 ω_g 代入实部，若闭环稳定，则 $|P(\omega_g)|<1$。

$$|P(\omega_g)| = \frac{K(T_1+T_2)}{1+(T_1^2+T_2^2)\omega_g^2+T_1^2T_2^2\omega_g^4}$$

$$= \frac{K(T_1+T_2)}{1+(T_1^2+T_2^2)/T_1T_2+1} = \frac{K(T_1+T_2)}{(T_1+T_2)^2/T_1T_2} = \frac{KT_1T_2}{T_1+T_2} < 1$$

所以 $K < \dfrac{T_1+T_2}{T_1T_2}$

（3）粗略作 $G_K(j\omega)$ 的幅相曲线。

当 $\omega\to0, G_K(j0)\to\infty, \phi(0)\to-\dfrac{\pi}{2}$

当 $\omega\to\infty, G_K(j\infty)\to0, \phi(\infty)\to-\dfrac{3\pi}{2}$

与负实轴交点：

$$P(\omega_g) = \frac{-KT_1\cdot T_2}{T_1+T_2} = \frac{-0.5}{1.5}K = -\frac{1}{3}K$$

当 $K=1, P(\omega_g)=-1/3$；　$K=3, P(\omega_g)=-1$；
$K=9, P(\omega_g)=-3$。

$\omega=0$ 时，渐近线 $P(0)=-K(T_1+T_2)=-1.5K$。

$K=1, P(0)=-1.5$；　$K=3, P(0)=-4.5$；
$K=9, P(0)=-13.5$

即可粗略绘出幅相频率特性曲线，如图 4-4-12 所示。

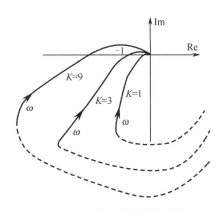

图 4-4-12　幅相频率特性曲线

（4）讨论不同 K 值时系统对稳定性的影响。

当 $K<\dfrac{T_1+T_2}{T_1T_2}$，$G_K(j\omega)$ 曲线不包围（−1，j0）点，系统稳定。

当 $K=\dfrac{T_1+T_2}{T_1T_2}$，$G_K(j\omega)$ 曲线通过（−1，j0）点，系统临界稳定。

当 $K>\dfrac{T_1+T_2}{T_1T_2}$，$G_K(j\omega)$ 曲线包围（−1，j0）点，系统不稳定。

（5）求幅值裕量。

依据幅值裕量定义：

$$K_g = \frac{1}{|P(\omega_g)|} = \frac{T_1 + T_2}{KT_1T_2} = \frac{1 + 0.5}{0.75 \times 1 \times 0.5} = 4$$

$$h = 20\lg K_g = 20\lg 4 = 12\text{dB}$$

例 4-4-4 系统开环传递函数为：

$$G_K(s) = \frac{5(s+3)}{s(s+2)}$$

（1）试绘制系统的开环对数频率特性并计算 $\omega_c, v(\omega_c)$ 值。

（2）判断闭环系统的稳定性。

解：（1）首先将 $G_K(s)$ 分成几个典型环节。

$$G_K(s) = \frac{5(s+3)}{s(s+2)} = 7.5 \cdot \frac{1}{s} \cdot \frac{1}{\frac{1}{2}s+1} \cdot \left(\frac{1}{3}s+1\right)$$

显见该系统由放大环节、积分环节、惯性环节、一阶微分环节组成。

（2）分别做各环节的对数频率特性曲线。

$$K = 7.5 , \quad 20\lg K = 17.5\text{dB}, \quad \omega_1 = 2, \omega_2 = 3$$

对数幅频特性：

$$20\lg A(\omega) = 20\lg 7.5 - 20\lg \omega - 20\lg\sqrt{\left(\frac{\omega}{2}\right)^2 + 1} + 20\lg\sqrt{\left(\frac{\omega}{3}\right)^2 + 1}$$

相频特性： $\phi(\omega) = -90° - \tan^{-1}\frac{\omega}{2} + \tan^{-1}\frac{\omega}{3}$

其对数频率特性曲线如图 4-4-13 所示。

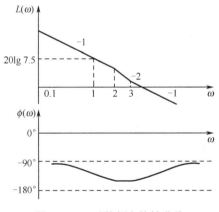

图 4-4-13 对数频率特性曲线

（3）计算 $\omega_c, v(\omega_c)$。

$$A(\omega_c) = \frac{7.5\sqrt{\left(\frac{\omega_c}{3}\right)^2 + 1}}{\omega_c\sqrt{\left(\frac{\omega_c}{2}\right)^2 + 1}} \approx \frac{7.5 \cdot \frac{\omega_c}{3}}{\omega_c \cdot \frac{\omega_c}{2}} = 1, \text{ 所以 } \omega_c = \frac{7.5 \times 2}{3} = 5$$

$$v(\omega_c) = 180° + \phi(\omega_c) = 90° - \tan^{-1}\frac{5}{2} + \tan^{-1}\frac{5}{3} = 90° - 68.2° + 59° = 80.8°$$

（4）判断闭环系统的稳定性。

由图可知 $L(\omega) > 0\text{dB}$ 部分，$\phi(\omega)$ 对$-\pi$线无穿越，故系统闭环稳定。

4.5 开环系统频率特性和时域特性的关系

4.5.1 开环对数频率特性低频段与稳态误差

计算控制系统输入稳态误差，可由静态误差系数计算稳态误差。静态误差系数由开环系统的类型和放大系数（增益）决定。因此，当给定一个控制系统的对数幅频特性曲线后，便可根据其低频段的斜率和位置确定系统的类型和误差系数。下面就讨论这个问题。

1. 0型系统

0型系统的开环频率特性为：

$$G_K(j\omega) = \frac{K\prod\limits_{i=1}^{m}(j\tau_i\omega + 1)}{\prod\limits_{i=1}^{n}(jT_i\omega + 1)}$$

在低频段范围内的对数幅频特性为：

$$L(\omega) = 20\lg|G_K(j\omega)| = 20\lg K = 20\lg K_P$$

如图 4-5-1 所示为 0 阶系统对数幅频特性的低频段。

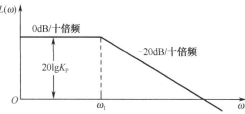

图 4-5-1 0型系统对数幅频特性的低频段

0型系统对数幅频特性的低频段有如下特点：

（1）在低频段（$\omega < \omega_1$），斜率为 **0dB/dec**。

（2）低频段的幅值为 **20lg K_P dB**。

由低频段的分贝值就可确定稳态位置误差系数 K_P。

2. 1型系统

1型系统的开环频率特性为：

$$G_K(j\omega) = \frac{K\prod\limits_{i=1}^{m}(j\tau_i\omega + 1)}{j\omega\prod\limits_{i=1}^{n-1}(jT_i\omega + 1)}$$

在低频段范围内的对数幅频特性为：

$$L(\omega) = 20\lg\frac{K}{\omega} = 20\lg K - 20\lg\omega$$

当$\omega=1$时，$L(1)=20\lg K$；当$L(\omega_K)=0$时，$\omega_K=K$。

由于有 1 个积分环节，低频段斜率为-20dB/dec，转折频率$\omega_1 > \omega_K$时，低频段渐近线将在$\omega_K=K$处穿过横轴，如图 4-5-2（a）所示。若$\omega_1 < \omega_K$时，这时低频段渐近线不穿过横轴，其延长线在$\omega_K=K$处与横轴相交，如图 4-5-2（b）所示。

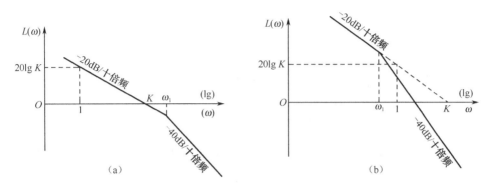

图 4-5-2　1 型系统对数幅频特性的低频段

1 型系统对数幅频特性的低频段有如下特点：

（1）在低频段的渐近线的斜率为-20dB/dec。

（2）低频渐近线（或延长线）与横轴相交，交点频率为$\omega_K=K$。

（3）低频渐近线（或延长线）在$\omega=1$rad/s 时的幅值为 **20lgKdB**。故可由低频段确定系统的速度误差系数 $K_v=\omega_K=K$。

3．2 型系统

2 型系统的开环频率特性为：

$$G_K(j\omega) = \frac{K\prod\limits_{i=1}^{m}(j\tau_i\omega+1)}{(j\omega)^2\prod\limits_{i=1}^{n-2}(jT_i\omega+1)}$$

在低频段范围内的对数幅频特性为：

$$L(\omega) = 20\lg\frac{K}{\omega^2} = 20\lg K - 40\lg\omega$$

低频段斜率为-40dB/dec。在$\omega=1$时，$L(1)=20\lg K$或者$L(\omega_K)=0$时，$\omega_K=\sqrt{K}$。其对数幅频特性的低频段如图 4-5-3 所示。

2 型系统的对数幅频特性低频段有如下特点：

（1）低频渐近线斜率为-40dB/十倍频。

（2）低频渐近线（或延长线）与横轴交点频率$\omega_K=\sqrt{K}$。

（3）低频渐近线（或延长线）在$\omega=1$时的幅值为 **20lgKdB**。

可由低频段确定系统的加速度误差系数 $K_a = K = \omega_K^2$。

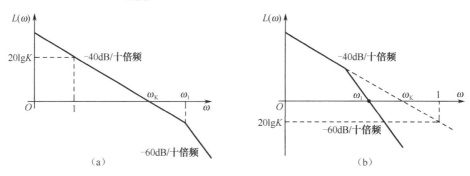

图 4-5-3 2 型系统对数幅频特性的低频段

4.5.2 开环对数频率特性中频段与时域瞬态特性

1. 开环对数频率特性中频段的基本特性

对数幅频特性与横轴交点（ω_c）左右频段范围称为**中频段**。**系统的瞬态特性好坏取决于中频段的特性**。下面介绍常用的两种中频段特性。

1）-40/-20/-40 特性（简称-2/-1/-2 特性）

-2/-1/-2 特性的传递函数为：

$$G_K(s) = \frac{K(1+\tau s)}{s^2(1+Ts)} \quad (\tau > T)$$

频率特性为：

$$G_K(j\omega) = \frac{K(1+j\tau\omega)}{(j\omega)^2(1+jT\omega)} \tag{4-5-1}$$

-2/-1/-2 幅频特性如图 4-5-4 所示。

在 $\omega = \omega_c$ 时，$A(\omega_c) = 1$，即：

$$A(\omega_c) = \frac{K\sqrt{1+\left(\dfrac{\omega_c}{\omega_1}\right)^2}}{\omega_c^2\sqrt{1+\left(\dfrac{\omega_c}{\omega_2}\right)^2}} = 1$$

由于 $\dfrac{\omega_c}{\omega_1} > 1$，$\dfrac{\omega_c}{\omega_2} < 1$，近似可得 $A(\omega_c) = \dfrac{K\dfrac{\omega_c}{\omega_1}}{\omega_c^2} \approx 1$，所以 $\omega_c \approx \dfrac{K}{\omega_1} = K\tau$。

相频特性为：$\phi(\omega_c) = -180° - \tan^{-1}\dfrac{\omega_c}{\omega_2} + \tan^{-1}\dfrac{\omega_c}{\omega_1}$

令 $\omega_2 = n\omega_1$，则 $\phi(\omega_c) = -180° - \tan^{-1}\dfrac{\omega_c}{n\omega_1} + \tan^{-1}\dfrac{\omega_c}{\omega_1}$

相角裕量为：

$$v(\omega_c) = 180° + \phi(\omega_c) = \tan^{-1}\dfrac{\omega_c}{n\omega_1} - \tan^{-1}\dfrac{\omega_c}{\omega_1} \tag{4-5-2}$$

以 n 为参量，绘出 $v(\omega_c)$ 与 $\dfrac{\omega_c}{\omega_1}$ 之间的关系如图 4-5-5 所示。

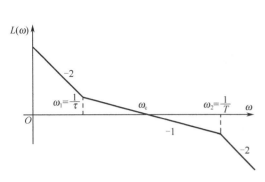

图 4-5-4 −2/−1/−2 幅频特性

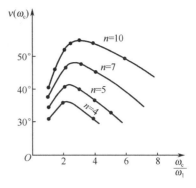

图 4-5-5 $v(\omega_c)$ 与 $\dfrac{\omega_c}{\omega_1}$ 的关系

从图中可以看出以下几点。

（1）ω_c（或 K）为某一值时，相角裕量有最大值。求导令其等于 0 得：

$$\frac{\mathrm{d}[v(\omega_c)]}{\mathrm{d}\left(\dfrac{\omega_c}{\omega_1}\right)} = \frac{1}{1+\left(\dfrac{\omega_c}{\omega_1}\right)^2} - \frac{\dfrac{1}{n}}{1+\left(\dfrac{\omega_c}{n\omega_1}\right)^2} = 0$$

$$\left(\frac{\mathrm{d}\tan^{-1}x}{\mathrm{d}x} = \frac{1}{1+x^2}\right)$$

可得 $\left(\dfrac{\omega_c}{\omega_1}\right)^2 = n$ 或 $\dfrac{\omega_c}{\omega_1} = \sqrt{n}$ 或 $\omega_c = \sqrt{\omega_1\omega_2}$

即选择 K 使 $\dfrac{\omega_c}{\omega_1} = \sqrt{n}$ 时，相角裕量有最大值 $v_{\max}(\omega_c) = \tan^{-1}\sqrt{n} - \tan^{-1}\dfrac{1}{\sqrt{n}}$，否则相角裕量将下降。对 $\omega_c = \sqrt{\omega_1\omega_2}$ 两边取以 10 为底的对数得：

$$\lg\omega_c = \frac{1}{2}(\lg\omega_1 + \lg\omega_2) \tag{4-5-3}$$

即 ω_c 在对数幅频特性中频段的中点，相角裕量最大。

（2）最大相角裕量与中频段长度有关，中频段越长，最大相角裕量越大。

2）−40/−20/−60 特性（简称−2/−1/−3 特性）

−2/−1/−3 特性的传递函数为：

$$G_K(s) = \frac{K(1+\tau s)}{s^2(1+Ts)^2} \qquad (\tau > T)$$

频率特性为：

$$G_K(\mathrm{j}\omega) = \frac{K(1+\mathrm{j}\tau\omega)}{(\mathrm{j}\omega)^2(1+\mathrm{j}T\omega)^2} \tag{4-5-4}$$

−2/−1/−3 幅频特性如图 4-5-6 所示。

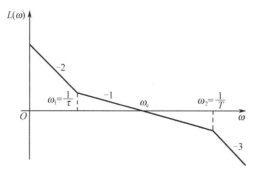

图 4-5-6　−2/−1/−3 幅频特性

当 $\omega = \omega_c$ 时，　$A(\omega_c) = 1$ 则：

$$A(\omega_c) = \frac{K\sqrt{1 + \left(\dfrac{\omega_c}{\omega_1}\right)^2}}{\omega_c^2 \left[\sqrt{1 + \left(\dfrac{\omega_c}{\omega_2}\right)^2}\right]} \approx \frac{K\dfrac{\omega_c}{\omega_1}}{\omega_c^2} = 1, \ 故 \ \omega_c = \tau K$$

相频特性为 $\phi(\omega_c) = -180° - 2\tan^{-1}\dfrac{\omega_c}{\omega_2} + \tan^{-1}\dfrac{\omega_c}{\omega_1}$

令 $\omega_2 = n\omega_1$，则：

$$\phi(\omega_c) = -180° - 2\tan^{-1}\frac{\omega_c}{n\omega_1} + \tan^{-1}\frac{\omega_c}{\omega_1}$$

相角裕量为：

$$v(\omega_c) = \tan^{-1}\frac{\omega_c}{\omega_1} - 2\tan^{-1}\frac{\omega_c}{n\omega_1}$$

求导，令其等于 0，则：

$$\frac{\mathrm{d}[v(\omega_c)]}{\mathrm{d}\left(\dfrac{\omega_c}{\omega_1}\right)} = \frac{1}{1 + \left(\dfrac{\omega_c}{\omega_1}\right)^2} - \frac{\dfrac{2}{n}}{1 + \left(\dfrac{\omega_c}{n\omega_1}\right)^2} = 0$$

解得：

$$\frac{\omega_c}{\omega_1} = \sqrt{\frac{(n-2)n}{2n-1}} \ 或者 \ \omega_c = \sqrt{\frac{(\omega_2 - 2\omega_1)\omega_1\omega_2}{2\omega_2 - \omega_1}}$$

如果 $\omega_2 \gg \omega_1$，作近似计算时：

$$\omega_c \approx \sqrt{\frac{1}{2}\omega_1\omega_2} = \omega_1\sqrt{\frac{n}{2}} \qquad (4\text{-}5\text{-}5)$$

将上式代入相角裕量，可得最大相角裕量为：

$$v_{max}(\omega_c) = \tan^{-1}\sqrt{\frac{n}{2}} - 2\tan^{-1}\sqrt{\frac{1}{2n}} \qquad (4\text{-}5\text{-}6)$$

取不同的 n 值时，绘出 $v_{max}(\omega_c)$ 与 n 的关系如图 4-5-7 所示。

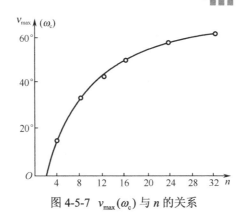

图 4-5-7 $v_{max}(\omega_c)$ 与 n 的关系

根据以上讨论可知，设计一个合理的系统，在低频段，要满足稳态精度的要求。对于中频段，要满足瞬态特性的要求。选择中频段要考虑以下几个方面的问题：

（1）对数幅频特性曲线过横轴的斜率以 **-20dB/dec** 为宜。

（2）低频段和高频段可以有较大的斜率，低频段有较大的斜率，可以减小稳态误差，高频段有较大的斜率，可以更好排除高频干扰。

（3）中频段的穿越频率 ω_c 值的选择，要满足过渡过程的要求。

（4）中频段的长度对相角裕量有很大的影响，中频段越长，相角裕量越大。

3. 瞬态特性和开环频率特性的关系

控制系统的瞬态性能，在时域分析和综合时，以超调量 δ 和过渡过程时间 t_s 来评价系统性能。由开环频率特性来研究系统的瞬态性能时，一般是用穿越频率 ω_c 和相角裕量 $v(\omega_c)$ 来评价系统性能。

频域性能指标（ω_c，$v(\omega_c)$）和时域性能指标（δ，t_s）之间的关系，在二阶系统中是可以准确地计算出来的。高阶系统指标之间的关系比较复杂，很难计算。下面介绍二阶系统频域指标和时域指标之间的关系。

1）相角裕量和超调量之间的关系

二阶系统的开环传递函数为：

$$G_K(s) = \frac{\omega_n^2}{s(s + 2\zeta\omega_n)}$$

开环频率特性为：

$$G_K(j\omega) = \frac{\omega_n^2}{j\omega(j\omega + 2\zeta\omega_n)} \qquad (4-5-7)$$

幅频特性为 $A(\omega) = \dfrac{\omega_n^2}{\omega\sqrt{\omega^2 + (2\zeta\omega_n)^2}}$；相频特性为 $\phi(\omega) = -90° - \tan^{-1}\dfrac{\omega}{2\xi\omega_n}$

当 $\omega = \omega_c$ 时，$A(\omega) = 1$，由这一条件得：

$$A(\omega_c) = \frac{\omega_n^2}{\omega_c\sqrt{\omega_c^2 + (2\zeta\omega_n)^2}} = 1$$

故：$\omega_c^4 + 4\zeta^2\omega_n^2\omega_c^2 - \omega_n^4 = 0$

解得：

$$\omega_c = \omega_n \sqrt{-2\zeta^2 + \sqrt{4\zeta^4 + 1}} \qquad (4\text{-}5\text{-}8)$$

相角裕量为：

$$v(\omega_c) = 180° + \phi(\omega_c) = 90° - \tan^{-1}\frac{\omega_c}{2\zeta\omega_n} = 90° - \alpha$$

式中　$\alpha = \tan^{-1}\dfrac{\omega_c}{2\zeta\omega_n}$。

相角裕量 $v(\omega_c)$ 与 α 的关系如图 4-5-8 所示。

所以：

$$v(\omega_c) = \tan^{-1}\frac{2\zeta\omega_n}{\omega_c} \qquad (4\text{-}5\text{-}9)$$

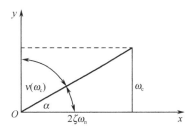

图 4-5-8　$v(\omega_c)$ 与 α 的关系

将式（4-5-8）代入式（4-5-9）得：

$$v(\omega_c) = \tan^{-1}\frac{2\zeta}{\sqrt{-2\zeta^2 + \sqrt{4\zeta^4 + 1}}} \qquad (4\text{-}5\text{-}10)$$

式（4-5-10）表示了相角裕量 $v(\omega_c)$ 与阻尼比的关系，故可以用相角裕量来分析二阶系统的振荡特性。因此相角裕量是二阶系统的一个重要参数。

为了计算方便，相角裕量在 $10°\sim70°$ 范围内可用下式近似计算：

$$v(\omega_c) = 100\zeta \qquad (4\text{-}5\text{-}11)$$

二阶系统的超调量和阻尼比的关系为：

$$\delta = e^{-\frac{\pi\zeta}{\sqrt{1-\zeta^2}}} \times 100\% \qquad (4\text{-}5\text{-}12)$$

将式（4-5-10）代入式（4-5-12）绘于同一图上，得到 $v(\omega_c)$ 与 δ 的关系，如图 4-5-9 所示。

根据给定的相角裕量 $v(\omega_c)$，可由曲线直接查出最大超调量 δ。

2）相角裕量 $v(\omega_c)$ 和调节时间 t_s 之间的关系

对二阶系统，误差为 5%，调节时间为 $t_s \approx \dfrac{3}{\zeta\omega_n}$（$\zeta < 0.9$）。

将式（4-5-8）代入上式，得：

$$t_s\omega_c = \frac{3}{\zeta}\sqrt{-2\zeta^2 + \sqrt{4\zeta^4 + 1}} \qquad (4\text{-}5\text{-}13)$$

将式（4-5-10）代入式（4-5-13），得：

$$t_s\omega_c = \frac{6}{\tan v(\omega_c)} \qquad (4\text{-}5\text{-}14)$$

上式是二阶系统 $t_s\omega_c$ 与 $v(\omega_c)$ 之间的关系。将此关系绘成曲线，如图 4-5-10 所示。

从式（4-5-10）、式（4-5-12）和式（4-5-14）可以看出，**相角裕量相同的两个系统，它们的超调量大致相同，但是它们的过渡过程时间 t_s 与穿越时间 ω_c 成反比，穿越频率 ω_c 大的系统，过渡过程时间 t_s 就短。所以对数频率特性中的穿越频率是一个重要参数。它不仅影响系统的相角裕量，也影响系统的瞬态响应时间。**

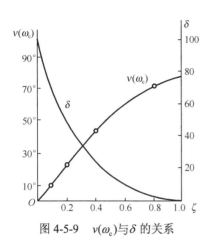

图 4-5-9　$v(\omega_c)$ 与 δ 的关系

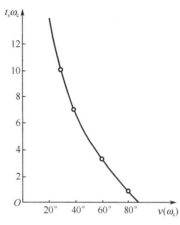

图 4-5-10　$t_s\omega_c$ 与 $v(\omega_c)$ 之间的关系

4.5.3　闭环系统频率特性与时域性能的关系

用开环对数频率特性分析和综合系统，是一种很方便的方法，但是，它是一种近似的方法。在进一步分析和综合时，还常常要用闭环系统频率特性。

1. 闭环系统频率特性与开环系统频率特性的关系

单位反馈系统的闭环频率特性为：

$$G_{\mathrm{B}}(\mathrm{j}\omega) = \frac{G_{\mathrm{K}}(\mathrm{j}\omega)}{1+G_{\mathrm{K}}(\mathrm{j}\omega)} = \left|\frac{G_{\mathrm{K}}(\mathrm{j}\omega)}{1+G_{\mathrm{K}}(\mathrm{j}\omega)}\right|\mathrm{e}^{\mathrm{j}\theta(\omega)} = M(\omega)\mathrm{e}^{\mathrm{j}\theta(\omega)}$$

式中　　$M(\omega)$——闭环频率特性的幅值；

　　　　$\theta(\omega)$——闭环频率特性的相角。

闭环频率特性的幅值可写成如下形式：

$$M(\omega) = \left|\frac{G_{\mathrm{K}}(\mathrm{j}\omega)}{1+G_{\mathrm{K}}(\mathrm{j}\omega)}\right| = \left|\frac{P(\omega)+\mathrm{j}Q(\omega)}{1+P(\omega)+\mathrm{j}Q(\omega)}\right| = \sqrt{\frac{P^2(\omega)+Q^2(\omega)}{(1+P^2(\omega))+Q^2(\omega)}} \qquad (4\text{-}5\text{-}15)$$

$$G_{\mathrm{K}}(\mathrm{j}\omega) = \frac{K\prod_{i=1}^{m}(1+\mathrm{j}\tau_i\omega)}{(\mathrm{j}\omega)^N\prod_{i=1}^{n-N}(1+T_i\omega)}$$

则当 $\omega\to 0$ 时有：

$$\lim_{\omega\to 0}M(\omega) = \lim_{\omega\to 0}\left|\frac{G_{\mathrm{K}}(\mathrm{j}\omega)}{1+G_{\mathrm{K}}(\mathrm{j}\omega)}\right| = \lim_{\omega\to 0}\frac{K\prod_{i=1}^{m}(1+\mathrm{j}\tau_i\omega)}{(\mathrm{j}\omega)^N\prod_{i=1}^{n-N}(1+T_i\omega)+K\prod_{i=1}^{m}(1+\mathrm{j}\tau_i\omega)}$$

$$= \lim_{\omega\to 0}\frac{K}{(\mathrm{j}\omega)^N+K} = \begin{cases} \dfrac{K}{K+1}, & N=0 \\[2mm] 1, & N\geq 1 \end{cases}$$

当 $\omega\to\infty$ 时，$G_{\mathrm{K}}(\mathrm{j}\omega)\to 0$，有：

$$\lim_{\omega\to\infty}M(\omega) = \lim_{\omega\to\infty}\left|\frac{G_{\mathrm{K}}(\mathrm{j}\omega)}{1+G_{\mathrm{K}}(\mathrm{j}\omega)}\right| = G_{\mathrm{K}}(\mathrm{j}\omega)\to 0$$

由此可见，在低频段时幅值趋近于一个常数，在高频段趋于零。根据式（4-5-15）给出不同的 ω 值，即可计算出 $M(\omega)$ 值，在直角坐标系中就可绘制出闭环系统频率特性曲线，如图 4-5-11 所示。

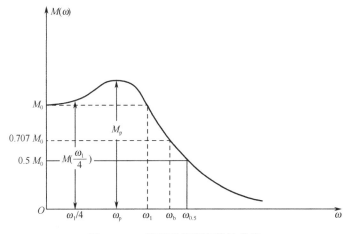

图 4-5-11　闭环系统频率特性曲线

2. 性能指标

（1）**谐振峰值 M_p**——谐振峰值 M_p 是闭环系统幅频特性的最大值，即谐振频率 ω_p 处取得的最大值。通常，M_p 越大，系统超调量 δ 也越大。系统振荡剧烈，稳定性差。

（2）**谐振频率 ω_p**——谐振频率 ω_p 是闭环系统幅频特性出现谐振峰值时的频率。

（3）**频带宽 ω_b**——闭环系统频率特性幅值，由其初始值 $M(0)$ 减小到 $0.707M(0)$ 时的频率或由 $\omega=0$ 的增益降低 3dB 时的频率，称为频带宽。频带宽越宽，上升时间越短，但对高频抗干扰的能力越差。

（4）**剪切速度**——剪切速度是指在高频时频率特性衰减的快慢。在高频区衰减越快，对信号和干扰两者的分辨能力越强。但剪切速度越快，谐振峰值越大。

3. 系统瞬态响应性能指标和闭环频率特性性能指标之间的关系

（1）谐振峰值 M_p 和超调量 δ 之间的关系。

对二阶系统，ω_p、M_p 与 ζ 之间的关系为：

$$M_p = \frac{1}{2\zeta\sqrt{1-\zeta^2}}, \omega_p = \omega_n\sqrt{1-2\zeta^2} \tag{4-5-16}$$

δ 与 ζ 的关系为：

$$\delta = e^{-\frac{\pi\zeta}{\sqrt{1-\zeta^2}}} \times 100\% \tag{4-5-17}$$

依据式（4-5-16）和式（4-5-17），即可求出 M_p 与 δ 之间的关系。M_p 的取值范围，根据大量的经验数据，一般建议 M_p 取值在 1.3～1.7 之间；当要求控制系统有很好的阻尼比时，取 M_p=1.1～1.3，甚至 M_p=1；M_p 超过 1.7 时，系统的振荡剧烈，很少采用。

（2）谐振峰值 M_p 与过渡过程 t_s 的关系。

由式（4-5-16）解出阻尼比，即：

$$\zeta = \sqrt{\frac{1 - \sqrt{1 - \frac{1}{M_p^2}}}{2}}$$

（4-5-18）

将 ζ 代入 $t_s \cdot \omega_n = \frac{3}{\xi}$ 式中得出 M_p 与 t_s 的关系。

（3）谐振峰值 M_p 和相角裕量 $v(\omega_c)$ 的关系。

在许多系统中，M_p 和 $v(\omega_c)$ 有密切的关系，所以在对系统进行初步分析和综合时，常用 $v(\omega_c)$ 来近似估计 M_p 值。假设 M_p 发生在 ω_c 附近，并且 $v(\omega_c) < 45°$ 时 $M_p = \frac{1}{\sin v(\omega_c)}$。

（4）频带宽 ω_b 和 ζ 之间的关系。

依据定义，令 $M(\omega) = 0.707$，则可求得频带宽 ω_b，即：

$$\frac{\omega_b}{\omega_c} = \sqrt{(1 - 2\zeta)^2 + \sqrt{2 - 4\zeta^2 + 4\zeta^4}}$$

从以上介绍可以看出，对于二阶系统，可以用分析法求出闭环频率特性指标和瞬态响应指标之间的关系。

对于高阶系统，它们之间的关系很复杂。为了估计高阶系统频域指标和时域指标的关系，有时可采用如下近似经验公式计算。

$$\delta = 0.16 + 0.4(M_p - 1), 1 \leqslant M_p \leqslant 1.8$$

$$t_s \omega_c = \pi[2 + 1.5(M_p - 1) + 2.5(M_p - 1)^2], 1 \leqslant M_p \leqslant 1.8$$

4.6 设计实例：雕刻机位置控制系统

雕刻机通常配有 2 个驱动电动机，用来驱动雕刻针运动，使之到达指定位置，其中一个用于 x 方向，另一个用于 y、z 方向。如图 4-6-1 所示为 x 方向位置控制系统的框图。

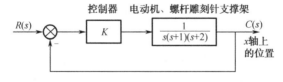

图 4-6-1　x 方向位置控制系统的框图

本例的设计目标是，用频率响应法选择增益 K 的值，使系统阶跃响应的各项指标保持在允许的范围之内。设计的基本思路是：首先选择增益 K 的初始值，绘制系统的开环和闭环 Bode 图，然后用系统的闭环 Bode 图来估算系统时间响应的各项指标；若系统不满足要求，则调整 K 值，重复前面的设计过程，最后用实际计算来检验设计结果。

为此，先令 $K=2$，则系统的开环传递函数和闭环传递函数分别为：

$$G(s) = \frac{2}{s(s+1)(s+2)}$$

$$\phi(s) = \frac{G(s)}{1 + G(s)} = \frac{2}{s^3 + 3s^2 + 2s + 2}$$

绘制系统的闭环 Bode 图如图 4-6-2 所示。由闭环 Bode 图可以看出，当 $\omega = \omega_p = 0.8$ rad/s 时，对数幅值增益达到最大，即 $20\lg M_p = 5$dB，则 $M_p = 1.78$。

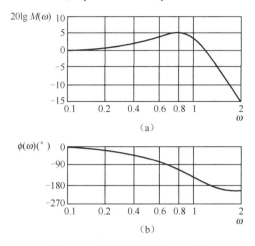

图 4-6-2　系统的闭环 Bode 图

再假定系统有两个主导极点，将三阶系统近似为二阶系统，由式（4-5-18）可估计出对应的阻尼比为 0.29，再由式（4-5-16）可求得 $\omega_n = 0.88$，于是雕刻机控制系统的二阶近似模型为：

$$\phi(s) = \frac{\omega_n}{s^2 + 2\varsigma\omega_n + \omega_n^2} = \frac{0.744}{s^2 + 0.51s + 0.744} \tag{4-6-1}$$

根据该近似模型，得到系统的超调量为 $\sigma = 37\%$，调节时间为 $t_s = 15.7$s（2%）。

在利用 MATLAB 对实际系统的超调量进行计算得 $\sigma = 34\%$；$t_s = 17$s（2%）。这些结果表明，式（4-6-1）是一个合理的二阶近似模型，在控制系统的分析和设计中，可以用它来调节系统参数。在本例中，如果要求更小的超调量，可以将 K 的取值调整为 $K=1$，再重复上面的设计过程。

小　　结

1．频率特性是线性系统（或部件）在正弦信号输入作用下的稳态响应，但是它能够反映瞬态过程的性能，故可视为瞬态数学模型。频率特性可以由实验方法求出。频率特性是经典控制理论最基本的概念之一。

2．频率法是用开环频率特性研究闭环瞬态响应的一套图解分析计算方法。

3．绘制开环频率特性曲线 $\begin{cases} \text{幅相频率特性依据：} G_K(j\omega) = A(j\omega)e^{j\phi(\omega)} \\ \text{对数频率特性依据} \begin{cases} 20\lg A(\omega) = \displaystyle\sum_{i=1}^{n} 20\lg A_i(\omega) \\ \phi(\omega) = \displaystyle\sum_{i=1}^{n} \phi_i(\omega) \end{cases} \end{cases}$

4．由频率特性曲线判断稳定性 $\begin{cases} \text{幅相频率特性曲线逆时针包围（}-1，j0\text{）的圈数 }N \\ \text{等于 }P\text{ 稳定，否则不稳定} \\ \text{对数频率特性曲线 }N_+ - N = \dfrac{P}{2}\text{ 稳定，否则不稳定} \end{cases}$

5. 开环频率特性性能指标为 $\omega_c, v(\omega_c), h$。闭环频率特性性能指标为 M_p, ω_p, ω_b。利用开环性能指标或闭环性能指标与时域指标的关系可求出 δ, t_s。频率法的计算工作较为简单，因此在工程实践中得到广泛的应用。

6. 开环对数频率特性曲线的低频段表征了系统的稳态性能，中频段表征了系统的动态性能，高频段则反映了系统抗干扰的能力。

7. 用 MATLAB 解决频率特性曲线的绘制、频率特性性能指标的计算及性能分析等问题（参考第9章）。

习 题 4

4-1 某放大器的传递函数如下：

$$G(s) = \frac{K}{Ts+1}$$

测得其频率响应当 $\omega = 1\,\text{rad/s}$ 时，幅频 $A(1) = 12/\sqrt{2}$，相频 $\phi(1) = -45°$，试求放大系数 K 及常数 T 各为多少。

4-2 若系统的单位阶跃响应为：

$$y(t) = 1 - 1.8e^{-4t} + 0.8e^{-9t} \quad (t>0)$$

试求系统的频率特性。

4-3 概略绘出下列各函数幅相频率特性曲线。

（1） $G(s) = \dfrac{4}{s(s+1)}$;

（2） $G(s) = \dfrac{4}{(s+1)(s+2)}$;

（3） $G(s) = \dfrac{200}{s^2(s+1)(10s+1)}$。

4-4 绘出下列系统开环传递函数的渐近对数频率特性曲线。

（1） $G_K(s) = \dfrac{100}{(s+1)(0.1s+1)}$;

（2） $G_K(s) = \dfrac{500}{s(s^2+s+2)}$;

（3） $G_K(s) = \dfrac{10(s+0.2)}{s^2(s+0.1)}$。

4-5 最小相位传递函数的对数幅频渐近特性如题图 4-1 所示。

（1）写出对应的传递函数表达式。

（2）概略画出对应的相频特性曲线。

4-6 设系统开环频率特性如题图 4-2 所示，试判断系统的稳定性，其中 p 为开环不稳定极点个数，γ 为积分环节个数。

4-7 设系统开环频率特性如题图 4-3 所示，已知对应的开环传递函数为：

① $G(s) = \dfrac{K}{(T_1s+1)(T_2s+1)(T_3s+1)}$;　　② $G(s) = \dfrac{K}{s(T_1s+1)(T_2s+1)}$;

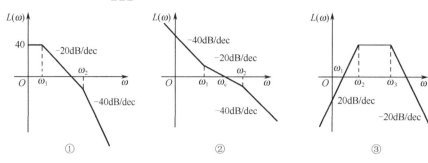

题图 4-1　习题 4-5 图

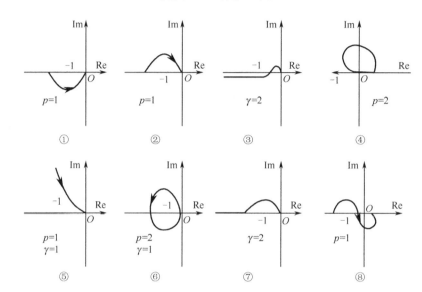

题图 4-2　习题 4-6 图

③　$G(s) = \dfrac{K}{s^2(T_1 s + 1)}$;

④　$G(s) = \dfrac{K(T_a s + 1)}{s^2(T_1 s + 1)}$;

⑤　$G(s) = \dfrac{K}{s^2}$;

⑥　$G(s) = \dfrac{K(T_a s + 1)(T_b s + 1)}{s^2}$;

⑦　$G(s) = \dfrac{K(T_a s + 1)(T_b s + 1)}{s(T_1 s + 1)(T_2 s + 1)(T_3 s + 1)(T_4 s + 1)}$。

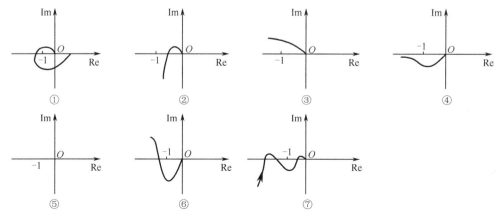

题图 4-3　习题 4-7 图

试判别各系统的稳定性。

4-8 设负反馈系统中：

$$G_K(s) = \frac{10(\tau s + 1)}{s(s-10)}$$

试确定闭环系统稳定时 τ 的临界值。

4-9 已知系统开环传递函数为：

$$G_K(s) = \frac{6}{s(0.25s+1)(0.06s+1)}$$

试绘制对数频率特性图，求相角裕量及幅值裕量，并判断闭环系统的稳定性（20lg6=15.76dB）。

4-10 单位负反馈系统的开环传递函数为：

$$G_K(s) = \frac{k}{s^2 + s + 100}$$

若使系统的幅值裕量为20dB，开环放大系数 K 应为何值？此时相角裕量为多少？

4-11 单位负反馈系统的开环传递函数为：

$$G_K(s) = \frac{7}{s(0.087s+1)}$$

试用频域和时域关系求系统的超调量 δ 及过渡过程时间 t_s。

4-12 问答题

（1）频率响应是什么响应？

（2）什么是频率特性？

（3）幅值裕量如何定义？

4-13 选择题

（1）若系统输入为 $A\sin\omega t$，其稳态输出相应为 $B\sin(\omega t + \phi)$，则该系统的频率特性可表示为_____。

① $\dfrac{B\sin(\omega t + \phi)}{A\sin\omega t}$ ② $\dfrac{A}{B}e^{j\phi}$ ③ $\dfrac{B}{A}e^{j\phi}$ ④ $\dfrac{B}{A}e^{j\phi t}$

（2）已知系统频率特性为 $\dfrac{1}{1+jT\omega}$，当输入为 $x(t) = a\sin bt$ 时，系统的稳态输出为_____。

① $a\sin(bt + \tan^{-1}T\omega)$ ② $\dfrac{a}{\sqrt{(T\omega)^2+1}}\sin(bt + \tan^{-1}T\omega)$

③ $a\sin(bt - \tan^{-1}T\omega)$ ④ $\dfrac{a}{\sqrt{(T\omega)^2+1}}\sin(bt - \tan^{-1}T\omega)$

（3）已知开环 $G_K(s)$ 对数幅频特性和对数相频特性，问当 K 增大时，_____。

① $L(\omega)$ 向上平移，$\phi(\omega)$ 不变   ② $L(\omega)$ 向上平移，$\phi(\omega)$ 向上平移

③ $L(\omega)$ 向下平移，$\phi(\omega)$ 不变   ④ $L(\omega)$ 向下平移，$\phi(\omega)$ 向下平移

（4）下列开环传递函数所表示的系统，属于最小相位系统的有_____。

① $\dfrac{s-1}{(5s+1)(2s+1)}$ ② $\dfrac{1-Ts}{1+T_1 s}(T>0)$ ③ $\dfrac{s+1}{(2s+1)(3s+1)}$

④ $\dfrac{s+2}{s(s+3)(s-2)}$ ⑤ $\dfrac{4s+1}{s(s+2)(s+5)}$

（5）下列参数中，可以表示系统相对稳定性以及与相对稳定性有关的有____。

① M_P　　② ω_r　　③ ω_n　　④ ζ

（6）在瞬态响应与频率响应中，当阻尼比 $\zeta=0 \sim 0.707$，则无阻尼自然振荡角频率 ω_n、阻尼振荡角频率 ω_d 和谐振频率 ω_r 之间的关系为____。

① $\omega_n > \omega_d > \omega_r$　　　　② $\omega_n > \omega_r > \omega_d$

③ $\omega_d > \omega_r > \omega_n$　　　　④ $\omega_r > \omega_n > \omega_d$

（7）奈氏稳定判据判别系统闭环稳定条件是：开环 $G_K(j\omega)$，ω 由 $-\infty \to +\infty$ 时绕 $(-1, j0)$ 点____，则闭环稳定。P 为系统开环传递函数在[s]平面右半平面的极点数。

① 转 P 圈　　　　② 顺时针转 P 圈

③逆时针转 P 圈　　④ 不包围点 $(-1, j0)$

4-14 单位反馈系统开环传递函数为 $G(s) = \dfrac{1}{s+1}$，求系统对 $x(t)=2\cos 2t$ 的输出响应。

4-15 开环频率特性为 $G_K(j\omega) = \dfrac{5}{j\omega(j\omega+1)}$，试求 $\omega = 50\ \text{rad/s}$ 时的幅值和相位。

4-16 作下列开环的奈氏图和 Bode 图。

（1）$\dfrac{4}{s(s+1)}$；（2）$\dfrac{2}{(2s+1)(8s+1)}$；（3）$\dfrac{128(s+8)}{s(s+2)(s+4)}$。

第 5 章　自动控制系统的校正

内容提要：

在系统性能分析的基础上，当系统性能指标不能满足技术要求时，就要对系统进行校正，以改善系统的性能。本章首先讲述工程上常用的校正装置，其次分析工程上应用较多的 PID 校正；再用频率法分析串联校正的具体方法；最后对反馈校正与补偿校正进行简要分析及举例。

当自动控制系统的稳态性能或动态性能不能满足所要求的性能指标时，首先可以考虑调整系统中可以调整的参数（如增益、时间常数、黏性阻尼液体的黏性系数等）；若通过调整参数仍无法满足要求时，则可以**在原有的系统中有目的地增添一些装置和元件，人为地改变系统的结构和性能，使之满足所要求的性能指标**，这种方法称为"**系统校正**"（system compensation）。增添的装置和元件称为**校正装置和校正元件**（compensator）。

根据校正装置在系统中所处地位的不同，一般分为**串联校正、反馈校正和顺馈补偿**，见表 5-0-1 所示。

在串联校正中，根据校正环节对系统开环频率特性相位的影响，又可分为**相位超前校正、相位滞后校正和相位滞后-超前校正**等。

在反馈校正中，根据是否经过微分环节，又可分为**软反馈和硬反馈**。

在顺馈补偿中，根据补偿采样源的不同，又可分为**输入顺馈补偿和扰动顺馈补偿**。这种校正在第 3 章已讲述过了。

表 5-0-1　系统校正的分类

系统校正	串联校正	比例（P）校正	（相位不变）
		比例-微分（PD）校正	（相位超前校正）
		比例-积分（PI）校正	（相位滞后校正）
		比例-积分-微分（PID）校正	（相位滞后-超前校正）
	反馈校正	比例反馈校正	（硬反馈校正）
		微分反馈校正	（软反馈校正）
	顺馈补偿	扰动顺馈补偿	
		输入顺馈补偿	

下面将分别讨论各种类型的校正环节对系统性能的影响。

5.1　校正装置

5.1.1　无源校正装置

无源校正装置（Passive Compensator）通常是由一些电阻和电容组成的两端口网络。表 5-1-1 列出了几种典型的无源校正装置，如前所述，根据它们对系统频率特性相位的影响，又分为相位滞后校正、相位超前校正和相位滞后-超前校正。表 5-1-1 中列出了有关的网络电路、传递函数和对数频率特性（Bode 图）。**无源校正装置线路简单、组合方便、无需外供电源，但本身没有增益，只有衰减；且输入阻抗较低，输出阻抗又较高。**因此在实际应用中，常常还需增设放大器或隔离放大器。

表 5-1-1　几种典型的无源校正装置

	相位滞后校正装置	相位超前校正装置	相位滞后-超前校正装置
RC 网络电路	(a)	(b)	(c)
传递函数	$G(s) = \dfrac{U_o(s)}{U_i(s)} = \dfrac{T_1s+1}{T_2s+1}$ 式中　$T_1=R_2C_2$；$T_2=(R_1+R_2)C_2$；$T_1 \le T_2$	$G(s) = \dfrac{U_o(s)}{U_i(s)} = \dfrac{K(T_1s+1)}{T_2s+1}$ 式中　$K = \dfrac{R_2}{R_1+R_2}$；$T_1=R_1C_1$；$T_2 = \dfrac{R_1R_2}{R_1+R_2}C_1$；$T_1 \ge T_2$	$G(s) = \dfrac{U_o(s)}{U_i(s)}$ $= \dfrac{(T_1s+1)(T_2s+1)}{(T_1s+1)(T_2s+1)+R_1C_2s}$ $= \dfrac{(T_1s+1)(T_2s+1)}{(T_1's+1)(T_2's+1)}$ 式中　$T_1=R_1C_1$；$T_2=R_2C_2$；$T_1<T_2$
Bode 图	(d)	(e)	(f)

5.1.2　有源校正装置

有源校正装置（Active Compensator）是由运放器组成的调节器。表 5-1-2 列出了几种典型的有源校正装置。

有源校正装置本身有增益，且输入阻抗高，输出阻抗低。此外，只要改变反馈阻抗，就可以很容易地改变校正装置的结构。参数调整也方便。所以如今较多采用有源校正装置。它的缺点是电路较复杂，需另外供给电源（通常需正、负电压源）。

本章主要通过有源校正装置来阐述校正的作用和它们对系统性能的影响。

表 5-1-2 几种典型的有源校正装置

	比例-积分（PI）调节器	比例-微分（PD）调节器
校正装置	相位滞后校正 （a）	相位滞后校正 （b）
传递函数	$\dfrac{U_o(s)}{U_i(s)} = -\dfrac{K(T_1 s + 1)}{T_1 s} = -\left(K + \dfrac{1}{T_2 s}\right)$ 式中　$K = \dfrac{R_1}{R_0}$ ；$T_1 = R_1 C_1$； $T_2 = R_0 C_1$	$\dfrac{U_o(s)}{U_i(s)} = -K(T_1 s + 1) = -(T_2 s + K)$ 式中　$T_1 = R_0 C_0$ ；$K = \dfrac{R_1}{R_0}$； $T_2 = R_1 C_0$
Bode图	（c）	（d）
校正装置	相位滞后-超前校正 （e）	相位滞后-超前校正 （f）

续表

比例-积分-微分（PID）调节器（1）	比例-积分-微分（PID）调节器（2）
传递函数 $$\frac{U_o(s)}{U_i(s)} = -\frac{K(T_1s+1)(T_2s+1)}{T_1s}$$ $$= -\left(K' + \frac{1}{T_1's} + T_2's\right)$$ 式中　　$T_1=R_1C_1$；$T_2=R_0C_0$； $T_1'=R_0C_1$；$K=\dfrac{R_1}{R_0}$； $T_2'=R_1C_0$；$K'=\left(\dfrac{R_1}{R_0}+\dfrac{C_0}{C_1}\right)$	$$\frac{U_o(s)}{U_i(s)} = \frac{K(T_2s+1)(T_3s+1)}{(T_1s+1)(T_4s+1)}$$ 式中 $$K = \frac{R_1+R_2+R_3}{R_0}；$$ $T_1=R_2C_1$；$T_2=\dfrac{R_1R_2}{R_1+R_2}C_1$； $T_3=(R_3+R_4)\,C_2$；$T_4=R_4C_2$； $(R_0 \gg R_3)$
Bode 图 （g）	（h）

5.2　PID 控制规律

控制系统的组成如图 5-2-1 所示。

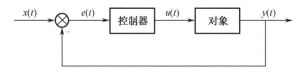

图 5-2-1　控制系统的组成

　　系统中的被控对象通常是给定的，一般情况下是不可变的。控制器是由设计者根据对系统性能的要求而选定的，它对偏差信号 $e(t)$ 进行适当的变换，获得满足系统性能要求的控制作用信号 $u(t)$，这种变换就称为控制规律。通常采用的控制规律有：比例（P）、微分（D）、积分（I）以及这些基本规律的组合，如 PI、PD、PID 等复合控制规律。

1. 比例（P）控制规律

比例控制器的结构图如图 5-2-2 所示。

比例控制的输出与输入的关系为：

$$u(t) = K_P e(t)$$

拉氏变换为

$$U(s) = K_\text{P}E(s) \quad\quad (5\text{-}2\text{-}1)$$

式中 K_P——比例系数，或称比例控制器的增益。

比例控制器实质是一个具有可调增益的放大器。在控制系统中，**K_P 减小，将使系统的稳定性改善，但使系统的稳态精度变差；若增加 K_P，系统变化与上述相反。调节系统的增益，在系统的相对稳定性和稳态精度之间做某种折中的选择，以满足实际系统的要求，是最常用的调整方法之一。**要进一步改善系统的性能，比例控制器一般不单独使用，常常同其他控制规律一起使用，以便使控制系统具有较高的控制质量。

2. 比例-微分（PD）控制规律

比例-微分控制器的结构图如图 5-2-3 所示。

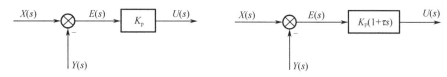

图 5-2-2 比例控制器的结构图   图 5-2-3 比例-微分控制器的结构图

控制器输入与输出的关系为：

$$u(t) = K_\text{P}\left[e(t) + \frac{\tau \text{d}e(t)}{\text{d}t} \right] \quad\quad (5\text{-}2\text{-}2)$$

拉氏变换为

$$U(s) = K_\text{P}(1 + \tau s)E(s) \quad\quad (5\text{-}2\text{-}3)$$

式中 K_P——比例系数；

τ——微分时间常数。

K_P、τ 均为可调参数。

下面以一个具体实例说明 PD 控制规律对系统控制性能的影响。如图 5-2-4 所示为一个具有大惯量的控制系统结构图。

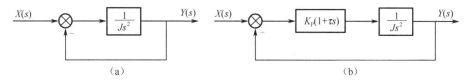

图 5-2-4 控制系统结构图

图 5-2-4（a）系统的特征方程式为：

$$Js^2 + 1 = 0 \quad\quad (5\text{-}2\text{-}4)$$

由此可知，原系统的输出具有不衰减等幅振荡。

图 5-2-4（b）采用比例-微分控制，则闭环特征方程为：

$$Js^2 + K_\text{P}\tau s + K_\text{P} = 0 \quad\quad (5\text{-}2\text{-}5)$$

这时系统是稳定的，其输出 $y(t)$ 的形式由阻尼比 $\zeta = \frac{1}{2}\sqrt{\frac{K_\text{P}}{J}} \cdot \tau$ 来决定。即由控制器的比例系数 K_P 和微分时间常数 τ 来决定。由此例可看出，就改善大惯量系统的控制性能来说，**比例-微分控制规律的主要作用表现在增加控制系统的阻尼比，可以使系统由不稳定（$\zeta = 0$）变成稳定（$\zeta > 0$），提高系统的瞬态性能。**由于比例-微分控制规律可以提高系统的稳定性，因此在保证系统具有一定稳定性的要求下，可以采用较大的开环放大系数，使系统稳态误差减小，从而改善系统的稳态性能。但也需要指出，如果偏差信号 $e(t)$ 无变化，即变化率没有产生，则微分控制不起作用。微分控制作用只有在信号发生变化时才起作用，因此微分控制也有放大噪声信号的缺点。在设计控制系统时，这个问题应给予足够的重视。

综上所述，**比例-微分控制将使系统的稳定性和快速性改善，但抗高频干扰能力明显下降。**

3. 比例-积分（PI）控制规律

比例-积分控制器的结构图如图 5-2-5 所示。

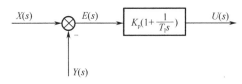

图 5-2-5　比例-积分控制器的结构图

其输入信号与输出信号的关系为：

$$u(t) = K_\mathrm{P} e(t) + \frac{K_\mathrm{P}}{T_\mathrm{I}} \int_0^t e(\lambda) \mathrm{d}\lambda \qquad (5\text{-}2\text{-}6)$$

式中　K_P——比例系数；

　　　T_I——积分时间常数。

　　　K_P 和 T_I 都是可调参数。

在控制系统中，**比例-积分控制器主要用来在保证系统稳定的基础上提高系统的类型，从而改善系统的稳态性能。**以图 5-2-6 所示系统说明比例-积分控制器对改善系统稳态性能的作用。

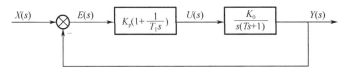

图 5-2-6　比例-积分控制系统

原系统的开环传递函数为：

$$G_\mathrm{K}(S) = \frac{K_0}{s(Ts+1)}$$

系统是 1 型系统，当输入信号 $x(t) = Rt$ 时：

速度误差系数为　　　　　　　　　$K_\mathrm{v} = \lim_{s \to 0} s G_\mathrm{K}(s) = K_0$

稳态误差为　　　　　　　　　　　$e(\infty) = \frac{R}{K_\mathrm{v}} = \frac{R}{K_0}$

采用比例-积分控制后，系统的开环传递函数为：

$$G_\mathrm{K}(s) = K_\mathrm{P} \left(1 + \frac{1}{T_\mathrm{I}s} \right) \frac{K_0}{s(Ts+1)} = \frac{K_\mathrm{P} K_0 (T_\mathrm{I}s+1)}{T_\mathrm{I} s^2 (Ts+1)} \qquad (5\text{-}2\text{-}7)$$

系统由 1 型系统提高为 2 型系统。

速度误差系数为　　　　　$K_v = \lim_{s \to 0} sG_K(s) = \lim_{s \to 0} \dfrac{K_P K_0 (T_I s + 1)}{T_I s^2 (Ts + 1)} = \infty$

稳态误差为　　　　　　　$e(\infty) = \dfrac{R}{K_v} = 0$

从上面的分析说明，采用比例-积分控制，可以消除速度信号作用下的系统稳态误差，从而改善了控制系统的稳态性能。

开环传递函数为：

$$G_K(s) = \frac{K_P K_0 (T_I s + 1)}{T_I T s^3 + T_I s^2 + K_P K_0 T_I s + K_P K_0} \qquad (5\text{-}2\text{-}8)$$

因为参数 T、T_I、K_0、K_P 都是正数，所以特征方程式各项系数全部大于零。因此只要合理地选择各参数，就可以做到既能保证系统稳定又能提高系统的稳态性能。

综上所述，**比例-积分校正将使系统的稳态性能得到明显的改善，由于系统的阶次提高了，会使系统的稳定性变差。设计系统时要折中考虑。**

4. 比例-积分-微分（PID）控制规律

比例-微分校正能改善系统的动态性能，但使高频抗干扰能力下降；比例-积分校正能改善系统的稳态性能，但使动态性能变差；为了能兼得两者的优点，又尽可能减少两者的副作用，常采用比例-积分-微分（PID）校正。

这种组合具有三个单独的控制规律各自的优点，其结构图如图 5-2-7 所示。

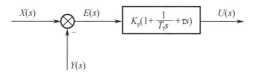

图 5-2-7　比例-积分-微分控制器的结构图

控制器的输出为：

$$u(t) = K_P \left[e(t) + \frac{1}{T_I} \int_0^t e(\lambda)\mathrm{d}\lambda + \tau \frac{\mathrm{d}e(t)}{\mathrm{d}t} \right]$$

控制器的传递函数为：

$$\frac{U(s)}{E(s)} = K_P \left[1 + \frac{1}{T_I s} + \tau s \right] = \frac{K_P (\tau T_I s^2 + T_I s + 1)}{T_I s} = \frac{K_P}{T_I} \cdot \frac{(s - z_1)(s - z_2)}{s} \qquad (5\text{-}2\text{-}9)$$

式中　　$z_1 = -1 + \sqrt{1 - \dfrac{4\tau}{T_I}}$；

　　　　$z_2 = -1 - \sqrt{1 - \dfrac{4\tau}{T_I}}$。

从上式可以看出，比例-积分-微分控制规律除可使系统的类型提高外，还可提供两个零点。这为改善系统的瞬态性能提供了更方便的条件。综上所述，**比例-积分-微分（PID）校正兼顾了系统稳态性能和动态性能的改善。因此这一控制规律被广泛地应用**于控制系统中。

5.3 串联校正（频率法）

串联校正常常是用来提高系统的瞬态响应，但并不减小稳态精度的一种校正方法，是目前在控制系统中应用最广泛的一种方案。

5.3.1 串联超前校正

1. 微分校正电路

微分校正电路可用如图 5-3-1 所示无源阻容电路来实现。

其微分方程式为：

$$\frac{1}{C}\int i_1 \mathrm{d}t = R_2 i_2$$

$$u_\mathrm{r} = R_2 i_2 + u_\mathrm{c}$$

$$u_\mathrm{c} = R_1(i_1 + i_2)$$

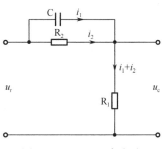

图 5-3-1　无源阻容电路

当初始条件为零时，进行拉氏变换，可求得传递函数为：

$$G_\mathrm{c}'(s) = \frac{Ts+1}{\nu_\mathrm{d}\left(\dfrac{T}{\nu_\mathrm{d}}s+1\right)} \qquad （5\text{-}3\text{-}1）$$

式中　$T = R_2 C$；

$$\nu_\mathrm{d} = \frac{R_1 + R_2}{R_1} > 1。$$

式（5-3-1）中，衰减 $1/\nu_\mathrm{d}$ 可用系统中放大器增益来弥补，因此，通常只研究如下形式的传递函数：

$$G_\mathrm{c}(s) = \nu_\mathrm{d} G_\mathrm{c}'(s) = \frac{Ts+1}{\dfrac{T}{\nu_\mathrm{d}}s+1} \qquad （5\text{-}3\text{-}2）$$

幅频特性　$A(\omega) = \sqrt{\dfrac{1+(\omega T)^2}{1+(\omega T/\nu_\mathrm{d})^2}}$ ；相频特性　$\phi(\omega_\mathrm{c}) = \tan^{-1}\omega T - \tan^{-1}\omega T/\nu_\mathrm{d}$ 。

当 $\omega = 0$ 时　　$A(0)=1, \phi(0)=0°$ ；　$\omega = \infty$ 时　$A(\infty)=\nu_\mathrm{d}, \phi(\omega)=0°$ 。

转折频率：　$\omega_1 = \dfrac{1}{T}, \omega_2 = \dfrac{\nu_\mathrm{d}}{T}$ 。

其幅相频率特性如图 5-3-2 所示；对数频率特性如图 5-3-3 所示。

由图 5-3-2 可以看出，对某一个 ν_d 值，从原点作半圆切线，切线与实轴之间的夹角就是这个网络所能提供的最大超前相角 ϕ_m，对应的频率就是产生 ϕ_m 的频率。随着 ν_d 的增加，ϕ_m 也增大，最大超前相角为 $\sin\phi_\mathrm{m} = \dfrac{\nu_\mathrm{d}-1}{\nu_\mathrm{d}+1}$ 。

产生最大超前相角时的频率可以如下求出：

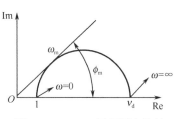

图 5-3-2　$G_c(s)$ 幅相频率特性

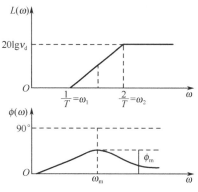

图 5-3-3　$G_c(s)$ 对数频率特性

$$\frac{\mathrm{d}\phi(\omega)}{\mathrm{d}(\omega T)} = \frac{(\nu_d - 1)[\nu_d - (\omega T)^2]}{[1 + (\omega T)^2][\nu_d^2 + (\omega T)^2]} = 0$$

得：　$\omega_m = \dfrac{\sqrt{\nu_d}}{T} = \sqrt{\omega_1 \omega_2}$

$$\lg \omega_m = \frac{1}{2}(\lg \omega_1 + \lg \omega_2) \tag{5-3-3}$$

即 ω_m 是 ω_1 和 ω_2 两转折频率的几何中心。

RC 网络最大超前相角 ϕ_m 仅是 ν_d 的函数，对应不同 ν_d 值的最大超前相角 ϕ_m 值见表 5-3-1。

表 5-3-1　ν_d 与 ϕ_m 关系的数值表

ν_d	2	4	8	10	15	20
ϕ_m	+19.4°	+36.9°	+51°	+55°	+61°	+64.8°

选用 RC 网络时，ν_d 和 T 两个参数需要确定，通常取 $\nu_d = 4\sim15$，最大值一般不超过 20。因为 ν_d 超过 20 以后，最大超前相角 ϕ_m 随 ν_d 的增加变化不大，但当 ν_d 值取得过大时，相位超前网络的衰减严重。

2. 超前校正装置的综合

超前校正的基本原理，是利用相位超前特性。只要正确地将校正环节的转折频率 $1/T$ 和 ν_d/T 选在待校正系统（或称为不可变部分 $G_0(s)$）穿越频率两边，就可以使校正后系统的穿越频率和相角裕量满足性能指标要求，从而改善闭环系统的瞬态性能。闭环系统的稳态性能可通过选择校正后的开环增益来保证。

超前校正的一般步骤如下：

（1）根据稳态误差的要求确定系统开环放大系数，绘制出校正前的对数频率特性，计算相角裕量。

（2）根据给定相角裕量，估计需要附加的相角。

（3）根据要求的附加相角，计算校正环节的 ν_d 值。

（4）ν_d 确定后，确定校正环节的转折频率 $1/T$ 和 ν_d/T。应使校正后的中频段斜率为 -20dB/dec，并且使校正环节的最大超前相位角出现在穿越频率 ω_c 的位置上。

（5）校核校正后的相角裕量是否满足给定要求，如不满足应重新计算。

（6）计算校正装置参数。

上述步骤是一般常用校正步骤，依据不同情况还可做些变动。

例 5-3-1   设有一单位负反馈控制系统，其开环传递函数为 $G(s) = \dfrac{K}{s(s+1)}$，要求系统在单位斜坡信号输入时，输出稳态误差 $e(\infty) \leqslant 0.1$，相角裕量 $\nu(\omega_c) \geqslant 45°$，确定校正装置的传递函数 $G_c(s)$。

解：（1）根据稳态误差要求确定开环放大系数 K。

$$K_v = \lim_{s \to 0} s \frac{K}{s(s+1)} = K$$

$$e(\infty) = \frac{1}{K_v} = 0.1$$

$$故 K_v = K = 10$$

则校正前的传递函数为：

$$G_0(s) = \frac{10}{s(s+1)}$$

绘制对数频率特性曲线，如图 5-3-4 中曲线 1 所示。

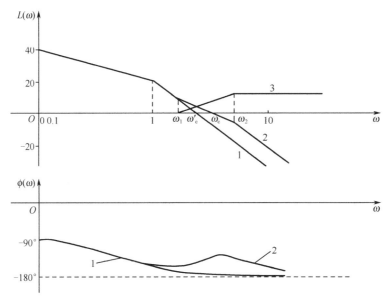

图 5-3-4   例 5-3-1 串联超前校正的对数频率特性曲线

按下式计算校正前穿越频率 ω_c'：

$$A(\omega) = \frac{10}{\omega\sqrt{1+\omega^2}} \quad 当 \omega = \omega_c' > 1 \text{ 时，忽略 1，故}$$

$$A(\omega_c') \approx \frac{10}{(\omega_c')^2} = 1 \qquad 则 \omega_c' = 3.16$$

相角裕量为：

$$\nu(\omega_c') = 180° - 90° - \tan^{-1}\omega_c' = 17.9° < 45°$$

校正前相角裕量不满足要求。

（2）根据系统相角裕量 $v(\omega_c) \geqslant 45°$ 的要求，需要附加的相角应为 $\phi_m \geqslant 45° - 17.9° = 27.1°$，考虑 $\omega_c > \omega'_c$，则未校正系统相角裕量在 ω_c 处更小一些，因此，再附加 $4.9°$，则 $\phi_m = 27.1° + 4.9° = 32°$。

（3）根据 ϕ_m 计算 v_d 值。

$$\sin 32° = \frac{v_d - 1}{v_d + 1} = 0.53$$

解得：$v_d = 3.26$

（4）设系统校正后的穿越频率 ω_c 为校正环节两个转折频率 ω_1 和 ω_2 的几何中心，即：

$$\omega_c = \sqrt{\omega_1 \omega_2} = \frac{\sqrt{v_d}}{T} = \omega_1 \sqrt{v_d}$$

$$\omega_2 = \frac{v_d}{T} = \omega_1 \cdot v_d$$

$\omega_c, \omega_1, \omega_2$ 为三个未知数，下面需要依据校正后的频率特性求出 $\omega_c, \omega_1, \omega_2$ 的值。校正后的传递函数为：

$$G_c(s) \cdot G_0(s) = \frac{10\left(\dfrac{s}{\omega_1} + 1\right)}{s(s+1)\left(\dfrac{s}{\omega_2} + 1\right)}$$

对数频率特性如图 5-3-4 中曲线 2 所示。

幅频特性为：

$$A(\omega) = \frac{10\sqrt{\left(\dfrac{\omega}{\omega_1}\right)^2 + 1}}{\omega\sqrt{\omega^2 + 1} \cdot \sqrt{\left(\dfrac{\omega}{\omega_2}\right)^2 + 1}}$$

做近似计算：当 $\omega = \omega_c$ 时，$A(\omega_c) = 1$，又因 $\dfrac{\omega_c}{\omega_1} > 1$，$\omega_c > 1, \dfrac{\omega_c}{\omega_2} < 1$，则得 $A(\omega) \approx \dfrac{10\dfrac{\omega_c}{\omega_1}}{\omega_c \cdot \omega_C} = 1$

所以：$\omega_c \omega_1 = 10$，$\omega_1 = \sqrt{\dfrac{10}{\sqrt{v_d}}} = 2.35$

$$\omega_c = \omega_1 \sqrt{v_d} = 4.24$$

$$\omega_2 = \omega_1 \cdot v_d = 7.66$$

（5）校核。校正后相角裕量为：

$$v(\omega_c) = 180° - 90° + \tan^{-1}\frac{4.24}{2.35} - \tan^{-1}4.24 - \tan^{-1}\frac{4.24}{7.66} = 45.3° > 45°$$

所得结果满足系统要求。

（6）校正装置的传递函数为：

$$G_c(s) = \frac{\dfrac{s}{2.35} + 1}{\dfrac{s}{7.66} + 1}$$

如图 5-3-4 中曲线 3 所示。可以用超前校正电路和放大器来实现，放大器放大倍数为 ν_d，再由：

$$\nu_d = \frac{R_1 + R_2}{R_1} = 3.26, \quad T = R_2 C = \frac{1}{2.35}$$

R_1，R_2，C 三个参量中任选一个，就可求出另外两个参量。

串联超前校正的特点如下：

（1）加大相位裕量，提高稳定性。

（2）闭环系统频带加宽，提高快速性。

（3）是高通滤波器，降低抗高频干扰能力。

5.3.2 串联滞后校正

如果一个反馈系统的瞬态性能满足要求，为了改善其稳态性能，可以采用滞后校正。从频域角度来说，就要求在低频段提高增益，而在穿越频率附近，保持其相位大小变化不大。反之，如果稳态性能满足要求，而瞬态性能未满足要求，并且希望降低频带宽度，可采用相位滞后校正降低其穿越频率，以满足瞬态性能指标。

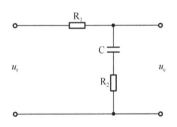

图 5-3-5　RC 电路构成的相位滞后网络

1. 滞后校正电路

应用 RC 电路构成的相位滞后网络如图 5-3-5 所示。其传递函数为：

$$G_c(s) = \frac{Ts + 1}{\nu_i Ts + 1} \tag{5-3-4}$$

式中　$T = R_2 C$；　$\nu_i = \dfrac{R_1 + R_2}{R_2} > 1$。

幅频特性为：

$$A(\omega) = \sqrt{\frac{1 + (T\omega)^2}{1 + (\nu_i T\omega)^2}}$$

对数幅频特性为：

$$L(\omega) = 20\lg\sqrt{1 + (T\omega)^2} - 20\lg\sqrt{1 + (\nu_i T\omega)^2} \tag{5-3-5}$$

相频特性为：

$$\phi(\omega) = \tan^{-1} T\omega - \tan^{-1} \nu_i T\omega$$

当 $\omega = 0$ 时，$A(0) = 1$，$\phi(0) = 0°$

当 $\omega = \infty$ 时，$A(\infty) = \dfrac{1}{\nu_i}$，$\phi(\infty) = 0°$

转折频率为：$\omega_1 = \dfrac{1}{\nu_i T}$，$\omega_2 = \dfrac{1}{T}$

其幅相频率特性以及对数频率特性分别如图 5-3-6 和图 5-3-7 所示。

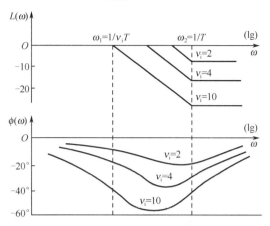

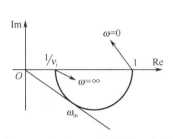

图 5-3-6 滞后环节幅相频率特性

图 5-3-7 不同 ν_i 时，滞后环节对数频率特性

依照超前校正环节分析方法可求得：

$$\sin\phi_m = \frac{1-\nu_i}{1+\nu_i}$$

$$\omega_m = \frac{1}{\sqrt{\nu_i T}} = \sqrt{\omega_1 \omega_2}, \frac{\omega_m}{\omega_1} = \sqrt{\nu_i}, \frac{\omega_2}{\omega_m} = \sqrt{\nu_i}$$

$$\lg\omega_m = \frac{1}{2}(\lg\omega_1 + \lg\omega_2)$$

由上面的介绍可知，ϕ_m 与 ν_i 有关，对应不同 ν_i 值的最大滞后相角 ϕ_m 值见表 5-3-2。

表 5-3-2 ϕ_m 与 ν_i 关系的数值表

ν_i	2	4	8	10	15	20
ϕ_m	−19.4°	−36.9°	−51°	−55°	−61°	−64.8°

由图 5-3-6 及式（5-3-5）可知，当 $\omega > \omega_2 = \dfrac{1}{T}$ 时，校正电路的对数幅频特性的增益将等于-20lg ν_idB，并保持不变，当 ν_i 值增大时，ϕ_m 也增大，而且 ϕ_m 出现在 ω_1 和 ω_2 之间线段的几何中心上。在校正时，如果选择转折频率 ω_2 远小于系统要求的穿越频率 ω_c，则这一滞后校正将对穿越频率 ω_c 附近的相角无太大影响。因此，为了改善稳态特性，尽可能使 ν_i 和 T 取得大一些。但在实际工程中，它又受电路能否实现的限制，难以选得过大。通常选 $\nu_i = 10$，$T=(3\sim5)s$。

利用滞后校正电路进行滞后校正时，对数频率特性曲线如图 5-3-8（a）所示。从图上可以看出，校正后开环对数频率特性的穿越频率减小，相角裕量增大，对数幅频特性的幅值有较大衰减。这样校正的结果，可以增加系统的相对稳定性，有利于提高系统放大系数，以满足稳态精度要求。由于高频段的衰减，系统的抗干扰能力也增强。但是由于频带宽度变窄，瞬态响应速度将变慢。

如果原系统有足够的相角裕量，而只须减小稳态误差，提高稳态精度时，可采用图 5-3-8（b）所示的校正特性。在这里只是把校正环节特性的增益提高 20lg ν_i 即可。从校正后的特性可以看出，除低频段提高了增益外，对其余频段影响很小，可以满足对系统所提出的校正要求。ν_i 的大小应根据低频段所需的增益来选择，而 T 的确定，则以不影响系统的穿越频率及中频段特性为前提。

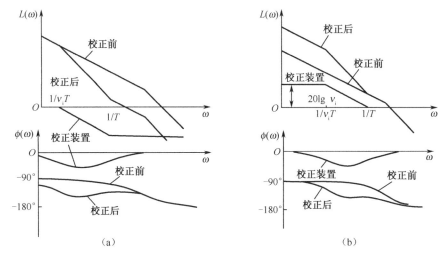

图 5-3-8　相位滞后校正前、后的对数频率特性

2. 滞后（积分）校正装置的综合

在已知系统不可变部分的传递函数 $G_0(s)$ 和应具有的性能指标后，**校正步骤**如下：

（1）根据给定的稳态误差要求，确定开环放大系数 K。

（2）根据已确定的开环放大系数 K，绘制未校正系统的开环对数频率特性曲线，计算穿越频率 ω_c' 和相角裕量 $\nu(\omega_c')$。

（3）在未校正系统的开环对数频率特性曲线上，根据给定的相角裕量 $\nu(\omega_c)$，并考虑 $5°\sim12°$ 的附加值，试选已校正系统的穿越频率 ω_c。

（4）计算 ν_i 值。依据未校正系统在 $\omega=\omega_c$ 时的幅值 $A(\omega_c)$ 等于 ν_i 值确定。

（5）选择转折频率 ω_2，选择 ω_2 的频率范围为 $（1/5\sim1/10）$ ω_c，即 $\omega_2=(1/5\sim1/10)$

ω_c。依据 $\omega_1=\omega_2/\nu_i=\dfrac{1}{\nu_i T}$，确定 ω_1。

（6）校核相角裕量和其余性能指标，如不满足要求应重新计算。

（7）写出校正装置的传递函数。

上面介绍的步骤是一般步骤，具体应用时，可根据不同情况，进行合并或变动。

例 5-3-2　设单位反馈系统的开环传递函数为 $G_0(s)=\dfrac{K}{s(s+1)(0.5s+1)}$，要求系统校正

后，稳态误差系数 $K_v\geqslant5$，相角裕量 $\nu(\omega_c)\geqslant40°$，确定滞后校正装置的传递函数 $G_c(s)$。

解：（1）确定开环放大系数 K。

$$K_v=\lim_{s\to0}sG(s)=K\geqslant5 \quad 取 K=5$$

（2）绘制校正前系统的频率特性曲线，校正前的传递函数为：

$$G_0(s)=\dfrac{5}{s(s+1)(0.5s+1)}$$

其对数频率特性曲线如图 5-3-9 中曲线 1 所示。

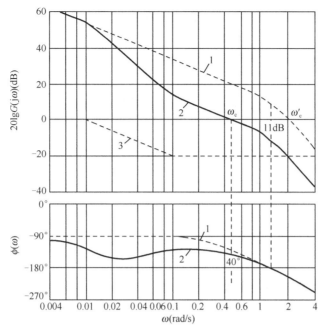

图 5-3-9　例 5-3-2 串联滞后校正的对数频率特性图

计算 ω_c'，$\nu(\omega_c')$：

$$A(\omega_c') = \frac{5}{\omega_c'\sqrt{1+(\omega_c')^2}\cdot\sqrt{1+(0.5\omega_c')^2}} \approx \frac{5}{0.5(\omega_c')^3} = 1$$

$$\omega_c' = 2.1\text{rad/s}$$

$$\nu(\omega_c') = 180° - 90° - \tan^{-1}2.1 - \tan^{-1}0.5\times2.1 = -20°$$

故校正前系统不稳定。

（3）确定校正后的穿越频率 ω_c。

要求 $\nu(\omega_c)\geqslant40°$，考虑附加 $10°$，因此预选 $\nu(\omega_c)=50°$，校正前不同频率时相角裕量为：

$$\nu(\omega)=180°-90°-\tan^{-1}\omega-\tan^{-1}0.5\omega=90°-\tan^{-1}\omega-\tan^{-1}0.5\omega$$

由频率曲线可知当 $\omega\geqslant1$，渐近线斜率大于 -20dB/dec，故只能选择 $\omega<1$，计算 $\nu(\omega)$ 的值，ω 与 $\nu(\omega)$ 关系的数值表见表 5-3-3。

表 5-3-3　ω 与 $\nu(\omega)$ 关系的数值表

ω	0.8	0.7	0.6	0.5	0.4
$\nu(\omega)$	29.54°	35.71°	42.34°	49.39°	56.89°

因此可试选校正后穿越频率 $\omega_c=0.5$。

（4）计算 ν_i 值。

求校正前在 $\omega_c=0.5$ 的对数幅频值：

$$\nu_i = A(0.5) = \frac{5}{0.5\sqrt{0.5^2+1}\cdot\sqrt{(0.5\times0.5)^2+1}} = \frac{5}{0.5\times1.12\times1.13} = 8.67$$

（5）选择转折频率 ω_1，ω_2。

选 $\omega_2 = \dfrac{1}{5}\omega_c = 0.1(\text{rad/s})$；$\omega_1 = \dfrac{\omega_2}{\nu_i} = 0.012(\text{rad/s})$。

$$T_2 = \frac{1}{\omega_2} = 10; T_1 = \frac{1}{\omega_1} = \frac{\nu_i}{\omega_2} = 86.7$$

（6）校核。

校正后传递函数为：

$$G_c(s) \cdot G_0(s) = \frac{5(10s+1)}{s(86.7s+1)(s+1)(0.5s+1)}$$

其对数频率特性如图 5-3-9 中的曲线 2 所示。

相角裕量为：

$$\nu(\omega) = 180° - 90° + \tan^{-1}(10 \times 0.5) - \tan^{-1}(86.7 \times 0.5) - \tan^{-1}0.5 - \tan^{-1}(0.5 \times 0.5)$$
$$= 39.4° \approx 40°$$

（7）校正装置的传递函数为：

$$G_c(s) = \frac{10s+1}{86.7s+1}$$

其对数频率特性如图 5-3-9 中曲线 3 所示。

滞后校正的结果使系统的频率特性在低频段具有较大的放大系数，而同时又降低了高频的斜率，使对数频率特性形成下降的特性。因此，这种校正装置，实质上是一种低通滤波器。由于滞后校正装置的衰减作用，使穿越频率移到较低的频率上，瞬态响应变慢，适用于瞬态响应要求不高的系统。但是，高频抗干扰性能较好。

其特点如下：

（1）提高开环增益，从而提高稳态精度。

（2）是低通滤波器，对高频干扰、噪声有衰减作用。

（3）降低快速性。

5.3.3 串联滞后-超前校正

前面已经讨论过，超前校正会使宽带增加，加快系统的瞬态响应，滞后校正可改善系统的稳态特性，减小稳态误差。如果需要同时改善系统的瞬态特性指标和稳态精度，可采用串联滞后-超前校正。

1. 滞后-超前校正电路（如图 5-3-10 所示）

传递函数为：

$$G_c(s) = \frac{T_d s+1}{\frac{T_d}{\nu}s+1} \cdot \frac{T_i s+1}{\nu T_i s+1} \tag{5-3-6}$$

式中　　$T_d = C_1 R_1$；

　　　　$T_i = C_2 R_2$；

$$\nu = \frac{(T_d + T_i + R_1 C_2) + \sqrt{(T_d + T_i + R_1 C_2)^2 - 4T_d T_i}}{2T_i}。$$

频率特性为：

$$G_c(s) = \frac{1 + jT_d\omega}{1 + j\frac{T_d}{\nu}} \cdot \frac{1 + jT_i\omega}{1 + j\nu T_i\omega} \tag{5-3-7}$$

对数频率特性曲线如图 5-3-11 所示,从滞后-超前电路的对数频率特性图可以看出,幅频特性的前段是相位滞后部分,所以容许在低频段提高增益,以改善系统的稳态特性。幅频特性后段是相位超前部分,可以增加相角裕量,改善了系统的瞬态响应。

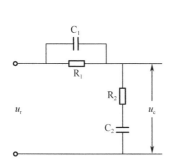 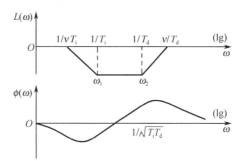

图 5-3-10 滞后-超前校正电路   图 5-3-11 滞后-超前校正电路对数频率特性曲线

在实际工程系统中常用比例-积分-微分调节器(简称 PID 调节器)来实现类似滞后-超前校正作用。

2. 滞后–超前校正装置的综合

滞后–超前校正可分为相位滞后和相位超前两部分单独进行综合。每部分综合步骤和算法都可按前述的相位滞后和相位超前中所采用的步骤和算法进行。除上述综合方法之外,还可采用使校正后的系统中频率为-2/-1/-2 特性的方法进行综合。

例 5-3-3 设有单位反馈系统,其开环传递函数为 $G_c(s) = \dfrac{K}{s(s+1)(s+2)}$,要求系统性能指标满足:$K_v = 10\mathrm{s}^{-1}; v(\omega_c) \geq 45°; h \geq 10\mathrm{dB}$,试确定滞后-超前校正装置。

解:(1)确定开环放大系数 K。

依据稳态速度误差系数的要求:

$$K_v = \lim_{s\to 0} sG(s) = \lim_{s\to 0} s\frac{K}{s(s+1)(s+2)} = 10$$

所以:$K=20$

(2)绘制校正前开环对数频率特性曲线。

校正前的传递函数为:

$$G_0(s) = \frac{20}{s(s+1)(s+2)} = \frac{10}{s(s+1)(s/2+1)}$$

其对数频率特性如图 5-3-12 所示。

由图可以看出,校正前系统不稳定。

(3)确定校正后的穿越频率 ω_c'。

校正前:

$$\phi(\omega) = -90° - \tan^{-1}\omega - \tan^{-1}(0.5\omega)$$

当 $\omega = 1.5$ 时, $\phi(1.5) = -183.81°$。

选择 $\omega_c' = 1.5\mathrm{rad/s}$ 容易实现使校正后相角裕量为 45°。

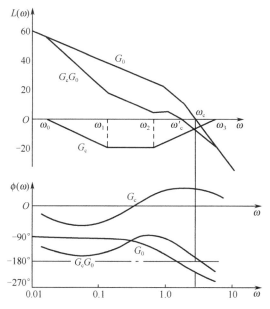

图 5-3-12　例 5-3-3 对数频率特性

（4）确定相位滞后部分。

选择转折频率：$\omega_1 = \dfrac{1}{T_i} = \dfrac{1}{10}\omega'_c = 0.15(\text{rad}/\text{s})$

选择 $\nu = 10$，则转折频率 $\omega = 1/\nu T_i = 0.015\text{rad}/\text{s}$，滞后部分传递函数可写成：

$$\frac{s/0.15+1}{s/0.0015+1} = \frac{6.67s+1}{66.7s+1}$$

（5）确定相位超前部分。

计算校正前 $\omega'_c = 1.5$ 时的对数幅频值。

幅频特性为：

$$A(\omega) = \frac{10}{\omega\sqrt{\omega^2+1}\cdot\sqrt{\left(\dfrac{\omega}{2}\right)^2+1}}$$

由图可知，对惯性环节 $\dfrac{1}{s+1}$，$\omega'_c > 1$，可忽略 1；对惯性环节 $\dfrac{1}{\frac{1}{2}s+1}$，$\omega'_c < 2$，可忽略

$(\omega/2)^2$，故 $20\lg A(\omega'_c) = 20\lg 10 - 40\lg 1.5 = 13\text{dB}$。

因此，如果滞后-超前校正环节在 $\omega'_c = 1.5\text{rad}/\text{s}$ 处产生-13dB 增益，则 ω'_c 即为所求。根据这一要求，通过点（-13dB，1.5rad/s）画一条斜率为 20dB/dec 的直线，该直线与-20lgν=-20dB 线交点频率为 ω_2 及与横坐标轴交点频率为 ω_3，就确定了转折频率。

下面用计算方法求 ω_2 和 ω_3。

由图可知，通过点（-13dB，1.5rad/s）斜率为 20dB/dec 直线的传递函数可写为 $G_1(s)=K_1 s$，则幅频特性为 $A_1(\omega) = K_1\omega$，对数幅频特性为 $20\lg A_1(\omega) = 20\lg K_1 + 20\lg\omega$。

当 $\omega = \omega'_c = 1.5$ 时，可得：

$$20\lg K_1 + 20\lg 1.5 = -13 \tag{5-3-8}$$

$\omega = \omega_2$ 时：

$$20\lg K_1 + 20\lg \omega_2 = -20\lg v = -20 \qquad (5\text{-}3\text{-}9)$$

由式（5-3-9）减式（5-3-8）可得：$20\lg \omega_2 - 20\lg 1.5 = -7$

则：$\lg \omega_2 = \dfrac{-7 + 20\lg 1.5}{20} = -0.174$

所以：$\omega_2 \approx 0.7, \omega_3 = v\omega_2 = 7$

超前部分传递函数为：

$$\frac{s/0.7+1}{s/7+1} = \frac{1.43s+1}{0.143s+1}$$

（6）滞后-超前校正装置的传递函数为：

$$G(s) = \frac{1.43s+1}{0.143s+1} \cdot \frac{6.67s+1}{66.7s+1}$$

（7）校正后系统开环传递函数为：

$$G(s) = \frac{10(1.43s+1)(6.67s+1)}{s(0.143s+1)(66.7s+1)(s+1)(0.5s+1)}$$

（8）校核。

$$v(\omega_c') = 90° + \tan^{-1}1.43 \times 1.5 + \tan^{-1}6.67 \times 1.5 - \tan^{-1}0.143 \times 1.5 - \tan^{-1}66.7 \times 1.5$$
$$- \tan^{-1}1.5 - \tan^{-1}0.5 \times 1.5 = 44.6°$$

相位滞后-超前校正的**特点**如下：

（1）兼有滞后、超前两种校正方式的优点，精度好，快速性好。

（2）适用稳定性和稳态精度要求较高的情况。

5.4 反馈校正

在自动控制系统中，为了改善控制系统的性能，除了采用串联校正外，反馈校正（Feedback Compensation）也是常采用的形式之一。

1. 反馈校正工作原理

为了阐述反馈校正的基本工作原理，首先介绍局部闭环的频率响应。如图 5-4-1 所示为反馈控制系统中的一个局部闭环。

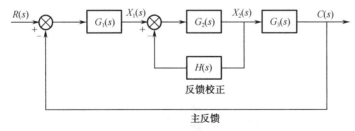

图 5-4-1 反馈系统中的局部反馈校正

其闭环传递函数为：

$$\frac{X_2(s)}{X_1(s)} = \frac{G_2(s)}{1+G_2(s)H(s)}$$

闭环频率特性为：

$$\frac{X_2(\mathrm{j}\omega)}{X_1(\mathrm{j}\omega)} = \frac{G_2(\mathrm{j}\omega)}{1 + G_2(\mathrm{j}\omega)H(\mathrm{j}\omega)}$$ （5-4-1）

如果局部闭环是稳定的，为了使校正的计算简便起见，可以做如下的近似。

（1）在 $|G_2(\mathrm{j}\omega)\cdot H(s)| \ll 1$ 或 $20\lg|G_2(\mathrm{j}\omega)\cdot H(\mathrm{j}\omega)| \ll 0$ 的频段范围内：

$$\frac{X_2(\mathrm{j}\omega)}{X_1(\mathrm{j}\omega)} = G_2(\mathrm{j}\omega)$$ （5-4-2）

即局部闭环的闭环频率响应近似为前向通道的频率响应，与反馈通道频率响应无关，也就是说在这个频率范围内，反馈已经不起作用了。

（2）在 $|G_2(\mathrm{j}\omega)\cdot H(s)| \gg 1$ 或 $20\lg|G_2(\mathrm{j}\omega)\cdot H(\mathrm{j}\omega)| \gg 0$ 的频段范围内：

$$\frac{X_2(\mathrm{j}\omega)}{X_1(\mathrm{j}\omega)} = \frac{1}{H(\mathrm{j}\omega)}$$ （5-4-3）

即局部闭环频率响应近似为反馈通道的频率响应的倒数，与局部反馈通道 $H(s)$ 的频率响应无关，因此，当系统中某些元件的特性或参数不稳定时，常常用反馈校正装置将它们包围，以削弱这些元件对系统性能的影响。从而使系统获得满意的性能。

2. 反馈校正的分类

通常反馈校正又可分为硬反馈和软反馈。

硬反馈校正装置的主体是比例环节（可能还含有滤波小惯性环节），它在系统的动态和稳态过程中都起反馈校正作用。

软反馈校正装置的主体是微分环节（可能还含有滤波小惯性环节），它的特点是只在动态过程中起校正作用，而在稳态时形同开路，不起作用。下面对微分负反馈环节的特点再做一些说明。

在自动控制系统中，有时还将某一输出量（如转速）经电容 C' 再反馈到输入端，如图 5-4-2 所示。它注入输入端的信号电流 i' 与反馈量对时间的变化率成正比，亦即与输出量对时间的变化率成正比。

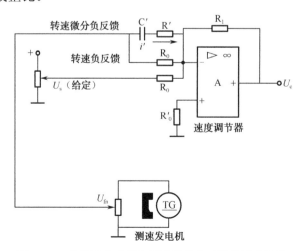

图 5-4-2　带转速负反馈和转速微分负反馈的速度调节

即 $i' \propto \mathrm{d}U_{\mathrm{fn}}/\mathrm{d}t \propto \mathrm{d}n/\mathrm{d}t$，由于 i' 与输出量的微商成正比，所以又称为微分反馈。

微分反馈的特点是：在稳态时，输出量不发生变化，其微商将为零，即 $\mathrm{d}n/\mathrm{d}t = 0$，于

是 $i'=0$ ，微分反馈不起作用；当输出量随时间发生变化时，它便起反馈作用。而且输出量变化率越大，这种反馈作用越强。这意味着，微分负反馈将限制转速变化率（ dn/dt ），亦即限制调速系统的加速度。

同理，电压微分负反馈将限制电压的上升率（ du/dt ）；电流微分负反馈将限制电流上升率（ di/dt ）。微分负反馈有利于系统的稳定，因此获得广泛的应用。

由于微分负反馈只在动态过程中起作用，而在稳态时不起作用，因此又称它为软反馈。

下面以对比例环节和积分环节的反馈校正为例来说明反馈校正的作用，参见表 5-4-1。

例 5-4-1 比例环节。

（1）加上硬反馈(α)：校正前，$G(s)=K$ ；校正后，$G'(s)=K/(1+\alpha K)$ 。

上式说明，比例环节加上硬反馈后，仍为比例环节，但其增益为原先的 $1/(1+aK)$ （降低了）。这对于那些因增益过大而影响系统性能的环节，采取硬反馈校正是一种有效的方法。而且反馈可抑制反馈回环内扰动量对系统输出的影响（参见表 5-4-1 （a））。

（2）加上软反馈（ αs ）：校正前，$G(s)=K$ ；校正后，$G'(s)=K/(\alpha Ks+1)$ 。

上式表明，比例环节加上软反馈后，变成了惯性环节，其惯性时间常数 $T=\alpha K$ 。校正后的稳态增益仍为 K （未变），但动态响应却变得平缓，这对于那些希望过渡过程平稳的系统，采用微分负反馈（即软反馈校正）是一种常用的方法（参见表 5-4-1 （b））。

例 5-4-2 积分环节。

（1）加上硬反馈（ α ）：校正前，$G(s)=K/s$ ；校正后，$G'(s)=\dfrac{1/\alpha}{(1/\alpha K)s+1}$ 。

表 5-4-1 反馈校正对典型环节性能的影响

校正方式		框图	校正后的传递函数	校正效果
比例环节的反馈校正	硬反馈（a）		$\dfrac{K}{1+\alpha K}$	仍为比例环节 但放大倍数减为 $\dfrac{K}{1+\alpha K}$
	软反馈（b）		$\dfrac{K}{\alpha Ks+1}$	变为惯性环节 放大倍数仍为 K 惯性时间常数为 αK
惯性环节的反馈校正	硬反馈（c）		$\dfrac{K}{1+\alpha K+Ts}$ 或 $\dfrac{\frac{K}{1+\alpha K}}{\frac{T}{1+\alpha K}s+1}$	仍为惯性环节 但放大倍数为 $\dfrac{1}{1+\alpha K}$ 时间常数减为 $\dfrac{1}{1+\alpha K}$ 可提高系统的稳定性和快速性
	软反馈（d）		$\dfrac{K}{(T+\alpha K)s+1}$	仍为惯性环节 放大倍数不变 时间常数增加为 $T+\alpha K$

续表

校正方式		框图	校正后的传递函数	校正效果
积分环节的反馈校正	硬反馈 (e)		$\dfrac{K}{s+\alpha K}$ 或 $\dfrac{1/\alpha}{\dfrac{1}{\alpha K}s+1}$	变为惯性环节（变为有静差）但放大倍数减为 $\dfrac{1}{\alpha}$ 惯性时间常数为 $\dfrac{1}{\alpha K}$ 有利于系统的稳定性
	软反馈 (f)		$\dfrac{K/s}{1+\alpha K}$ 或 $\dfrac{\dfrac{K}{1+\alpha K}}{s}$	仍为积分环节 但放大倍数减为 $\dfrac{1}{1+\alpha K}$
典型 I 型环节的反馈校正	硬反馈 (g)		$\dfrac{K}{Ts^2+s+\alpha K}$ 或 $\dfrac{1/\beta}{\dfrac{T}{\alpha K}s^2+\dfrac{1}{\alpha K}s+1}$	系统由无静差变为有静差 放大倍数变为 $\dfrac{1}{\alpha}$ 时间常数也减小
	软反馈 (h)		$\dfrac{K}{Ts^2+s+\alpha Ks}$ 或 $\dfrac{\dfrac{K}{1+\alpha k}}{s\left(\dfrac{T}{1+\alpha K}s+1\right)}$	仍为典型 I 型系统 但放大倍数减为 $\dfrac{1}{1+\alpha K}K$ 时间常数减为 $\dfrac{1}{1+\alpha K}T$ 阻尼比为 $(1+\alpha K)\zeta$ 使系统稳定性和快速性改善，但稳态精度下降

上式表明，**积分环节加上硬反馈后变为惯性环节，这对系统的稳定性有利。但系统的稳态性能变差**（由无静差变为有静差）。凡含有积分环节的单元，被硬反馈校正包围后，单元中的积分将消失（参见表 5-4-1（e））。

（2）加上软反馈（αs）：校正前 $G(s)=K/s$；校正后，$G'(s)=\dfrac{K/(1+\alpha K)}{s}$。

上式表明，积分环节加上软反馈后仍为积分环节，但其增益为原来的 $1/(1+\alpha K)$（参见表 5-4-1（f））。

由以上四例可见，环节（或部件）经反馈校正后，不仅参数发生了变化，甚至环节（或部件）的结构和性质也可能发生改变。反馈校正对典型环节性能的影响，参见表 5-4-1。

3. 反馈校正举例

例 5-4-3 图 5-4-3（a）所示为具有位置负反馈和转速负反馈的随动系统的系统框图。图中检测电位器常数 $K_1=0.1\text{V}/(°)$，功放及电动机转速总增益 $K_2=400\text{r·min}^{-1}/\text{V}$，电动机机电时间常数 $T_m=0.2\text{s}$，电动机及齿轮箱的转速-位移常数 $K_3=0.5°/[(\text{r·min}^{-1})\text{s}]$，转速反馈系数 $\alpha=0.005\text{V}/(\text{r·min}^{-1})$，试分析增设转速负反馈（反馈校正）对系统性能的影响。

解：（1）若系统未设转速负反馈环节，由图 5-4-3（a）可见，系统的开环传递函数为：

$$G_1(s)=\frac{K_1K_2K_3}{s(T_m s+1)}=\frac{K}{s(T_m s+1)}=\frac{\omega_n^2}{s(s+2\xi\omega_n)}$$

式中　$T_m=0.2s$；

$K=K_1K_2K_3=0.1×400×0.5=20$；

$$\omega_n = \sqrt{\frac{K}{T_m}} = \sqrt{\frac{20}{0.2}} = 10$$；

$$\xi = \frac{1}{2\sqrt{T_m K}} = \frac{1}{2\sqrt{0.2×20}} = 0.25$$。

由以上分析可见，此为典型Ⅰ型系统。

由 $\sigma = e^{-\frac{\xi\pi}{\sqrt{1-\xi^2}}}$ 　　　　可得 σ=45%

由 $t_p = \dfrac{\pi}{\omega_d} = \dfrac{\pi}{\omega_n\sqrt{1-\xi^2}}$ 　　可得 t_p=0.32s

由 $t_s = \dfrac{4}{\xi\omega_n}(\sigma = 2\%)$ 　　可得 t_s=1.6s

此时系统的阶跃响应曲线如图5-4-4的曲线Ⅰ所示。

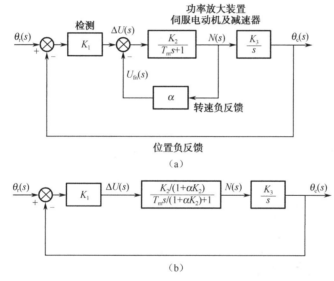

图 5-4-3　具有位置负反馈和转速负反馈的随动系统的系统框图

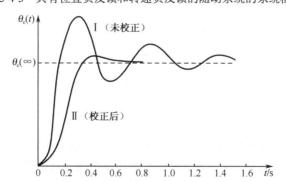

图 5-4-4　转速负反馈对随动系统动态性能的影响

（2）系统增设转速负反馈。

系统的开环增益变为 $K' = \dfrac{K}{1+\alpha K_2}$ [为原来的 $1/(1+\alpha K_2)$]。

系统中的惯性环节时间常数变为 $T'_m = \dfrac{T_m}{1+\alpha K_2}$ [为原来的 $1/(1+\alpha K_2)$]。

系统的阻尼比变为 $\xi' = (1+\alpha K_2)\xi$ [为原来的 $(1+\alpha K_2)$ 倍]。

系统的自然振荡频率 $\omega'_n = \sqrt{\dfrac{K'}{T'_m}} = \sqrt{\dfrac{K}{T_m}} = \omega_n$ （未变）

当系统增设转速负反馈环节后，系统的结构图可简化成图 5-4-3（b）。对照图 5-4-3（a）和图 5-4-3（b）不难发现，系统仍为典型 I 型系统，但校正后的系统的阶跃响应曲线如图 5-4-4 中的曲线 II 所示。由此可得出如下结论：

比较曲线 I 和 II，显然可见，**增设转速负反馈环节后，将使系统的位置超调量 σ 显著下降，调整时间 t_s 也明显减小，系统的动态性能得到了显著的改善。**

5.5　顺馈补偿举例

顺馈补偿就是在系统给定信号输入处，引入与 $R(s)$、$D(s)$ 有关的量，来做某种补偿，以降低系统误差的方法。顺馈补偿又可分为按扰动进行补偿和按输入进行补偿，通常把顺馈补偿和反馈控制结合起来的控制方式称为"复合控制"。在第 3 章中已经介绍了，这里仅通过实例进行分析。

例 5-5-1　分析如图 5-5-1 所示的水温控制系统的控制特点。

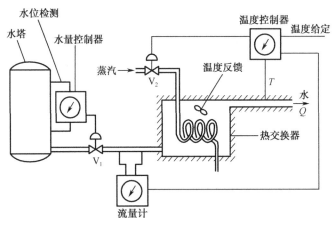

图 5-5-1　水温控制系统

在图 5-5-1 所示系统中，水塔中的水经阀门 V_1 流入热交换器，经过热蒸汽的盘管加热后，再送往用户。如今要求流出水的水温保持恒定，因此这是一个处于流动中的水流的恒温控制系统。

由图可见，此系统的控制对象为热交换器，控制水流量的阀门 V_2 为执行元件，控制单元为温度控制器，主反馈环节为温度（流水温度）负反馈。系统的组成框图如图 5-5-2 所示。

由图 5-5-2 可见，影响水温变化的主要原因是水塔水位逐渐降低，造成水流量变化（减少），而使水温波动（升高）；其次是外界温度变化，造成热交换器的散热情况不同，从而影响热交换器中的水温。因此系统的主扰动量为水流量的变化。

此控制系统为保持水温恒定，采取了三个措施：

（1）采用温度负反馈环节，由温度控制器对水温进行自动调节，若水温过高，控制器使阀门 V_2 关小，蒸汽量减少，将水温调至给定值。

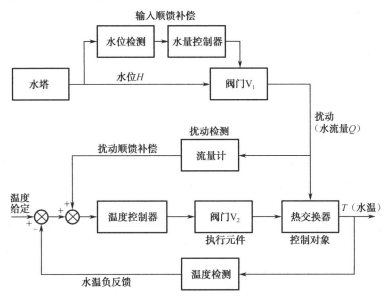

图 5-5-2 水温控制系统的组成框图

（2）由于水流量为主要扰动量，因此通过流量计测得扰动信号，并将此信号送往温度控制器的输入端，进行扰动顺馈补偿。当水流量减少时，补偿量减小，通过温度控制器使阀门 V_2 关小，蒸汽量减少，以保持水温恒定。

（3）由于水流量的变化是因水塔水位的变化（降低）而造成的，于是通过水位检测和水量控制器来调节阀门 V_1（使 V_1 开大），使水流量尽量保持不变。这里的水位检测和水量控制，实质是一种取自输入量（水位 H）对输出量（水流量 Q）的输入顺馈补偿，使水流量保持不变。

综上所述，此水温控制系统实际上由两个恒值控制系统构成。一个是含有输入顺馈补偿的水流量恒值控制系统（子系统），另一个是含有扰动顺馈补偿和水温反馈环节的复合（恒值）控制系统（主系统）。

小　　结

1. 系统校正就是在原有的系统中，有目的地增添一些装置（或部件），人为地改变系统的结构和参数，使系统的性能获得改善，以满足所要求的性能指标。

2. 系统校正可分为串联校正、反馈校正和顺馈补偿。

3. 无源校正装置的优点是结构简单，缺点是它本身没有增益，且输入阻抗低，输出阻抗高；有源校正装置的优点是本身有增益，有隔离作用（负载效应小）；且输入阻抗高，输出阻抗低，参数调整也方便。缺点是装置较复杂，且需要外加电源。

4. 比例（P）串联校正。若降低增益，可提高系统的相对稳定性（使最大超调量 σ 减小，振荡次数 N 降低），但使系统的稳态精度变差（稳态误差 e_{ss} 增加）。增大增益，则与上述结果相反。

5．比例-微分（PD）串联校正。使中、高频段 $\phi(\omega)$ 相位的滞后减少，减小了系统惯性带来的消极作用，提高了系统的相对稳定性和快速性，但削弱了系统的抗高频干扰的能力。PD 校正对系统稳态性能影响不大。

6．比例-积分（PI）串联校正。可提高系统的无静差度，从而改善了系统的稳态性能；但系统的相对稳定性变差。

7．比例-积分-微分（PID）串联校正，既可改善系统稳态性能，又能改善系统的相对稳定性和快速性，兼顾了稳态精度和稳定性的改善，因此在要求较高的系统中获得广泛的应用。

8．串联校正对系统结构、性能的改善，效果明显，校正方法直观、实用。但无法克服系统中元件（或部件）参数变化对系统性能的影响。串联校正步骤，首先保证稳态误差要求，绘制校正前对数幅频特性曲线。其次根据瞬态特性指标要求，确定中频段特性，从而可确定校正后的系统开环对数幅频特性曲线。第三步写出校正环节传递函数，并对性能指标进行校核。

9．反馈校正能改变被包围的环节的参数、性能，甚至可以改变原环节的性质。这一特点使反馈校正能用来抑制元件（或部件）参数变化和内、外部扰动对系统性能的消极影响，有时甚至可取代局部环节。由于反馈校正可能会改变被包围环节的性质，因此也可能会带来副作用，比如含有积分环节的单元被硬反馈包围后，便不再有积分的效应，因此会降低系统的无静差度，使系统稳态性能变差。

10．具有顺馈补偿和反馈环节的复合控制是减小系统误差（包括稳态误差和动态误差）的有效途径，但补偿量要适度，过量补偿会引起振荡。顺馈补偿全补偿条件如下。

扰动顺馈全补偿的条件是：$G_c(s) = -\dfrac{1}{G_1(s)}$。

输入顺馈全补偿的条件是：$G_c(s) = \dfrac{1}{G_2(s)}$。

11．合理使用 MATLAB 软件进行控制系统的校正。请参考第 9 章，对所讲述示例理解并学会操作。

习　题　5

5-1　一个单位负反馈控制系统的开环传递函数为：

$$G_K(s) = \frac{200}{s(0.1s+1)}$$

试设计一个超前校正装置使系统的相角裕量 $v(\omega_c) \geqslant 45°$，穿越频率 ω_c 不低于 $50\text{rad}/\text{s}$。

5-2　一个单位负反馈系统的开环传递函数为：

$$G_K(s) = \frac{K}{s(0.2s+1)(0.5s+1)}$$

试设计一个滞后校正装置，使其性能指标达到稳态误差小于 0.1，相角裕量 $v(\omega_c) \geqslant 45°$，幅值裕量等于 60dB（提示：选 $n=10$，$\omega_c=2$）。

5-3　控制系统的开环传递函数为：

$$G_K(s) = \frac{K}{s(0.1s+1)(0.2s+1)}$$

要求使系统的速度误差系数 $K_v = 30s^{-1}$，相角裕量 $v(\omega_c) \geq 45°$，试设计滞后-超前校正装置（提示：选 $\omega_c = 7, v = 10$）。

5-4　一个单位反馈控制系统的开环传递函数为：

$$G_K(s) = \frac{100}{s(0.1s+1)(0.0067s+1)}$$

要求满足指标 $\delta \leq 23\%, T = 0.6$ s，试设计反馈校正装置（提示：中频段选 $-2/-1/-2$ 特性，选 $n=13$）。

5-5　选择题

（1）增大系统开环增益 K 值使系统_____。

① 精度降低　　② 精度提高　　③ 稳定性提高　　④ 灵敏度提高

（2）串联校正环节 $G_c(s) = \dfrac{1+0.27s}{1+0.11s}$ 属于_____。

① 相位超前校正　② 相位滞后校正　③ 相位滞后-超前校正

（3）已知校正环节 $G_c(s) = \dfrac{Ts+1}{\alpha Ts+1}$，若作为滞后校正环节使用，则系数应为_____。

① $1 > \alpha > 0$　　② $\alpha = 0$　　③ 可任意取　　④ $\alpha > 1$

（4）如题图 5-1 所示，其中 ABC 是未加校正环节前系统的 Bode 图；GHKL 是加入某种串联校正环节后的 Bode 图。它是属于哪种串联校正，并写出校正环节的传递函数 $G_c(s)$。

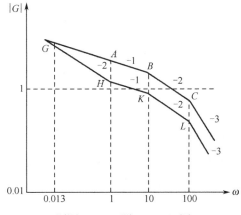

题图 5-1　习题 5-5（4）图

5-6　问答题

（1）串联校正环节 $G_c(s) = \dfrac{0.22s+1}{0.054s+1}$，它属于哪种校正？

（2）串联校正环节 $G_c(s) = \dfrac{10s+1}{100s+1}$，它属于哪种校正？

（3）反馈校正，校正后中频段特性与反馈校正环节有什么样的关系？能改善系统哪方面的性能？

第6章 步进电动机控制系统

内容提要：

本章首先详细介绍了步进电动机控制系统的组成中驱动电源两个重要的组成部分（即环形分配器及功率放大器）的原理、结构及其优缺点；通过步进电动机控制系统的组成引出了两种控制方式，即开环控制与闭环控制；接着举实例说明其在工业中的应用；最后对实际应用中步进控制系统中出现的问题进行了分析，具有很强的实际指导意义。

步进电动机是一种将电脉冲信号转变成相应的角位移或直线位移的机电执行元件。每当输入一个电脉冲时，电动机就转过一个固定的角度，这个角度称为**步距角**。脉冲一个一个地输入，电动机便一步一步地转动，其运动是步进式的，故称为步进电动机。

步进电动机的位移量与输入脉冲数严格成比例，这就不会引起误差的积累，其转速与脉冲频率和步距角有关。控制输入脉冲数量、频率及电动机各相绕组的接通次序，可以得到各种需要的运行特性，例如：脉冲数增加，直线位移或角位移就随之增加；脉冲频率高，则电动机旋转速度就高，反之则慢；分配脉冲的相序改变后，电动机便逆转。从电动机绕组所加的电源形式来看，与一般的交直流电动机也有所区别，它既不是正弦电压，也不是恒定电压，而是脉冲电压，所以有时也称这种电动机为脉冲电动机。

步进电动机是受其输入信号，即一系列的电脉冲控制而动作的。脉冲发生器所产生的电脉冲信号通过环形分配器按一定的顺序加到电动机的各相绕组上。为使电动机能够输出足够的功率，经环形分配器产生的脉冲信号还需进行功率放大。环形分配器、功率放大器以及其他控制电路组合称为步进电动机的驱动电源，它对步进电动机来说是不可缺少的部分。步进电动机、驱动电源和控制器构成步进电动机控制系统，如图 6-0-1 所示。驱动电源是将变频信号源（微机或数控装置等）送来的脉冲信号及方向信号按要求的配电方式自动地循环供给电动机各相绕组，以驱动电动机转子正反向旋转。变频信号源是可提供从几赫兹到几万赫兹连续可调频率信号的脉冲信号发生器。变频信号源可由工业控制机（PLC 或微机）产生。

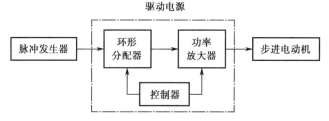

图 6-0-1 步进电动机控制系统框图

步进电动机在机械、电子、轻工、化工、邮电、文教和卫生等行业应用广泛，特别是在数控机床上获得越来越广泛的应用。例如，在数控机床中，将零件加工的要求编制成一定符号的加工指令或编成程序软件，存放在磁盘中，然后送入数控机床的控制箱，其中的微型计算机会根据磁盘中的程序，发出一定数量的电脉冲信号，步进电动机就会相应地转动，通过传动机构，带动刀架做出符合要求的动作，自动加工零件。

6.1 环形分配器

环形分配器的作用是**把输入脉冲按一定的逻辑关系转换为合适的脉冲序列，按规定的通电方式分配到各相绕组上**。环形分配器可以用硬件电路来实现，也可以由微机通过软件来实现。

经分配器输出的脉冲，其驱动功率很小，而步进电动机绕组需要较大的功率才能工作，所以分配器输出的脉冲还需进行功率放大才能驱动步进电动机，如图 6-1-1 所示。

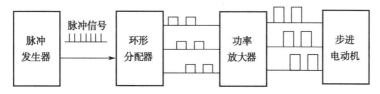

图 6-1-1 步进电动机驱动系统示意图

6.1.1 硬件环形分配器

硬件环形分配器由门电路和双稳态触发器组成的逻辑电路构成，也可由可编程逻辑器件组成，还可以使用专用的集成电路，如 CH250 等。这里重点介绍第一种。

1. 集成触发器型环形分配器

如图 6-1-2 所示为一个由 JK 触发器和与门组成的三相六拍环形分配器。3 个触发器的 Q 输出端分别经各自的功放电路与步进电动机的 A、B、C 三相绕组相连。

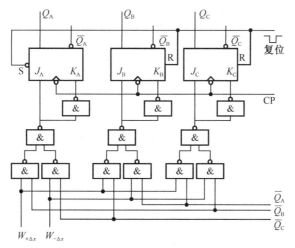

图 6-1-2 三相六拍环形分配器

图 6-1-2 所示集成触发器型环形分配器的工作原理如下：当 Q_A=1 时，A 相绕组通电；当 Q_B=1 时，B 相绕组通电；当 Q_C=1 时，C 相绕组通电。$W_{+\Delta x}$、$W_{-\Delta x}$ 是步进电动机正、反转控制信号。正转时 $W_{+\Delta x}$ = "1"，$W_{-\Delta x}$ = "0"；反转时 $W_{+\Delta x}$ = "0"，$W_{-\Delta x}$ = "1"。

据图可知，A 触发器 J_A 端的控制信号为：

$$J_A = \overline{\overline{W_{+\Delta x}\overline{Q_B}} \cdot \overline{W_{-\Delta x}\overline{Q_C}}} = W_{+\Delta x}\overline{Q_B} + W_{-\Delta x}\overline{Q_C}$$

同理可得：
$$J_B = \overline{\overline{W_{+\Delta x}\overline{Q_C}} \cdot \overline{W_{-\Delta x}\overline{Q_A}}} = W_{+\Delta x}\overline{Q_C} + W_{-\Delta x}\overline{Q_A}$$

$$J_C = \overline{\overline{W_{+\Delta x}\overline{Q_A}} \cdot \overline{W_{-\Delta x}\overline{Q_B}}} = W_{+\Delta x}\overline{Q_A} + W_{-\Delta x}\overline{Q_B}$$

各触发器 K 端控制信号为：

$$K_A = \overline{J_A} , \quad K_B = \overline{J_B} , \quad K_C = \overline{J_C}$$

假如进给脉冲到来之前，环形分配器处于复位状态 Q_A="1"，Q_B="0"，Q_C="0"，A 相通电，要求正转时，$W_{+\Delta x}$ = "1"，$W_{-\Delta x}$ = "0"。当第一个 CP 脉冲到来时，Q_A、Q_B、Q_C 与各自对应的 J 端信号一致，即 Q_A="1"，Q_B="1"，Q_C="0"，使得 A、B 两相通电；第二个 CP 脉冲到来时，Q_A="0"，Q_B="1"，Q_C="0"，B 相通电……完成一个循环共六种通电状态，见表 6-1-1。

表 6-1-1　正向环形分配器工作状态表

移位脉冲	控制信号状态			输出状态			导电绕组
	J_A	J_B	J_C	Q_A	Q_B	Q_C	
0	1	1	0	1	0	0	A
1	0	1	0	1	1	0	AB
2	0	1	1	0	1	0	B
3	0	0	1	0	1	1	BC
4	1	0	1	0	0	1	C
5	1	0	0	1	0	1	CA
6	1	1	0	1	0	0	A

正转时，相电流依次接通的顺序为 A—AB—B—BC—C—CA—A；同理可知反转时，依次接通 A—AC—C—CB—B—BA—A。

2. 环形分配器集成芯片

环形脉冲分配器专用集成芯片的种类很多，如用于控制三相或四相步进电动机的 PMM8713 芯片，控制五相步进电动机的 PMM8714 芯片。CH250 芯片是专为三相反应式步进电动机设计的环形分配器，如图 6-1-3 所示为 CH250 三相六拍接线图。表 6-1-2 为 CH250 的状态表。

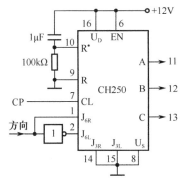

图 6-1-3　CH250 三相六拍接线图

表 6-1-2 CH250 的状态表

R	R*	CL	EN	J_{3R}	J_{3L}	J_{6R}	J_{6L}	功　能
0	0	↑	1	1	0	0	0	双三拍正转
		↑	1	0	1	0	0	双三拍反转
		↑	1	0	0	1	0	单双六拍正转
		↑	1	0	0	0	1	单双六拍反转
		0	↓	1	0	0	0	双三拍正转
		0	↓	0	1	0	0	双三拍反转
		0	↓	0	0	1	0	单双六拍正转
		0	↓	0	0	0	1	单双六拍反转
		↓	1	×	×	×	×	锁定
		×	0	×	×	×	×	
		0	↑	×	×	×	×	
		1	×	×	×	×	×	
1	0	×	×	×	×	×	×	A=1，B=0，C=0
0	1	×	×	×	×	×	×	A=1，B=1，C=0

CH250 主要端子的作用如下：

A、B、C——三相励磁信号输出端。

R、R*——确定初始励磁相，R=0、R*=1 时，A、B、C 的初始励磁相为 1、1、0；R=1、R*=0 时，A、B、C 的初始励磁相为 1、0、0；R=0、R*=0 时，环形分配器工作。

CL、EN——进给脉冲输入端，若 EN=1，则进给脉冲接 CL，脉冲上升沿使环形脉冲分配器工作；若 CL=0，则进给脉冲接 EN，脉冲下降沿使环形脉冲分配器工作。不符合上述规定则环形分配器状态锁定（保持不变）。

J_{3R}、J_{3L}——分别为控制三相双三拍正、反转的控制端。

J_{6R}、J_{6L}——分别为控制三相单双六拍正、反转的控制端。

U_S、U_D——电源端。

3. EPROM 在环形分配器中的应用

EPROM 设计的环形分配器，用一种电路可实现多种通电方式的分配，硬件电路不变动，只需改变软件内存储区的地址。图 6-1-4 所示为含有 EPROM 的环形分配器，根据驱动要求，求出环形分配器的输出状态表，以二进制码的形式依次存入 EPROM 中，在电路中只要依照地址的正向或反向顺序依次取出地址的内容，即可实现正向、反向通电的顺序。

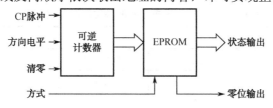

图 6-1-4 含有 EPROM 的环形分配器

6.1.2 软件环形分配器

环形分配器除了采用集成电路实现以外，在采用微型计算机控制步进电动机时，也可用软件程序实现。如图 6-1-5 所示为由 MCS-51 单片机扩展系统构成的控制电路，可代替硬件环形分配器，产生步进电动机运行所需要的工作脉冲。

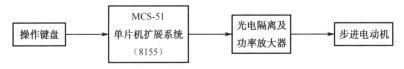

图 6-1-5 软件环形分配器

不同种类、不同相数、不同分配方式的步进电动机都必须有不同的环形分配器，可见所需环形分配器的品种很多。一个硬件环形分配器只能适应相数相同的步进电动机，而软件环形分配器只要编制不同的软件环形分配程序，将其存入程序存储器中，调用不同的程序段就可控制不同相数的步进电动机按不同的方式工作。

用软件进行环形分配时，采用不同的计算机和接口器件就可得到不同的分配形式。

下面以三相步进电动机为例，阐述其控制方法。表 6-1-3 所示为三相步进电动机常见的几种工作方式。

表 6-1-3 三相步进电动机常见的几种工作方式

工作方式	旋转方向	通电顺序
三相单三拍	正转	A—B—C—A……
	反转	A—C—B—A……
三相双三拍	正转	AB—BC—CA—AB……
	反转	AB—CA—BC—AB……
三相单双六拍	正转	A—AB—B—BC—C—CA—A……
	反转	A—CA—C—BC—B—AB—A……

1. 输出接口

单片机的一位输出口控制步进电动机的某一相绕组，例如，可以用 8155 的 PC0、PC1、PC2 分别控制三相步进电动机的 A 相、B 相和 C 相绕组。

根据控制方式规定的顺序向步进电动机发送脉冲序列，即可控制步进电动机的旋转方向。

2. 建立环形分配表

不同的工作方式对应有不同的环形分配表，表 6-1-4 所示为三相步进电动机的各种环形分配表。将不同通电方式所对应的环形分配表分别存放在不同的存储区内。

表 6-1-4 三相步进电动机的各种环形分配表

三相单三拍		三相双三拍		三相单双六拍	
通电相	输出数据	通电相	输出数据	通电相	输出数据
A	01H	AB	03H	A	01H
B	02H	BC	06H	AB	03 H

续表

三相单三拍		三相双三拍		三相单双六拍	
通电相	输出数据	通电相	输出数据	通电相	输出数据
C	04H	CA	05H	B	02 H
				BC	06 H
				C	04 H
				CA	05 H

3. 控制程序

步进电动机控制程序的主要任务是：判断电动机的旋转方向，输出响应的控制脉冲序列，判断要求的脉冲信号是否输出完毕。也就是说，控制程序首先要判断电动机的旋转方向，再根据旋转方向选择响应的控制模型，然后按要求输出控制脉冲序列。根据步进电动机的工作原理和控制方式，可以很容易地设计出步进电动机的控制程序。

下面以三相单三拍为例说明步进电动机控制程序的设计。假设要求的步数为 N，电动机旋转的方向标志存储单元 FLAG=1 时，表示正转，FLAG=0 时，表示反转。模型 01H、02H、04H 存放在以 RM 为起始地址的内存单元中；反转时只需反向读取模型。三相单三拍环形分配控制程序流程图如图 6-1-6 所示。

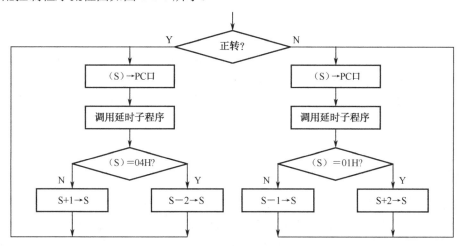

图 6-1-6 三相单三拍环形分配控制程序流程图

6.2 步进电动机控制系统

6.2.1 步进电动机驱动电源的功率放大电路

由于从环形分配器来的脉冲电流只有几毫安，而步进电动机的定子绕组需要很大的电流（一般为 1~10A）才足以驱动步进电动机旋转。因此需要功率放大器进行功率放大，驱动电源放大电路就是脉冲功率放大电路。功率放大器直接驱动电动机的控制绕组。驱动电路的核心问题是如何提高步进电动机的快速性和平稳性。

对步进电动机驱动电路主要有如下要求：

（1）能够提供快速上升和快速下降的电流，使电流波形接近矩形；

（2）具有供截止期间释放电流的回路，以降低相绕组两端的反电动势，加快电流衰减；

（3）功耗尽量低，效率要高。

目前步进电动机的驱动电路主要有以下几种。

1. 单电压驱动电源放大电路

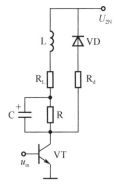

步进电动机的单电压驱动电源放大电路如图 6-2-1 所示，晶体管 VT 可认为是一个无触点开关，它的理想工作状态应使电流流过绕组，其波形尽可能接近矩形波。但由于电感线圈中的电流不能突变，在接通电源后绕组中的电流按指数规律上升，其时间常数 $\tau=L/r$（L 为绕组电感，r 为绕组电阻），需要经过 3τ 时间后才能达到稳定电流。由于步进电动机绕组本身的电阻很小（r 为零点几欧），所以时间常数 τ 很大，从而严重影响电动机的启动频率。为了减小时间常数 τ，在励磁绕组中串接电阻 R，这样时间常数 $\tau=L/(r+R)$ 就大大减小，缩短了绕组中电流上升的过渡过程时间，从而提高了工作速度。

图 6-2-1　单电压驱动电源放大电路

在电阻 R 两端并联电容 C，是由于电容上的电压不能突变，在绕组由截止到导通的瞬间，电源电压全部降落在绕组上，使电流上升更快。所以，电容 C 又称为加速电容。

二极管 VD 在晶体管 VT 截止时起续流和保护作用，以防止晶体管截止瞬间绕组产生的反电动势造成管子击穿。串联电阻 R_d 使电流下降更快，从而使绕组电流波形后沿变陡。

这种电路的缺点是 R 上有功率消耗，为了提高快速性，需加大 R 的阻值，随着阻值的增加，电源电动势必提高，功率消耗进一步加大。因此，单电压驱动电路的实际使用很少。

2. 双电压驱动电源放大电路

这种电路的特点是电动机绕组主电路中采用高压和低压两种电压供电，一般高压为低压的数倍。其基本思想是：不论电动机工作频率如何，在导通相的前沿用高电压供电来提高电流的前沿上升率，而在前沿过后用低压来维持绕组的电流。如图 6-2-2 所示，在 $t_1 \sim t_2$ 时间内，VT_1 和 VT_2 均饱和导通，高电压源+80V 经 R 加到步进电动机绕组 L 上，使其电流迅速上升。当时间到达 t_2 时，或电流迅速上升到某一数值时，U_{b2} 变为低电平，VT_2 管截止，电动机绕组上的电流由低压源+12V 经 VT_1 管来维持，此时，电动机绕组上的电流下降到电动机额定电流。直到 t_3 时，U_{b1} 也为低电平，VT_1 管截止，电流下降到零。一般电压 U_{b1} 由脉冲分配器经几级电流放大器获得；电压 U_{b2} 由单稳态定时或定流装置再经脉冲变压器获得。

双电压驱动电路对绕组的电流比单电压驱动电路的波形好，有十分明显的高速率的上升沿和下降沿。所以，高频特性好，电源效率也较高。它的不足之处是：高压产生的电流上冲作用在低频工作时会使输入能量过大，引起电动机的低频振荡加重。另外，在高、低压衔接处的电流有谷点、不够平滑，影响电动机运动的平稳性。

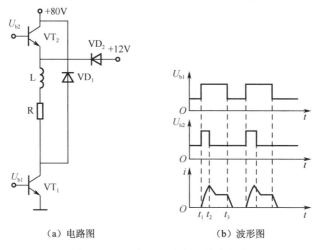

（a）电路图 （b）波形图

图 6-2-2 双电压驱动电源放大电路

3. 恒流驱动电路

高低压驱动电路的电流的波顶会出现凹形，而斩波恒流功放电路是利用斩波方法将电流恒定在额定值附近。

斩波恒流驱动电路的原理图和电流波形如图 6-2-3 所示。它的工作原理是：环形分配器输出的脉冲作为输入信号，若为正脉冲，则 VT_1 和 VT_2 导通。由于 U_1 电压较高，绕组回路又没有电阻，所以绕组中的电流迅速上升。当绕组中的电流上升到额定值以上某个数值时，由于采样电阻 R_e 的反馈作用，经整形、放大后电流送至 VT_1 的基极，使 VT_1 截止。接着绕组由 U_2 低压供电，绕组中的电流立即下降，但刚降至额定值以下时，由于采样电阻 R_e 的反馈作用，整形电路无信号输出，此时高压前置放大电路又使 VT_1 导通，电流又上升。如此反复进行，形成一个在额定电流值上下波动、呈锯齿状的电流波形，近似恒流，所以斩波电路也称为斩波恒流驱动电路。锯齿波的频率可通过采样电阻 R_e 和整形电路的电位器来调整。

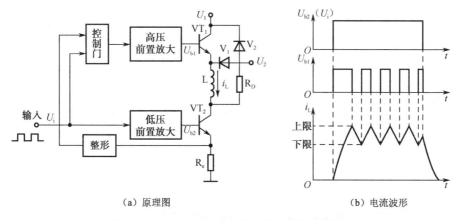

（a）原理图 （b）电流波形

图 6-2-3 斩波恒流驱动电路的原理图和电流波形

图 6-2-4 所示是 H 桥恒频斩波恒流驱动电路原理框图。恒流控制的基本思想是通过控制主电路中 MOSFET 的导通时间，即调节 MOSFET 触发信号的脉冲宽度，来达到控制输出驱动电压进而控制电动机绕组电流的目的。

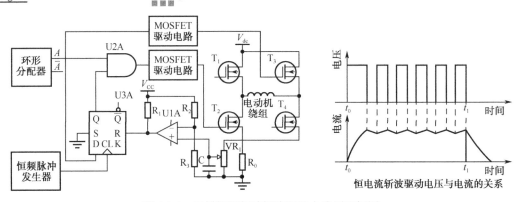

图 6-2-4 H桥恒频斩波恒流驱动电路原理框图

还有一种调频调压的控制方法，即在低频时工作在低压状态，减少能量的流入，从而抑制了振荡；在高频时工作在高压状态，电动机将有足够的驱动能力，可由单片微机组成。

4. 步距角的细分驱动

在以上的驱动中，步距角的大小只有两种，即整步工作和半步工作，步距角已经由步进电动机的结构所限定。但在实际中为了提高数控设备等生产过程的控制精度，应减小脉冲当量δ。这可采用如下方法来实现：

（1）减小步进电动机的步距角；

（2）加大步进电动机与传动丝杠间齿轮的传动比和减小传动丝杠的螺距；

（3）将步进电动机的步距角进行细分。

前两种方法受机械结构及制造工艺的限制，实现起来比较困难，当系统构成后就难以改变。目前常采用步距角细分的方法，其基本思想是：在每次输入脉冲切换时，不是将额定电流全部通入相应绕组或一次切除，而是只改变相应绕组中额定电流的一部分，则步进电动机转子的每步运动也只有步距角的一部分。这里绕组电流不是一个方波，而是阶梯波；额定电流是台阶式的投入或切除；电流分成多少个台阶，则转子就以同样的个数转过一个步距角。这样将一个步距角细分成若干个步的驱动称为细分驱动，有时也叫"微步距控制"。

1）步距角细分的基本原理

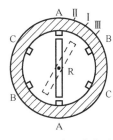

图 6-2-5 步距角细分
示意图

以三相单双六拍步进电动机为例，其步距角细分示意图如图 6-2-5 所示。当步进电动机 A 相通电时，转子停在位置 A，当由 A 相通电转为 A、B 两相通电时，转子转过 30°，停在 A 与 B 之间的位置Ⅰ。若由 A 相通电转为 A、B 两相绕组通电，B 相绕组中的电流不是由零一次上升到额定值，而是先达到额定值的二分之一。由于转矩 T 与流过绕组的电流 I 成线性关系，转子将不是顺时针转过 30°，而是转过 15°停在位置 Ⅱ。同理，当由 A、B 两相通电变为只有 B 相通电时，A 相电流也不是突然一次下降为零，而是先降到额定值的二分之一，转子将不是停在位置 B 而是停在位置Ⅲ，这就将精度提高了一倍。分级越多，精度越高。

2）步距角细分的控制

所谓细分电路，就是在控制电路上采取一定措施把步进电动机的每一步分得细一些。可以用硬件（集成环形分配器芯片可构成细分电路），也可由微机通过软件来实现步距角的细分。细分的常用方法是用阶梯波控制。如图 6-2-6 所示距就是细分后电动机每相电流波形。

采用细分驱动技术可以大大提高步进电动机的步距分辨率，减小转矩波动，避免低频共振及降低运行噪声。

目前，利用单片机数字信号处理技术和 D/A 转换控制技术产生步进电动机运行所需的 PWM 细分控制信号，再对各相绕组电流通过 PWM 控制，就可按规律改变其幅值的大小和方向，从而将步进电动机一个整步均匀分为若干个更细的微步。每个微步距可能是原来基本步距的数十分之一其至

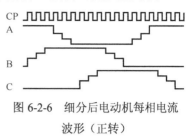

图 6-2-6 细分后电动机每相电流
波形（正转）

数百分之一。PWM 细分能明显提高步进电动机的步距角分辨率和运行平稳性，提高步进电动机动态、静态输出转矩和矩频特性，使步进电动机在高级控制系统中获得更大的竞争力。目前国内外的驱动电源模块很多，如美国精密工业公司（American Precision Industries）制造的高功率微分步进驱动器的分辨率就可做到 50000 步/r，达到很高的精度。

6.2.2 步进电动机控制系统组成

1. 步进电动机的开环控制

步进电动机可以实现直接数字控制，在开环系统中可以达到高精度的定位和调速，位置误差不会积累。因此，步进电动机是开环数控的理想执行元件，在数控机床、计算机外部设备（如打印机、绘图仪、磁盘驱动器等）、自动记录仪表及过程控制系统等方面获得了广泛应用。

步进电动机开环控制系统的组成包括控制器、环形分配器、功率放大器、步进电动机及传动装置等，如图 6-2-7 所示。

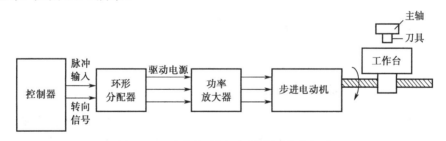

图 6-2-7 步进电动机开环控制系统的组成

在开环控制系统中，步进电动机的旋转速度取决于指令脉冲的频率。也就是说，控制步进电动机的运行速度，实际上就是控制系统发出脉冲的频率或者换相的周期。

2. 步进电动机的闭环控制

开环控制的步进电动机控制系统，其输入的脉冲不依赖于转子的位置，而是事先按一定的规律给定的。其缺点是电动机的输出转矩加速度很大程度上取决于驱动电源和控制方式。因此，提高步进电动机的性能指标受到限制。另外，对于高精度的控制系统，采用开环控制往往满足不了精度的要求。所以，必须在控制回路中增加反馈环节，构成闭环控制系统。

闭环控制是直接或间接地检测转子的位置和速度，然后通过反馈和适当的处理，自动给出驱动的脉冲串。采用闭环控制，不仅可以获得更加精确的位置控制和高很多、平稳得多的转速，而且可以在步进电动机的许多领域内获得更大的通用性。它与开环系统相比多了一个

由位置传感器组成的反馈环节，图 6-2-8 所示是步进电动机矢量控制位置伺服系统框图。图 6-2-9 所示为系统硬件结构原理图。

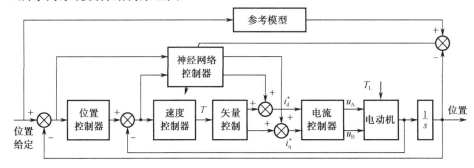

图 6-2-8 步进电动机矢量控制位置伺服系统框图

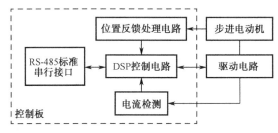

图 6-2-9 系统硬件结构原理图

　　闭环控制系统的精度与步进电动机有关，但主要取决于位置传感器的精度。在数字位置随动系统中，为了提高系统的工作速度和稳定性，还设有速度反馈内环。

6.3 步进电动机控制系统的应用

6.3.1 步进电动机控制系统的应用

　　步进电动机应用十分广泛，如机械加工、绘图机、机器人、计算机的外部设备、自动记录仪表等。它主要用于工作难度大、要求速度快、精度高的场合，电力电子技术和微电子技术的发展为步进电动机的应用开辟了广阔的前景。

1. 步进电动机驱动系统在数控铣床中的应用

　　在进给伺服系统中，步进电动机需要完成两项任务：一是传递力矩，它应克服机床工作台与导轨间的摩擦力及切削阻力等负载转矩，通过滚珠丝杠带动工作台，按指令要求快速进退或切削加工；另外是传递信息，即根据指令要求精确定位，接收一个脉冲，步进电动机就转动一个固定的角度，经过传动机构工作台，使之按规定方向移动一个脉冲当量的位移。因此指令脉冲总数也就决定了机床的总位移量，而指令脉冲的频率决定了工作台的移动速度。每台步进电动机可驱动一个坐标的伺服机构，利用两个或三个坐标轴联动就能加工出一定的几何图形来。图 6-3-1 所示为数控铣床的工作原理示意图。

　　将事先编制的系统软件固化在微机的存储器中，加工程序通过键盘或磁带机输入 RAM区，经系统软件进行编辑处理后输出一个系列脉冲，再经光电隔离、功率放大后去驱动各坐标轴（*x*、*y*、*z* 方向）的步进电动机，完成对位置、轨迹和速度的控制，只要能编制控制程序，不管工作的形状多么复杂都能把它加工出来。

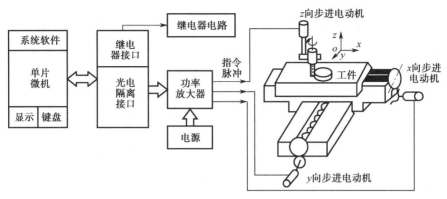

图 6-3-1 数控铣床的工作原理示意图

这种微机控制系统没有位置检测反馈装置，是一个开环系统。这种系统简单可靠、成本低，易于调整和维护，但精度不高。

2. 步进电动机闭环控制在挤压机速度系统中的应用

目前市场对挤压制品的外观质量和内在质量提出了越来越高的要求，而航空、航天、军工等所需的高精密型材料对挤压设备提出了更高的要求。影响产品质量最重要的因素是挤压速度。根据挤压材料、断面形状挤压比等，对挤压速度的要求有时为 0.12～300mm/s，调速比在 100 倍以上，且要求无级调速。采用步进电动机速度/位置综合控制伺服系统可有效地满足上述要求。该系统的组成如图 6-3-2 所示，原理框图如图 6-3-3 所示。

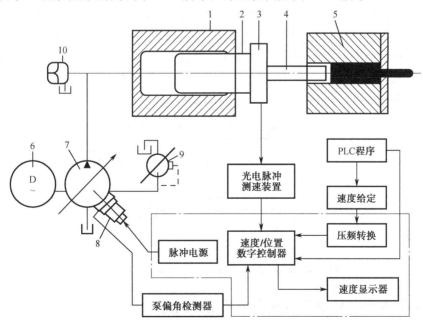

1—主缸；2—主柱缸；3—动梁；4—挤压杆；5—挤压筒；6—主轴电动机；

7—变量油泵；8—液压变量控制器；9—恒压油源；10—系统控制阀门

图 6-3-2 挤压机速度调节系统组成

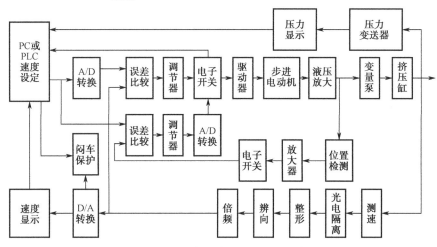

图 6-3-3 挤压机速度闭环控制原理框图

从系统组成及原理图可以看出，输入的脉冲转换成电动机转角，驱动同轴的螺旋随动阀芯，从而得到了对相应变量活塞行程的控制。速度/位置综合控制的双闭环系统按照挤压机的高低速工艺要求进行控制，使速度调节误差最小。

3. 用步进电动机驱动的筛选微型电阻的半自动装置

如图 6-3-4 所示为利用激光加热导电炭糊，以筛选微型电阻的半自动装置工作框图。微型电阻 R 放在工作台上。工作台由两台步进电动机控制 x 轴和 y 轴两个方向的移动。步进电动机根据程序来确定工作台和激光光源中心线的相对位置。由微机发出的信号经比较器、控制装置及驱动电源送至步进电动机，使步进电动机转动，并经过减速机构带动工作台移动。工作台的位置指示器旋转同时产生一个信号，经译码器反馈到比较器。在比较器中，现有的工作台的坐标值与程序预先确定的坐标值进行比较，从而产生差值信号，用以修正电动机的运动。当工作台达到所需要的位置时，其坐标值和程序规定坐标值相等，差值信号为零，工作台立即停止移动。这时控制装置对激光控制装置发出指令，激光控制装置将使激光光源接通，并开始对微型电阻 R 进行炭糊加热。

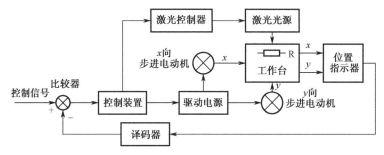

图 6-3-4 筛选微型电阻的半自动装置工作框图

6.3.2 步进电动机控制系统使用中的常见问题

1. 什么是步进电动机？在何种情况下该使用步进电动机？

步进电动机是一种将电脉冲转化为角位移的执行机构。通俗一点讲：当步进电动机驱动器接收到一个脉冲信号，它就驱动步进电动机按设定的方向转动一个固定的角度（即步进角）。

可以通过控制脉冲个数来控制角位移量，从而达到准确定位的目的；同时也可以通过控制脉冲频率来控制电动机转动的速度和加速度，从而达调速的目的。因此在需要准确定位或调速控制时均可考虑使用步进电动机。

2. 步进电动机分哪几种？有什么区别？

步进电动机分三种：永磁式（PM）、反应式（VR）和混合式（HB）。

永磁式步进电动机一般为两相，转矩和体积较小，步进角一般为 7.5°或 15°；

反应式步进电动机一般为三相，可实现大转矩输出，步进角一般为 1.5°，但噪声和振动都很大。在欧美等发达国家 20 世纪 80 年代已被淘汰。

混合式步进电动机是指混合了永磁式和反应式的优点。它又分为两相、四相和五相：两相步进角一般为 1.8°，而五相步进角一般为 0.72°。这种步进电动机的应用最为广泛。

3. 什么是保持转矩（HOLDING TORQUE）？

保持转矩是指步进电动机通电但没有转动时，定子锁住转子的力矩。它是步进电动机最重要的参数之一，通常步进电动机在低速时的力矩接近保持转矩。保持转矩越大则电动机带负载能力越强。由于步进电动机的输出力矩随速度的增大而不断衰减，输出功率也随速度的增大而变化，所以保持转矩就成为了衡量步进电动机重要的参数之一。例如，当人们说 2N·m 的步进电动机，在没有特殊说明的情况下是指保持转矩为 2N·m 的步进电动机。

4. 步进电动机的驱动方式有几种？

一般来说，步进电动机有恒压、恒流驱动两种驱动方式，恒压驱动已经淘汰，目前普遍使用恒流驱动。

5. 步进电动机精度为多少？是否累积？

一般步进电动机的精度为步进角的 3%～5%。步进电动机单步的偏差并不会影响到下一步的精度，因此步进电动机精度不累积。

6. 步进电动机的外表温度允许达到多少？

步进电动机温度过高首先会使电动机的磁性材料退磁，从而导致力矩下降甚至丢失。因此电动机外表允许的最高温度应取决于不同电动机磁性材料的退磁点；一般来说，磁性材料的退磁点都在 130℃以上，因此步进电动机外表温度在 80～90℃完全正常。

7. 为什么步进电动机的力矩会随转速升高而下降？

当步进电动机转动时，电动机各相绕组的电感将形成一个反向电动势；频率越高，反向电动势越大。在它的作用下，电动机随频率（或速度）的增大而相电流减小，从而导致力矩下降。

8. 为什么步进电动机低速时可以正常运转，但若高于一定速度就无法启动，并伴有啸叫声？

步进电动机有一个技术参数：空载启动频率，即步进电动机在空载情况下能够正常启动的脉冲频率，如果脉冲频率高于该值，电动机不能正常启动，可能发生丢步或堵转。在有负载的情况下，启动频率应更低。如果要使电动机达到高速转动，脉冲频率应该有加速过程，即启动频率较低，然后按一定加速度升到所希望的高频（电动机转速从低速升到高速）。建议空载启动频率选定为电动机运转一圈所需脉冲数的 2 倍。

9. 如何克服两相混合式步进电动机在低速运转时的振动和噪声？

步进电动机低速转动时振动和噪声大是其固有的缺点，一般可采用以下方案来克服：
（1）如步进电动机正好工作在共振区，可通过改变减速比提高步进电动机运行速度。
（2）采用带有细分功能的驱动器，这是最常用、最简便的方法。因为细分型驱动器电动机的相电流变流较半步型平缓。
（3）换成步距角更小的步进电动机，如三相或五相步进电动机、或两相细分型步进电动机。
（4）换成直流或交流伺服电动机，几乎可以完全克服振动和噪声，但成本较高。
（5）在电动机轴上加磁性阻尼器，市场上已有这种产品，但机械结构改变较大。

10. 细分驱动器的细分数是否能代表精度？

步进电动机的细分技术实质上是一种电子阻尼技术（请参考有关文献），其主要目的是减弱或消除步进电动机的低频振动，提高电动机的运转精度只是细分技术的一个附带功能。比如对于步进角为 1.8° 的两相混合式步进电动机，如果细分驱动器的细分数设置为 4，那么电动机的运转分辨率为每个脉冲 0.45°，电动机的精度能否达到或接近 0.45°，还取决于细分驱动器的细分电流控制精度等其他因素。不同厂家的细分驱动器精度可能差别很大，细分数越大，精度越难控制。

11. 四相混合式步进电动机与驱动器的串联接法和并联接法有什么区别？

四相混合式步进电动机一般由两相驱动器来驱动，因此，连接时可以采用串联接法或并联接法将四相电动机接成两相使用。串联接法一般在电动机转速较低的场合使用。此时需要的驱动器输出电流为电动机相电流的 0.7 倍，因而电动机发热小；并联接法一般在电动机转速较高的场合使用（又称高速接法），所需要的驱动器输出电流为电动机相电流的 1.4 倍，因而电动机发热较大。

12. 如何确定步进电动机驱动器直流供电电源？

（1）供电电源电压的确定。
混合式步进电动机驱动器的供电电源电压一般有一个较宽的范围，电源电压通常根据电动机的工作转速和响应要求来选择。如果电动机工作转速较高或响应要求较快，那么电压取值也高，但注意电源电压的纹波不能超过驱动器的最大输入电压，否则可能损坏驱动器。如果电动机工作转速较低，则可以考虑电源电压选取较低值。

（2）供电电源输出电流的确定。

供电电源电流一般根据驱动器的输出相电流 I 来确定。如果采用线性电源，电源电流一般可取 I 的 1.1～1.3 倍；如果采用开关电源，电源电流一般可取 I 的 1.5～2.0 倍。如果一个供电电源同时给几个驱动器供电，则应考虑供电电源的电流应适当加倍。

13. 混合式步进电动机驱动器的使能信号 En 一般在什么情况下使用？

当使能信号 En 为低电平时，驱动器输出到电动机的电流被切断，电动机转子处于自由状态（脱机状态）。在有些自动化设备中，如果在驱动器不断电的情况下要求手动直接转动电动机轴，就可以将 En 置低，使电动机脱机，进行手动操作或调节。手动完成后，再将 En 信号置高，以继续自动控制。

14. 如何用简单的方法调整两相步进电动机通电后的转动方向？

只需将电动机与驱动器接线的 A+和 A-（或者 B+和 B-）对调即可。

用户在使用过程中会遇到一些常见问题，如表 6-3-1 所示就是使用过程中常见问题及原因分析。

表 6-3-1 使用过程中常见问题及原因分析

现 象	可能问题	解决措施
电动机不转	电源灯不亮	检查供电电路，正常供电
	电动机轴无力	脉冲信号弱，信号电流加大至 7～16mA
	细分太小	选对细分
	电流设定是否太小	选对电流
	驱动器已保护	重新上电
	使能信号为低	此信号拉高或不接
	对控制信号不反应	未上电
电动机转向错误	电动机线接错	任意交换电机同一相的两根线（如 A+、A-交换接线位置）
	电动机线有断路	检查并接对
报警指示灯亮	电动机线接错	检查接线
	电压过高或过低	检查电源
	电动机或驱动器损坏	更换电动机或驱动器
位置不准	信号受干扰	排除干扰
	屏蔽地未接或未接好	可靠接地
	电动机线有断路	检查并接对
	细分错误	设对细分
	电流偏小	加大电流
电动机加速时堵转	加速时间太短	加速时间加长
	电动机扭矩太小	选大扭矩电动机
	电压偏低或电流太小	适当提高电压或电流

小　结

步进电动机是将控制脉冲信号变换为角位移或直线位移的一种微特电动机。输出的角位移或线位移量与脉冲数成正比，转速与脉冲的频率成正比，转向取决于控制绕组中的通电顺序。

步进电动机的运行特性与使用的驱动电源（驱动器）有密切关系。驱动电源由环形分配器、功率放大器等组成。

步进电动机系统有开环和闭环两种控制方式，开环系统因为结构简单、成本低，应用较多；闭环系统通常用于高精度的场合。

习　题　6

6-1 步进电动机环形分配器由什么确定？如何进行设计？

6-2 试写出三相六拍环形分配器的反向环形工作状态表。

6-3 步进电动机的驱动电路主要有哪几种？各有什么特点？

6-4 步进电动机开环控制与闭环控制各有什么特点？各用在什么场合？

第7章 直流调速控制系统

内容提要：

本章主要通过介绍转速负反馈（单闭环）晶闸管直流调速系统、转速和电流双闭环直流调速系统以及 PWM 双闭环直流调速系统的原理、组成结构，来分析与设计仿真自动控制系统的一般方法（其中包括系统的组成、系统框图的建立、结构特点的分析、系统的自动调节过程、系统可能达到的技术性能和性能指标的计算）。

7.1 转速负反馈晶闸管直流调速系统

7.1.1 系统的组成

如图 7-1-1 所示为具有转速负反馈和电流截止负反馈环节的直流调速系统原理图。

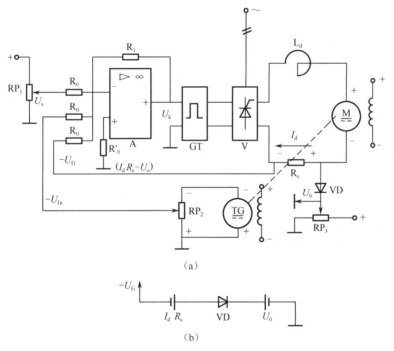

（a）

（b）

图 7-1-1　具有转速负反馈和电流截止负反馈环节的直流调速系统原理图

由图可见，该系统的控制对象是直流电动机 M，被调量是电动机的转速 n，晶闸管触发电路和整流电路为功率放大和执行环节，由运算放大器构成的比例调节器为电压放大和电压（综合）比较环节，电位器 RP_1 为给定元件，测速发电机 TG 与电位器 RP_2 为转速检测元件，此外还有由取样电阻 R_c、二极管 VD 和电位器 RP_3 构成的电流截止负反馈环节。该调速系统的组成框图如图 7-1-2 所示。

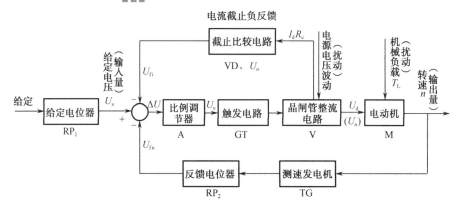

图 7-1-2　具有转速负反馈和电流截止负反馈的直流调速系统组成框图

1. 直流电动机（Direct Current Motor）

直流电动机的物理关系式、微分方程、系统框图及自动调节过程在第 2 章 2.2 节中均做了分析。这里不做详细分析。

2. 晶闸管整流电路（Thyristor Rectifier）

采用晶闸管整流电路需要注意如下几个问题。

（1）晶闸管元件的过载能力很小，因此选定元件的电流、电压规格时，至少加大一倍以上的容量，而且要加散热片，以防温升过高，损坏元件。

（2）因交流侧电流中含有较多的谐波成分（Harmonic Content），对电网（line）（AC Supply）产生不利影响。因此在大、中功率整流电路的交流侧，大多采用交流电抗器（串接电抗器，Series Reactor）或通过整流变压器（Rectifier Transformer）供电，以抑制谐波分量（Harmonic Component）。

（3）晶闸管元件的过载能力很小，因此不仅要限制过电流（Overcurrent）和反向过电压（Reverse Overvoltage），而且还要限制电压上升率（Rate of Rise of Voltage）（dv/dt）和电流上升率（di/dt）。所以晶闸管整流电路设有许多保护环节，如快速熔丝、过电流继电器、阻容吸收电路、硒堆或压敏电阻等过电流与过电压保护装置。

（4）晶闸管整流装置的输出特性如图 7-1-3（a）所示。图中 I_d 为整流平均电流，U_d 为整流输出平均电压。

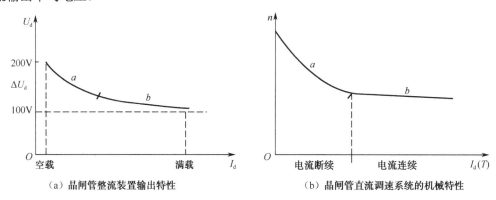

（a）晶闸管整流装置输出特性　　　（b）晶闸管直流调速系统的机械特性

图 7-1-3　晶闸管整流装置的输出特性与调速机械特性

当输出电流较大、电流为连续时，其输出特性近似为直线（如曲线 b 段所示）。而且线段比较平坦，这意味着整流装置的电压降较小，装置的等效内阻也较小。

当输出电流较小、电流为断续时，其输出特性变为很陡的曲线（如曲线 a 段所示）。此线段较陡意味着电压降落较大，等效内阻显著增加。

（5）由于晶闸管整流装置的上述特性，使得晶闸管整流装置供电的直流电动机的机械特性如图 7-1-3（b）所示。其中 b 段为电流连续时的特性，其特性较硬。a 段为电流断续时的特性，其特性很软。这样从总体上看，机械特性很软，一般满足不了对调速系统的要求，因此需要增设反馈环节，以改善系统的机械特性。

（6）晶闸管整流电路的调节特性为输出的平均电压 U_d 与触发电路的控制电压 U_c 之间的关系，即 $U_d = f(U_c)$。图 7-1-4 为晶闸管整流装置的调节特性。由图可见，它既有死区，又会饱和（当全导通以后，U_c 再增加，U_d 也不会再上升了），且低压段还有弯曲段。面对这非线性特性，常用的办法是将它"看作"一条直线，即处理成 $U_d = K U_c$。其比例系数 K 的取值有两种方法：①对动态特性，可取其动态工作区的线性段（Q 段）的比例系数，即 $K = \Delta U_d / \Delta U_c$；②对稳态特性，则取额定范围内的平均值，即 $K = U_{dN} / U_{cN}$（U_{dN} 为 U_d 额定值，U_{cN} 为 U_c 额定值），如图 7-1-4 中的 P 直虚线所示。

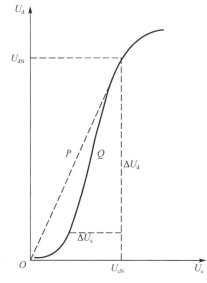

图 7-1-4　晶闸管整流装置的调节特性

若再考虑到控制电压 U_c 改变后，晶闸管要等到下一个周期开始后，导通角才会改变，因而会出现 τ_0 的延迟（三相桥式 $\tau_0 = 1.7\text{ms}$，单相全波 $\tau_0 = 5\text{ms}$）。这样晶闸管整流装置的传递函数为：

$$\frac{U_d(s)}{U_c(s)} = K e^{-\tau_0 s} \approx \frac{K}{\tau_0 s + 1} \approx K \qquad (7\text{-}1\text{-}1)$$

若控制电压 $U_c = 10\text{V}$ 时，对应输出的平均电压 $U_d = 440\text{V}$（采用 440V 直流电动机），则 $K = 440\text{V}/10\text{V} = 44$。

3. 放大电路（Amplifier）

此处采用的是由运放器组成的比例调节器。其放大倍数为 R_1 / R_0，在其输入端有三个输入信号：给定电压（U_s），测速反馈信号（$-U_{fn}$）及电流截止反馈信号（$-U_{fi}$）。所以，此系统中的比例调节器既是电压放大环节，又兼作信号比较环节。

4. 转速检测环节（Speed Measurement Element）

转速的检测方式很多，有测速发电机、电磁感应传感器、光电传感器等。读出量又分模拟量和数字量。此系统中，转速反馈量需要的是模拟量，一般采用测速发电机。

测速发电机分直流和交流两种。直流测速发电机又分永磁式（如 CY 型）和他励式（如 ZCF 型）。永磁式不需励磁电源，使用方便，但要注意避免在剧烈震动和高温的场合使用。使用久了，永久磁铁会退磁，影响精度。他励式体积较小，为了保证其精度，应使其磁场尽可能工作在饱和状态或采用稳流电源励磁。

若调速系统采用直流测速发电机，其测速发电机分压电位器的阻值不宜选得过大，过大则测速发电机电枢电流过小，碳刷接触电阻影响增大，影响测速精度。但阻值也不宜选得过小，过小则电流过大，电枢反应和压降均增加，也影响精度。所以一般按测速发电机在最高电压时，输出电流为测速发电机额定电流的 10%～20%来确定阻值。有的测速发电机上标有额定负载电阻的阻值。交流测速发电机结构与两相步进电动机相近，其励磁绕组通以 50Hz（有的为 400Hz）交流电，它的另一绕组输出电压也是交流电，所以还必须经过解调或整流滤波，以转换成直流信号。一般来说，测速发电机的精度不及磁电传感器或光电传感器的精度高，但磁电传感器和光电传感器输出的功率很小，需要增加放大环节。另一方面，它们的输出多为脉冲量，对计算机控制较合适。若对模拟控制，则还需增加数模转换模块（DAC）和滤波环节，这又会增加时间上的滞后，影响系统的快速性。

测速反馈信号 U_{fn} 与转速成正比，$U_{\mathrm{fn}} = \alpha n$，$\alpha$ 称为转速反馈系数。

5. 电流截止负反馈环节（Current Cut-Off Negative Feedback）

由于直流电动机在启动、堵转或过载时会产生很大的电流，大电流会烧坏晶闸管元件和电动机，因而要设法加以限制。若采用电流负反馈，会使系统的机械特性变软。为此，可以通过一个电压比较环节，使电流负反馈环节只有在电流超过某个允许值（称为阈值）时才起作用，这就是电流截止负反馈。

在图 7-1-1 中，主电路中串联了一个阻值很小的取样电阻 R_{c}（零点几欧）。电阻 R_{c} 上的电压 $I_{\mathrm{a}}R_{\mathrm{c}}$ 与 I_{a} 成正比。比较阈值电压 U_0 是由一个辅助电源经电位器 RP_3 提供的。电流反馈信号（$I_{\mathrm{a}}R_{\mathrm{c}}$）经二极管 VD 与比较电压 U_0 反极性串联后，再加到放大器的输入端，即 $U_{\mathrm{fi}} = I_{\mathrm{a}}R_{\mathrm{c}} - U_0$。由于是负反馈，所以其极性与给定电压 U_{s} 相反。

当 $I_{\mathrm{a}}R_{\mathrm{c}} \leqslant U_0$ 时（即 $I_{\mathrm{a}} \leqslant \dfrac{U_0}{R_{\mathrm{c}}}$），则二极管 VD 截止，电流截止负反馈不起作用。当 $I_{\mathrm{a}}R_{\mathrm{c}} > U_0$ 时（即 $I_{\mathrm{a}} > \dfrac{U_0}{R_{\mathrm{c}}}$），则二极管 VD 导通（此处不考虑二极管的死区电压），电流截止负反馈环节起作用，它将使整流输出电压 U_{d} 下降，使整流电流下降到允许最大电流。$\dfrac{U_0}{R_{\mathrm{c}}}$ 的数值称为截止电流，以 I_{B} 表示。调节电位器 RP_3 即可整定 U_0，亦即整定 I_{B} 的数值。一般取 $I_{\mathrm{B}} = 1.2 I_{\mathrm{N}}$（$I_{\mathrm{N}}$ 为额定电流）。

由于电流截止负反馈环节在正常工作状况下不起作用，所以系统框图上可以省去。

7.1.2 系统的框图

根据以上分析，便可画出如图 7-1-5 所示的系统框图。

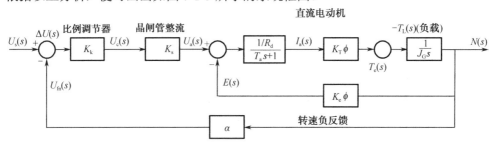

图 7-1-5 具有转速负反馈直流调速系统的系统框图

由图 7-1-5 可以清楚地看出，调速系统存在着两个闭环，一个是电动机内部的电势构成的闭环，另一个是转速负反馈构成的闭环。此外它还清楚表明了电枢电压、电流、电磁转矩、负载转矩及转速之间的关系。

7.1.3 系统的自动调节过程

1. 转速负反馈的自动调节过程

当电动机的转速 n 由于某种原因（比如机械负载 T_L 增加）而下降时，系统将同时存在着两个调节过程：一个是电动机内部产生的以适应外界负载转矩变化的自动调节过程，另一个则是由于转速负反馈环节作用而使控制电路产生相应变化的自动调节过程。这两个调节过程如图 7-1-6 所示。

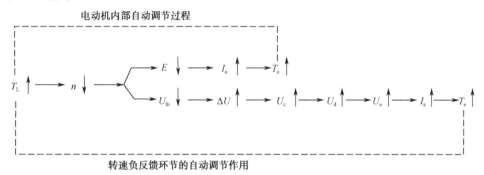

图 7-1-6　具有转速负反馈的直流调速系统的自动调节过程

由上述调节过程可以看出，电动机内部的调节，主要是通过电动机反电动势 E 下降，使电流 I_a 增加$[I_a = (U_a - E)/R_a]$；而转速反馈环节则主要通过转速负反馈电压 U_{fn} 下降，使偏差电压 ΔU 增加（$\Delta U = U_s - U_{fn}$），整流装置电压 U_d 上升，电枢电压 U_a 上升，而使电流 I_a 增加$[I_a = (U_a - E)/R_a]$。而电枢电流的增加，在磁场的作用下，将使电动机的电磁转矩 T_e 增加，以适应机械负载转矩 T_L 的增加。这两个调节过程一直进行到 $T_e = T_L$ 时才结束。

此外，由图 7-1-6 还可以看出，转速的减小是依靠偏差电压 ΔU 的变化来进行调节的。在这里，反馈环节只能减小转速偏差（Δn），而不能消除偏差。因为倘若转速偏差被完全补偿了，即 n 回到原先的数值，那么 U_{fn} 将回到原先数值，于是 ΔU、U_c、U_d、U_a 也将回复到原先的数值；这意味着，控制系统没能起调节作用，转速自然也不会回升。所以**这种系统是以存在偏差为前提的，反馈环节只是检测偏差，减小偏差，而不能消除偏差，因此它是有静差调速系统。**

2. 电流截止负反馈环节的作用

当电枢电流小于截止电流值时，电流负反馈不起作用。

当电枢电流大于截止电流值时，电流负反馈信号电压 $U_{fn} = I_a R_c - U_0$ 将加到放大器的输入端，此时偏差电压 $\Delta U = U_s - U_{fn} - U_{fi}$。当电流继续增加时，$U_{fn}$ 使 ΔU 降低，U_c 降低，U_d 降低；从而限制电流过大地增加。这时，由于 U_a 的下降，再加上 $I_a R_a$ 的增大，由式 $n = \dfrac{U_a - I_a R_a}{K_e \phi}$ 可知，转速将急骤下降，从而使机械特性出现很陡的下垂。如图 7-1-7 的 b 段所示。在 a 段主要是负反馈起作用，特性较硬；在 b 段主要是电流截止负反馈起作用，使特性下垂（很软）。这样的特性称为"**挖土机特性**"。

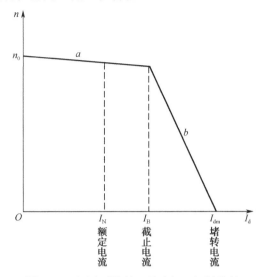

图 7-1-7　调速系统的"挖土机"机械特性

当电流截止负反馈环节起主导作用时的自动调节过程如图 7-1-8 所示。

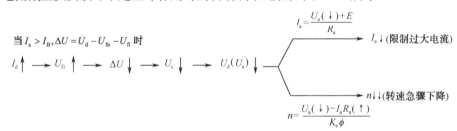

图 7-1-8　电流截止负反馈环节起主导作用时的自动调节过程

机械特性很陡下垂还意味着，堵转时（或启动时）电流不是很大。这是因为在堵转时，虽然转速 $n=0$，反电动势 $E=0$，但由于电流截止负反馈的作用，使 U_d 大大下降，从而 I_d 不致过大。此时电流称为**堵转电流 I_{dm}**（Locked Rotor Current 或 Block Current）。

通常，电动机的堵转电流整定得小于晶闸管允许的最大电流，为电动机额定电流 I_N 的 $2\sim2.5$ 倍，即 $I_{dm}=(2\sim2.5)I_N$。

应用电流截止负反馈环节后，虽然限制了最大电流，但在主回路中，还必须接入快速熔断器，以防止短路（Short Circuit）。在要求较高的场合，还要增设过电流继电器，以防止在截止环节出故障时把晶闸管元件烧坏。整定时，要使熔丝额定电流>过流继电器动作电流>堵转电流。

7.1.4　系统的性能分析

1. 系统的稳定性分析

对直流电动机的框图简化后的传递函数，在第 2 章的例子中已经给出：

$$\frac{N(s)}{U_a(s)} = \frac{1/(K_e\phi)}{T_m T_a s^2 + T_m + 1}$$

代入图 7-1-5 中，由图可见，它是一个二阶系统，已知二阶系统总是稳定的。但若考虑到晶闸管有延迟，晶闸管整流装置的传递函数便为 $K_s/(\tau_0 s + 1)$（见式（7-1-1）），晶闸管延迟的系统框图如图 7-1-9（a）所示。由图 7-1-9 可见，它实际上是一个三阶系统。若增益过大，它可能成为不稳定系统。

2. 系统的稳态性能分析

由于调速系统为恒值控制系统，如前所述，恒值控制系统主要考虑的是负载阻力转矩（$-T_L$）（扰动量）所引起的稳态误差。

为了便于分析起见，将比较点③处的（$-T_L$）移至比较点②处，根据比较点移动法则，（$-T_L$）移至②处，应乘以 $1/K_T\phi$ 和 $[1/(1/L_a s + R_a)]$，即乘以 $(L_a s + R_a)/K_T\phi$。将（$-T_L$）移出后，直流电动机的框图就可简化为如图 7-1-9（b）所示的功能框图。

在求取稳态误差时，曾应用拉氏变换终值定理 $[\lim_{s\to\infty} f(t) = \lim_{s\to 0} F(s)]$ 来求取 e_{ss}，若令图 7-1-9（b）中的 $s \to 0$，则图 7-1-9（b）可转换为如图 7-1-9（c）所示的框图。这类框图通常称为"稳态框图"，由稳态框图求取因扰动而引起的稳态误差比较直观方便。

由图 7-1-9（c）可见，图中的扰动量变为 $-[T_L/(K_T\phi)]R_d$，对比式 $T_L/(K_T\phi)$ 与式 $T_e/(K_T\phi) = I_a$，不难发现，$T_L/(K_T\phi)$ 的量纲式也是电流 I，可标为 I_L，于是扰动量可标为（$-I_L R_a$），参见图 7-1-9（c）。若不计摩擦力，则 $T_e \approx T_L$，因此可认为 $I_L \approx I_a$，于是扰动又可写为（$-I_a R_a$）（这里仅是一种等效的交换，并不意味着存在一个外界的"电流干扰"）。

由图 7-1-9（c）可以很方便地得到因负载扰动而产生的稳态误差（转速降Δn）为

$$\Delta n = \frac{1/(K_e\phi)}{1 + K_s K_k \alpha/(K_e\phi)}(-I_L R_a) \approx -\frac{1}{1+K}\frac{I_a R_a}{K_e\phi} \tag{7-1-2}$$

式中 $K = K_s K_k \alpha / K_e\phi$——开环增益。

若此调速系统不设转速负反馈环节（即开环系统），则式（7-1-2）中的 $\alpha = 0$，于是 $K = 0$，此时的转速降为：

$$\Delta n = -\frac{I_a R_a}{K_e\phi} \tag{7-1-3}$$

对照式（7-1-2）与式（7-1-3）可见：

调速系统增设了负反馈环节后，将使转速降减为开环时的 1/(1+K)，从而大大提高了系统的稳态精度。这是反馈控制系统的一个突出的优点。

由以上分析可见，采用比例调节器的转速负反馈调速系统，不论 K_k 取值多少，总是有静差的。对系统稳态性能要求较高的场合，通常采用比例-积分（PI）调节器。由于 PI 调节器的传递函数 $G(s) = \frac{K(Ts+1)}{Ts}$，其中含有积分环节，加之 PI 调节器又位于扰动量 T_L 作用点之前，因此该系统变为 I 型系统，对阶跃信号为无静差，即转速降Δn=0，静差率 s=0。这里的Δn=0，是一种理论上的数值，它是以 PI 调节器的稳态增益为无穷大 $\lim_{s\to 0}\frac{K(Ts+1)}{Ts} \to \infty$ 为前提的。事实上，由运放器构成的 PI 调节器在稳态时其增益即为运放器开环增益（稳态时，反馈电容 C 相当开路）（$K_k = 10^6$ 左右）。若以此数值代入式（7-1-2），则Δn极小。但设置 PI 调节器后，将使系统稳定性变差，甚至造成不稳定，这可通过增加 PI 调节器微分时间常数 T 和降低增益 K 来解决（亦即适当增大运放器反馈回路的电容 C 和减小反馈回路的电阻 R）。

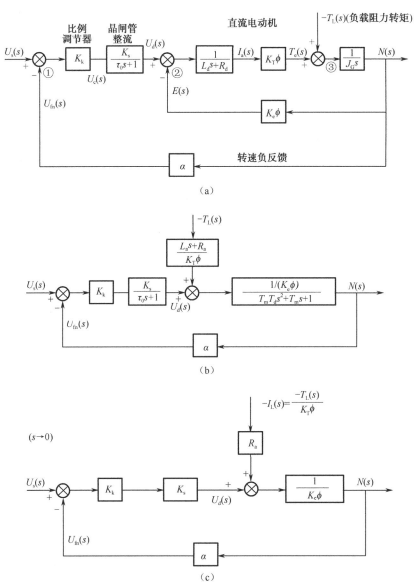

图 7-1-9　直流调速系统框图的变换（变换成稳态框图）

3. 系统的动态性能分析

改善系统动态性能是在系统稳定、稳态误差小于规定值的前提下进行的，这通常也是通过增加 PI 调节器的微分时间常数 T 和调整增益 K 来进行的。

上面通过单闭环直流调速系统，介绍了分析自动控制系统的一般步骤与方法，下面将通过实例分析介绍读解实际线路的一般步骤与方法。

7.2 小功率有静差直流调速系统实例分析（阅读材料）

现以一典型电路（KZD-Ⅱ型直流调速系统）为例来介绍系统的一般分析方法。

图 7-2-1 所示为 KZD-Ⅱ型直流调速系统电路图。

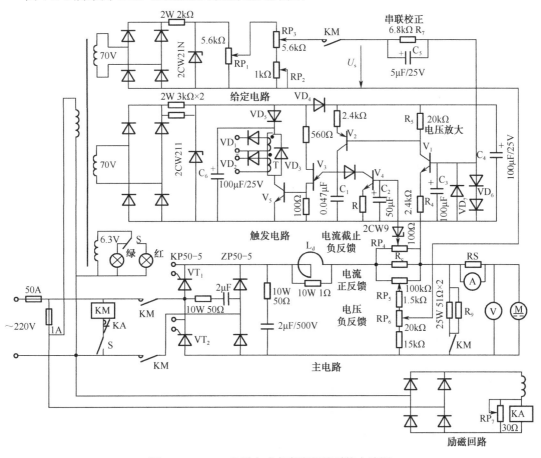

图 7-2-1　KZD-Ⅱ型小功率直流调速系统电路图

分析实际调速系统的第一步是了解其结构特点和主要技术数据。

7.2.1 系统结构特点和技术数据

图 7-2-1 为小容量晶闸管直流调速装置，适用于 4kW 以下直流电动机无级调速（调速范围 $D \geqslant 10 : 1$，静差率 $s \leqslant 10\%$）。装置的电源电压为 220V 单相交流，输出电压为直流 160V，输出最大电流 30A；励磁电压为直流 180V，励磁电流为 1A。系统主要配置 Z3 系列（电枢电压 160V，励磁电压 180V）的小型直流他励电动机。装置的主回路采用单相桥式半控整流线路，具有电压负反馈、电流正反馈和电流截止负反馈环节。系统的组成框图如图 7-2-2 所示，系统原理如图 7-2-3 所示。

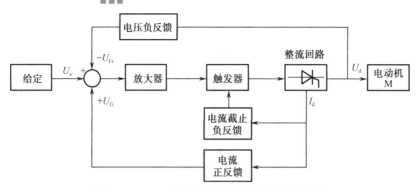

图 7-2-2　KZD-Ⅱ型直流调速系统的组成框图

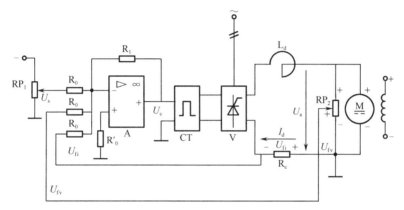

图 7-2-3　具有电压负反馈和电流正反馈环节的调速系统原理

7.2.2　定性分析

对实际系统进行分析，一般是先定性分析，后定量分析。即先分析各环节和各元件的作用，搞清系统的工作原理。然后再建立系统的数学模型，进一步作定量分析。

分析晶闸管调速系统电路的一般顺序是：主电路→触发电路→控制电路→辅助电路（包括保护、指示、报警等）。现依次分析如下。

1．主电路

由于该系统容量小，调速精度与调速范围要求也不高，为使设备简单，采用单相半控桥式整流电路（主电路为 50A 整流元件）。交流输入直接由 220V 交流电源供电，考虑到允许电网电压波动±5%，因此其最大直流电压为：

$$U_d = 220V \times 0.9 \times 0.95 = 188V$$

式中　0.9——全波整流系数（平均值与有效值之比）；

0.95——电压降低 5%引入的系数。

由计算结果，可以选配额定电压为 180V 的电动机。但由于单相晶闸管装置的等效内阻往往较大（几欧到几十欧），为了使输出电压有较大的调节裕量，现在对单相整流供电的电动机，较多采用额定电压为 160V 的电动机。若采用额定电压为 220V 的电动机，则要降低额定转速。

主电路中，桥臂上的两个二极管串联排在一侧，这样它们可以兼起续流二极管（Free

Wheeling Diode）的作用，但这样两个晶闸管阴极（Cathode）间将没有公共端，脉冲变压器（Pulse Transformer）的两个二次绕组间将会有 $\sqrt{2} \times 220\text{V}$ 的峰值电压（Peak Voltage）。因此对两个二次绕组间的绝缘（Insulation）要求也要提高。

在要求较高或容量稍大（2.2kW 以上）的场合，应接入平波电抗器 L_d，以限制电流脉动（Pulsation），改善换向条件，减少电枢损耗，并使电流连续。但接入电抗器后，会延迟晶闸管擎住电流（Latching Current）的建立，而单结晶体管张弛振荡器脉冲的宽度是比较窄的，为了保证触发后可靠导通，在电抗器 L_d 两端并联一电阻（1kΩ），以减少主电路电流达到晶闸管所需的擎住电流的时间。另一方面，在主电路突然短路时，该电阻为电抗器提供放电回路，减小了电抗器产生的过电压。

为了制动和加快停车，采用了能耗制动。R_9 为能耗制动电阻（因电阻规格与散热等原因，现采用两只 25W、51Ω 的线绕电阻器并联使用）。

主电路中 RS 为电流表外配的分流器。

主电路的交、直流两侧，均设有阻容吸收电路（由 50Ω 电阻与 2μF 电容串联构成的电路），以吸收浪涌电压（Surge Voltage）。

主电路中的 S 为手动开关，KM 为主电路接触器，主电路短路保护的熔断器容量为 50A（与整流元件容量相同）。

电动机励磁由单独的整流电路供电，为了防止失磁而引起"飞车"事故，在励磁电路中，串入欠电流继电器 KA，只有当励磁电流大于某数值时，KA 才动作。在主电路的接触器 KM 的控制回路中，串接 KA 常开触点。只有当 KA 动作，KA 常开触点闭合，主接触器 KM 才能吸合，从而保证了励磁回路有足够大的电流。KA 以通用小型继电器（JTX-6.3V）代用，它的动作电流可通过分流电位器 RP_7 进行调整。

2. 触发电路（Trigger）

触发电路采用由单结晶体管（UJT，Unijunction Transistor）组成的张弛振荡器（Relaxation Oscillator）。V_3 为单结晶体管，V_3 下方 100Ω 电阻为输出电阻，V_3 上方 560Ω 电阻为温度补偿电阻。以放大管 V_2 控制电容 C_1 的充电电流。V_5 为功放管，T 为脉冲变压器。VD_5 为隔离二极管，它使电容 C_6 两端电压能保持在整流电压的峰值，在 V_5 突然导通时，C_6 放电，可增加触发脉冲的功率和前沿的陡度。VD_5 的另一个作用是阻挡 C_6 上的电压对单结晶体管同步电压（Synchrovoltage）的影响。

当晶体管 V_2 基极（Base）电位降低时，V_2 基极电流增加，其集电极（Collector）电流（即电容 C_1 充电电流）也随着增加，于是电容电压上升加快。使 V_3 更早导通，触发脉冲前移，晶闸管整流器输出电压增加。

3. 放大电路（Amplifier）

由晶体管 V_1 和电阻 R_4、R_5 构成的放大器为电压放大电路。在放大器的输入端（V_1 的基极）综合给定信号和反馈信号。两只串联的二极管 VD_6 为正向输入限幅器，VD_7 为反向输入限幅器。

为使放大电路供电电压平稳，通常并联一电容 C_4。但并联电容后，将使电压过零点消失，而张弛振荡器与放大器共用一个电源，此电源电压兼起同步电压作用，若电压过零点消失，将无法使触发脉冲与主电路电压同步。为此，采用二极管 VD_4 来隔离电容 C_4 对同步电压的影响。

4. 控制电路（Control Circuit）

1）反馈量的选择

要保持调速系统的转速恒定，最直接的办法是引入转速负反馈，但安装测速发电机往往比较麻烦，有时还受空间位置的限制而不宜安装，加之费用也多。所以，在要求不太高的情况下，常采用其他反馈量来代替转速负反馈。考虑到当负载增加而转速降低时，电枢电流 I_a 将增加；而电流的增加将使晶闸管整流装置的内阻（R_x）电压降落（I_aR_x）增加，装置的输出电压 U_d 降低。由此可见，与电动机转速 n 降低相对应的是电压 U_d 的降低和电流 I_a 的上升。因此可间接用电压 U_d 的降低和电流 I_a 的上升来反映负载增加和转速降低的程度。于是采用电压负反馈和电流正反馈环节来代替转速负反馈。

采取了电压负反馈环节，意味着此系统是一个恒压控制系统。由于电枢电流 I_a 取决于负载转矩 T_L（$T_L \approx T_e = K_T\phi I_a$），因此引入电流正反馈实质上就是负载扰动的顺馈补偿。由顺馈补偿和反馈控制构成复合控制系统。

2）控制信号的综合

如图 7-2-4 所示为控制信号的综合与控制作用，控制信号为给定信号 U_s、电压负反馈信号 U_{fv} 和电流正反馈信号 U_{fi} 的综合，即 $\Delta U = U_s - U_{fv} + U_{fi}$。对这三个信号的取出和调节现分别介绍如下。

（1）给定电压 U_s 由稳压电源通过电位器 RP_1、RP_2、RP_3 供给。其中 RP_1 整定最高给定电压（对应最高转速），RP_2 整定最低给定电压（对应最低转速），RP_3 为手动调速电位器（一般采用多线圈电位器）。之所以需要限制最高速，是因为转速过高会损坏机器；之所以限制最低转速，是因为转速过低，系统会形成低频（间隙）振荡。

（2）电压负反馈信号 U_{fv} 由 1.5kΩ 电阻、15kΩ 电阻和电位器 RP_6 分压取出，U_{fv} 与电枢电压 U_d 成正比，$U_{fv} = \gamma U_d$，式中 γ 为电压反馈系数。调节 RP_6 即可调节电压反馈量大小。由于电压信号为负反馈，所以 U_{fv} 与 U_s 极性相反，如图 7-2-4 所示。在分压电路中，1.5kΩ 电阻为限制 U_{fv} 的下限，15kΩ 电阻为限制 U_{fv} 的上限。

（3）电流反馈信号 U_{fi} 由电位器 RP_5 取出。电枢电流 I_a 主要流过取样电阻 R_c。R_c 为一阻值很小（此处为 0.125kΩ）、功率足够大（此处为 20W）的电阻。电位器 RP_5 的阻值（此时为 100Ω）比 R_c 的阻值大得多，所以流经 RP_5 的电流是很小的，RP_5 的功率可比 R_c 小得多。由 RP_5 分压取出的电压 U_{fi} 与 I_aR_c 成正比，亦即 U_{fi} 与电枢电流 I_a 成正比，$U_{fi} = \beta I_a$，式中 β 为电流反馈系数。调节 RP_5 即可调节电流反馈量的大小。

5. 电流截止保护电路

电流截止保护电路主要由电位器 RP_4、稳压管 2CW9、三极管 V4 组成，如图 7-2-5 所示。

电流截止反馈信号（U_l'）由电位器 RP_4 分压取出，RP_4 与 RP_5 一样，与取样电阻 R_c 并联。当电枢电流 I_a 超过截止值，通过整定 RP_4，使 U_l' 击穿稳压管 2CW9，并使晶体管 V_4 导通。而 V_4 导通后，将触发电路中的电容 C_1 旁路（旁路电流为 i_{v4}，见图 7-2-5），从而使电源对电容 C_1 的充电电流 i_c 减小，电容电压上升减慢，触发脉冲后移，晶闸管输出电压下降，使主电路电流下降，从而限制了主电路电流 I_a 过大的增加。当电流 I_a 降低以后，稳压管 2CW9

又回复阻断状态（Blocking State），V_4 也回复到截止状态。系统自动恢复正常工作。

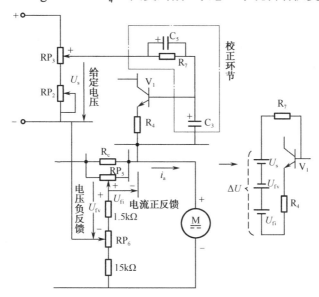

图 7-2-4 控制信号的综合与控制作用（$\Delta U = U_s - U_{fv} + U_{fi}$）

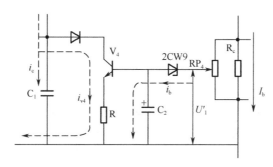

图 7-2-5 电流截止保护电路

由于主电流是脉动的，甚至是断续的，因此，瞬时电流有时很小，甚至为零。此时，V_4 不能导通，失去电流截止作用。为此，在 V_4 的 b、e 极间并联滤波电容 C_2（Filter Capacitor），使电流截止负反馈信号成为较为平稳的信号。

为了防止电枢冲击电流产生过大的电压 U_1' 而将 V_4 的 bc 结击穿，造成误发触发脉冲，因此在 V_4 集电极串入二极管。

6. 抗干扰、消振荡环节

由于晶闸管整流电压和电流中含有较多的高次谐波分量，而主要的反馈信号又取自整流电压和电流，因此加到放大器输入端的偏差电压（ΔU）中便含有较多的谐波分量，这会影响调速系统的稳定，出现振荡现象。所以在电压放大器 V_1 的输入端再串接一个由电阻 R_7 与电容 C_3 组成的滤波电路（见图 7-2-4），以使高次谐波经电容 C_3 旁路。电容 C_3 容量越大，则滤波效果越好。但 C_3 会影响系统动态过程的快速性，所以在 R_7 上再并联一微分电容 C_5（见图 7-2-4）。这样就兼顾了稳定性与快速性两个方面的要求。

7. 其他辅助环节

此装置辅助环节不多，只有熔断器（短路保护）、手动开关 S 控制的红绿灯显示以及电压、电流指示。由于是小容量调速系统，所以未设报警和过电流继电器保护。

7.2.3　系统框图

图 7-2-6 所示为具有电压负反馈和电流正反馈环节的直流调速系统框图（未列入校正环节）。

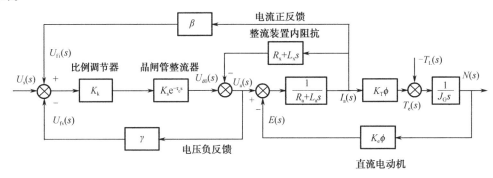

图 7-2-6　具有电压负反馈和电流正反馈环节的直流调速系统框图

图中 U_a 为电枢两端电压，U_{d0} 为整流装置空载时的输出电压，$U_a(s) = U_{d0}(s) - I_a(s) \times (R_x + L_x s)$，即 U_a 等于晶闸管装置空载输出电压 U_{d0} 减去电枢电流在电阻 R_x 和电抗 L_x 上的电压降；其中 R_x 为变压器、电抗器和晶闸管换相压降的总等效电阻，L_x 为变压器漏磁电感与电抗器之和。图中 R_a 为电枢电阻，L_a 为电枢漏磁电感。图中 β 为电流反馈系数（此处即为取样电阻 R_c），γ 为电压反馈系数（它由分压电位器决定），晶闸管整流装置的传递函数为 $K_s e^{-\tau_0 s}$（τ_0 为延迟时间），图中 I_d 为整流电流，L_a 为电枢电流。

7.2.4　系统的自动调节过程

当机械负载转矩 T_L 增加、转速 n 降低时，具有电压负反馈和电流正反馈环节的直流调速系统的自动调节过程如图 7-2-7 所示。

在此系统调速中，当负载转矩 T_L 增加后，除电动机内部的调节作用外，主要依靠电压负反馈环节和电流正反馈环节的补偿作用。由图 7-2-7 可见，当负载转矩 T_L 增加、转速 n 降低时，由于电流 I_a 的增加，一方面使电流正反馈信号 U_{fi} 增加（它将使偏差电压 ΔU 增大）；另一方面，I_a 的增加，使整流装置等效内阻的压降 $I_a R_x$ 增大，输出电压平均值 U_d 下降，电压反馈信号 U_{fv} 下降，它也将使偏差电压 ΔU 增大[$\Delta U = (U_s - U_{fv} + U_{fi})$]。而偏差电压 ΔU 增大后，通过电压放大与功率放大，将使整流装置的输出 U_{d0} 上升，并进而使电流 I_a、电磁转矩 T_e 增加，以补偿负载转矩 T_L 的增加。这样，调速系统的转速降 Δn 将明显减小，机械特性将得到明显改善。同理，当电流超过截止值时，依靠电流截止负反馈环节的调节作用，一方面可限制电流过大，另一方面可实现下垂的机械特性（分析过程及机械特性曲线与 7.1 节相似，可参见图 7-1-7 和图 7-1-8）。

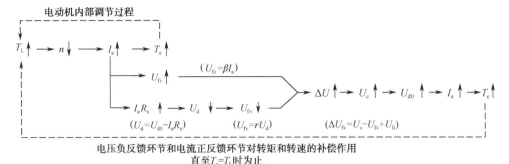

图 7-2-7　电压负反馈和电流正反馈环节对调速系统的补偿作用

7.2.5　系统性能分析

1. 系统的稳定性分析

由图 7-2-6 可见，此系统也是个三阶系统，若增益过大或电流正反馈量过大，都会形成振荡，所以在系统调试时，可先将 U_{fi} 调至零，待系统正常运行后，再逐渐增大 U_{fi}。

2. 系统的稳态性能分析

从原则上讲，增大顺馈补偿量 U_{fi}，可以完全消除系统误差；但事实上，若 U_{fi} 过大，系统将会振荡。因此，在实际调试时，先使系统稳定运行，并调节转速为 $U_N/10$（U_N 为额定转速，技术指标要求调速范围 $D = n_{max}/n_{min} = 10:1$，所以最低速为 $U_N/10$），此时，逐渐增大顺馈补偿量 U_{fi1}，使 $s = \Delta n/n_{min} \leqslant 10\%$（即系统在最低速 n_{min} 运行时，负载从空载到满载，转速降 $\Delta n < n_{min} \times 10\%$）。

3. 系统的动态性能分析

此为简易型小功率调速系统，对动态性能无要求。

7.3　转速和电流双闭环直流调速系统

转速和电流双闭环直流调速系统（简称双闭环直流调速系统）是由单闭环直流调速系统发展而来的。如前面所述，调速系统使用比例-积分调节器，可实现转速的无静差调速。又采用电流截止负反馈环节，限制了启（制）动时的最大电流。这对一般要求不太高的调速系统，基本上已能满足要求。但是由于电流截止负反馈限制了最大电流，加上电动机反电动势随着转速的上升而增加，使电流达到最大值后便迅速降下来。这样，电动机的转矩也减小下来，使启动加速过程变慢，启动的时间也比较长（即调整时间 t_s 较长）。

而有些调速系统，如龙门刨床（Planer）、轧钢机（Rolling Mills）等经常处于正反转状态，为了提高生产效率和加工质量，要求尽量缩短过渡过程时间。因此，我们希望能充分利用晶闸管元件和电动机所允许的过载能力，使启动时的电流保持在最大允许值上，电动机输出最大转矩，从而转速可直线迅速上升，使过渡过程时间大大缩短。另一方面，在一个调节器输入端综合几个信号，各个参数互相影响，调整也比较困难。为了获得近似理想的启动过程，并克服几个信号在一处综合的缺点，经过研究与实践，出现了转速和电流双闭环直流调速系统。

7.3.1 双闭环调速系统的组成

转速和电流双闭环直流调速系统原理图如图 7-3-1 所示。系统的组成框图如图 7-3-2 所示。

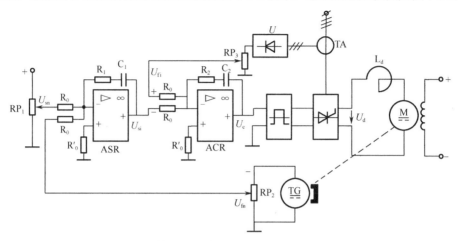

图 7-3-1　转速和电流双闭环直流调速系统原理图

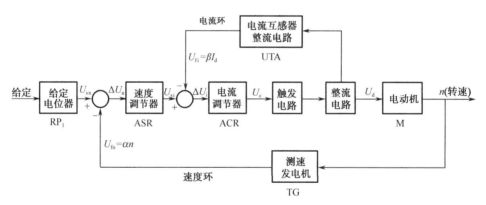

图 7-3-2　转速和电流双闭环直流调速系统组成框图

由图可见，该系统有两个反馈回路，构成两个闭环回路（故称双闭环）。其中一个是由电流调节器 ACR 和电流检测-反馈环节构成的电流环，另一个是由速度调节器 ASR 和转速检测-反馈环节构成的速度环。由于速度环包围电流环，因此称电流环为内环（又称副环），称速度环为外环（又称主环）。在电路中，ASR 和 ACR 实行串级连接，即由 ASR 去"驱动"ACR，再由 ACR 去"控制"触发电路。图中速度调节器 ASR 和电流调节器 ACR 均为比例-积分（PI）调节，其输入和输出均设有限幅电路。

ASR 的输入电压为偏差电压 ΔU_n，$\Delta U_n = U_{sn} - U_{fn} = U_{sn} - \alpha n$（$\alpha$ 为转速反馈系数），其输出电压即为 ACR 的输入电压 U_{si}，其限幅值为 U_{sim}。

ACR 的输入电压为偏差电压 ΔU_i，$\Delta U_i = U_{si} - U_{fi} = U_{si} - \beta I_d$（$\beta$ 为电流反馈系数），其输出电压即为触发电路的控制电压 U_c，其限幅值为 U_{cm}。

ASR 和 ACR 的输入、输出量的极性，主要视触发电路对控制电压 U_c 的要求而定。这里设触发要求 U_c 为正极性，由于运放器为反相输入端输入，所以 U_{si} 应为负极性。由于电流为负反馈，于是 U_{fi} 便为正极性。同理，由于 U_{si} 要求为负极性，则 U_{sn} 应为正极性，又由于转速为负反馈，所以 U_{fn} 便为负极性。各量的极性如图 7-3-1 所示。在框图中，为简化起见，将调节器看成正相端输入，而将极性识别放到具体电路中去。这样调节器传递函数中的负号便可不写，使分析也更容易理解。

此外，ASR 和 ACR 均有输入和输出限幅电路。输入限幅主要是为保护运放器。ASR 的输出限幅值为 U_{sim}，它主要限制最大电流。ACR 的输出限幅值为 U_{cm}，它主要限制晶闸管整流装置的最大输出电压 U_{dm}。

7.3.2 系统框图

转速和电流双闭环直流调速系统框图如图 7-3-3 所示。

图中速度调节器的传递函数为 $K_n \dfrac{T_n s + 1}{T_n s}$。

电流调节器的传递函数为 $K_i \dfrac{T_i s + 1}{T_i s}$。

框图中的系统结构参数共有如下 13 个：

K_n——速度调节器增益，$K_n = R_n / R_0$；

T_n——速度调节器时间常数，$T_n = R_n C_n$；

K_i——电流调节器增益，$K_i = R_i / R_0$；

T_i——电流调节器时间常数，$T_i = R_i C_i$；

K_s——晶闸管整流装置增益；

R_d——电动机电枢回路电阻；

T_d——电动机电枢回路时间常数，$T_d = L_d / R_d$，L_d 为电枢回路电感；

K_T——电动机电磁转矩恒量；

K_e——电动机电动势恒量；

ϕ——电动机工作磁通量（磁极磁通量）；

J_G——电动机及机械负载折合到电动机转轴上的机械转速惯量；

α——转速反馈系数；

β——电流反馈系数。

若系统再增添各种滤波环节，则参数还要增加。

图中的变量有（共 12 个）：

U_{sn}——给定量（输入量）；

n——转速（输出量）；

T_L——负载阻力转矩（扰动量）；

U_{fn}——转速反馈电压（反馈量）；

U_{fi}——电流反馈电压（反馈量）；

ΔU_n 和 ΔU_i——偏差电压；

U_c——控制电压；

U_d（U_a）——整流输出电压（电动机电枢电压）；

I_a——电枢电流；

E——电动机电动势；

T_e——电磁转矩。

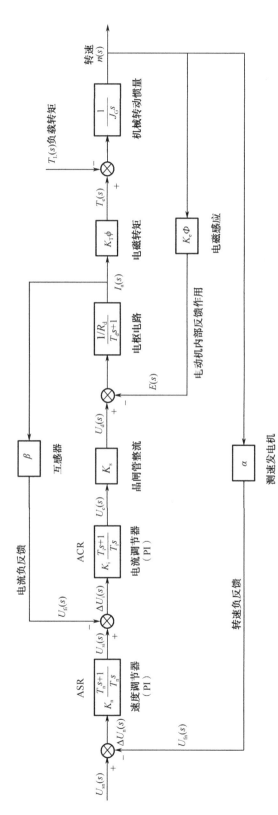

图 7-3-3 转速和电流双闭环直流调速系统框图

框图中共有 9 个环节，其中一个反映了电磁惯性，一个反映了机械惯量。除了电动机内部的闭环外，它还有两个闭环。系统框图把图中 9 个环节的功能框和它们之间的相互联系，把各种变量之间的因果关系、配合关系和各种结构参数在其中的地位和作用，都一目了然地、清晰地描绘了出来。这样的数学模型就为以后分析各种系统参数对系统性能的影响，并进而研究改善系统性能的途径提供了一个科学而可靠的基础。

7.3.3　双闭环调速系统的工作原理和自动调节过程

在讨论工作原理时，为简化起见，运放器的输入端将"看作"正相端输入。

（1）电流调节器 ACR 的调节作用：电流环为由 ACR 和电流负反馈组成的闭环，**它的主要作用是稳定电流**。

由于 ACR 为 PI 调节器，因此在稳态时，其输入电压 ΔU_i 必为零，亦即 $\Delta U_i = U_{si} - \beta I_d = 0$（若 $\Delta U_i \neq 0$，则积分环节将使输出继续改变）。由此可知，在稳态时，$I_d = U_{si}/\beta$。此式的物理含义是：**当 U_{si} 为一定的情况下，由于电流调节器 ACR 的调节作用，整流装置的电流将保持在 U_{si}/β 的数值上**。

假设 $I_d > U_{si}/\beta$，其自动调节过程如图 7-3-4 所示。

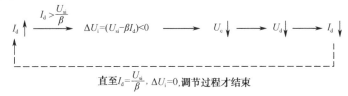

直至 $I_d = \dfrac{U_{si}}{\beta}$，$\Delta U_i = 0$，调节过程才结束

图 7-3-4　电流环的自动调节过程

这种保持电流不变的特性，将使系统能：

① 自动限制最大电流。由于 ACR 有输出限幅，限幅值为 U_{sim}，这样电流的最大值便为 $I_m = U_{sim}/\beta$，当 $I_d > I_m$ 时，电流环将使电流降下来。由上式可见，整定电流反馈系数 β（调节电位器 RP$_3$）或整定 ASR 的限幅 U_{sim}，即可整定 I_m 的数值。一般整定 $I_m = (2 \sim 2.5)I_N$（I_N 为额定电流）。

② 有效抑制电网电压波动的影响。当电网电压波动而引起电流波动时，通过电流调节器 ACR 的调节作用，使电流很快恢复原值。在双闭环调速系统中，电网电压波动对转速的影响几乎看不出来（在仅有转速环的单闭环调速系统中，电网电压波动后，要通过转速的变化，并进而由转速环来进行调节，这样调节过程慢得多，转速降也大）。

（2）速度调节器 ASR 的调节作用：**速度环是由 ASR 和转速负反馈组成的闭环，它的主要作用是保持转速稳定，并最后消除转速静差**。

由于 ASR 也是 PI 调节器，因此稳态时 $\Delta U_n = U_{sn} - \alpha n = 0$，由此式可见，在稳态时 $n = U_{sn}/\alpha$。此式物理含义是：**当 U_{sn} 为一定的情况下，由于速度调节器 ASR 的调节作用，转速 n 将稳定在 U_{sn}/α 的数值上**。

假设 $n < U_{sn}/\alpha$，其自动调节过程如图 7-3-5 所示。

此外，由式 $n = U_{sn}/\alpha$ 可见，调节 U_{sn}（电位器 RP$_1$）即可调节转速 n。整定电位器 RP$_2$，即可整定转速反馈系数 α，以整定系统的额定转速。

由上面分析还可见，当转速环要求电流迅速响应转速 n 的变化而变化时，电流环则要求维持电流不变。这种性能会不利于电流对转速变化的响应，有使静特性变软的趋势。但由于转速环是外环，电流环的作用只相当转速环内部一种扰动而已，不起主导作用。只要转速环的开环放大倍数足够大，最后仍然能靠 ASR 的积分作用，消除转速偏差。

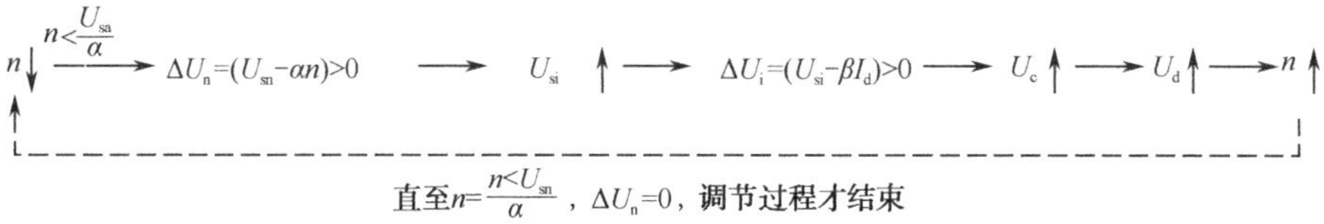

$n\downarrow$ $n<\frac{U_{sa}}{\alpha}$ $\Delta U_n=(U_{sn}-\alpha n)>0$ → $U_{si}\uparrow$ → $\Delta U_i=(U_{si}-\beta I_d)>0$ → $U_c\uparrow$ → $U_d\uparrow$ → $n\uparrow$
直至$n=\frac{n<U_{sn}}{\alpha}$，$\Delta U_n=0$，调节过程才结束

图 7-3-5 速度环的自动调节过程

7.3.4 系统性能分析

1. 系统稳态性能分析

（1）自动调速系统要实现无静差，就必须在扰动量（如负载转矩变化或电网电压波动）作用点前，设置积分环节。由图 7-3-3 可见，在双闭环直流调速系统中，虽然在负载扰动量 T_L 作用点前的电流调节器为 PI 调节器，其中含有积分环节，但它被电流负反馈回环所包围后，电流环等效的闭环传递函数中，便不再含有积分环节了，所以速度调节器还必须采用 PI 调节器，以使系统对阶跃给定信号实现无静差。

n
n_0
a
b
O
I_N
I_m
I

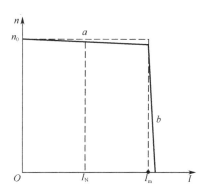

图 7-3-6 双闭环直流调速系统的机械特性

（2）双闭环调速系统的机械特性。由于 ASR 为 PI 调节器，系统为无静差，稳态误差很小，一般来讲，大多能满足生产上的要求。其机械特性近似为一水平直线，如图 7-3-6*a* 段所示。

当电动机发生严重过载，并当 $I_d > I_m$ 时，电流调节器将使整流装置输出电压 U_d 明显低，这一方面限制了电流 I_d 继续增长，另一方面将使转速迅速下降（由 $n=(U_d-I_dR_\Sigma)/K_e\phi$，可见，当 $I_dR_\Sigma\uparrow$ 及 $U_d\downarrow$，将使转速 n 迅速下降至零），于是出现了很陡的下垂特性，如图 7-3-6*b* 段所示。此时的调节过程如图 7-3-7 所示。

当$I_d>I_m$时
I_dR_Σ增大
$n=\frac{U_d-I_dR_\Sigma}{K_e\phi}$
$\Delta U_i=(U_{sim}-\beta I_d)<0$ → $U_c\downarrow$ → $U_d\downarrow$
$n\downarrow\downarrow$
$I_d\downarrow$

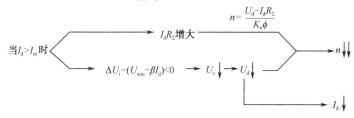

图 7-3-7 电流 I_d 大于允许最大电流 I_m 时的转速变化

在图 7-3-6 中，虚线为理想“挖土机特性”，实线为双闭环直流调速系统的机械特性，由图可见，它已很接近理想的“挖土机特性”。

2. 系统的稳定性分析

1）电流环分析

直流电动机的等效传递函数为一个二阶系统（见第 7.1.4 节分析），如今串接一个电流

（PI）调节器，这样电流环便是一个三阶系统，若计及晶闸管延迟或调节器输入处的 RC 滤波环节（它相当一个小惯性环节），那便成了四阶系统。这时，倘若电动机的机电时间常数 T_m 较大，再加上电流调节器参数整定不当，则有可能形成振荡（这在系统调试时是经常遇到的），这时可采取的措施有：

（1）增加电流调节器的微分时间常数 T_i（R_iC_i），主要是适当增大电容 C_i，因微分环节能改善系统的稳定性。

（2）降低电流调节器的增益 K_i（R_i/R_0），主要是减小 R_i。通常，减小增益有利系统的稳定性。当然 $K_i\downarrow\rightarrow\omega_c\downarrow\rightarrow t_s\uparrow$，会使快速性差些。

（3）在电流调节器反馈回路（R_i、C_i）两端再并联一个 $1\sim2\text{M}\Omega$ 的电阻（R_2）。此时电流调节器的传递函数为（这里直接给定，请参考有关资料）：

$$G(s)=\frac{U_0(s)}{U_i(s)}=\frac{R_2}{R_0}\frac{(R_iC_is+1)}{[(R_i+R_2)C_is+1]}$$

将上式与 PI 调节器传递函数对照，不难发现，除了增益由 $R_i/(R_0T_i)$ 变为 R_2/R_0 外，最主要的是积分环节被惯性环节取代，这显然有利于系统稳定性改善，但会使系统的稳态性能变差（系统由 I 型变为 0 型，变为有静差）。当然，由于 R_2 为 $1\sim2\text{M}\Omega$ 的高值电阻，比例系数仍然相对较大，可使系统的稳态误差仍保持在允许范围内。

2）速度环分析

在系统调试时，通常是先将电流环的调节器的参数整定好，使电流环保持稳定，稳态误差也较小；然后在此基础上，再整定速度调节器参数（T_a 及 K_n）。由图 7-3-3 可见，电流环已是一个三阶系统，如今再串联一个速度（PI）调节器，则系统将为四阶系统，若计及输入处的 RC 滤波环节，则系统便成了五阶系统，若电流环整定得不好，再加上速度调节器参数整定得不好，很容易产生振荡。若系统产生振荡，可以采取的措施与调节电流调节器参数时相同。

3. 系统的动态性能分析

由于转速和电流双闭环直流调速系统是一个四阶系统，因此，它的动态性能（主要是最大超调量）往往达不到预期要求，针对这种情况，可以采取的措施有：

（1）调节速度调节器参数。可适当降低 K_n（即减小 R_n），以使最大超调量（σ）减小，但调整时间 t_s 将会有所增加。

（2）增设转速微分负反馈环节（Derivative Negative Feedback）。微分负反馈环节就是反馈量通过电容器 C 再反馈到控制端；这种反馈的特点是只在动态时起作用（稳态时不起作用）。这是因为通过电容器 C 的电流 $i_C\propto(\text{d}U_{fn}/\text{d}t)\propto(\text{d}n/\text{d}t)$，稳态时，$\text{d}n/\text{d}t=0$（电容相当于断路），这时微分负反馈环节将使 $\text{d}n/\text{d}t$ 减小，使转速的最大超调量减小。

7.3.5 双闭环调速系统的优点

综上所述，可知双闭环调速系统具有明显的优点：

（1）具有良好的静特性（接近理想的"挖土机特性"）。

（2）具有较好的动态特性，启动时间短（动态响应快），超调量也较小。

（3）系统抗扰动能力强，电流环能较好地克服电网电压波动的影响，而速度环能抑制被它包围的各个环节扰动的影响，并最后消除转速偏差。

（4）由两个调节器分别调节电流和转速。这样，可以分别进行设计，分别调整（先调好电流环，再调速度环），调整方便。

由于双闭环直流调速系统的动、静态特性均很好，所以它在冶金、机械、造纸、印刷及印染等许多部门获得了广泛的应用。

7.4 直流脉宽调制（PWM）调速系统

7.1～7.3 节介绍了由普通晶闸管相控式整流装置供电的直流调速系统。由于普通晶闸管是半控型器件，所以这种晶闸管装置的性能受到了一定的限制。随着大功率晶体管 GTR、可关断晶闸管 GTO 和功率场效应晶体管 MOSFET 等全控型器件的应用，以 GTR 脉宽调制电路为基础组成的直流脉宽调速系统，在直流传动中的应用得到普及。

晶体管脉宽调制电路是利用 GTR 的开关作用，将直流电压转换成较高频率（几千赫兹）的方波电压，加在直流电动机的电枢上，通过对方波脉冲宽度的控制，改变电枢电压 U_d 的平均值，从而调节电动机的转速。直流脉宽调制电路也称为 PWM（Pulse Width Modulation）电路。

7.4.1 PWM 调速系统的工作原理

PWM 产生的基本原理来源于通信系统中的一个重要的原理——基频信号脉冲调制：用面积相等但形状大小不同的窄脉冲对基频信号进行调制；根据调制对象不同，可以分为脉冲调幅（PAM）、脉冲调频（PFM）、脉冲调相（PPM）、脉冲调宽（PWM）。而产生 PWM 信号电路有多种，按照电源直流和交流分类，可分为直流脉宽调制和交流脉宽调制；按照输出是否能逆变，可分为不可逆直流脉宽调制和可逆直流脉宽调制。下面重点分析这两种电路的工作原理。

1. 不可逆直流脉宽调制电路

不可逆直流脉宽调制电路及波形图如图 7-4-1 所示。

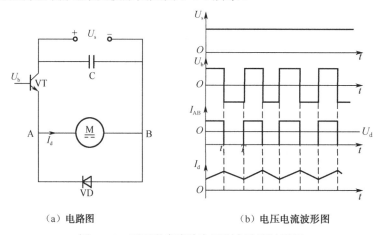

（a）电路图　　　　　　　　（b）电压电流波形图

图 7-4-1　不可逆直流脉宽调制电路及波形图

图 7-4-1（a）中大功率晶体管 VT 的开关频率可达 2kHz 左右，直流电压 U_s 由不可控整流电源提供，大电容 C 用于滤波，二极管 VD 在晶体管 VT 关断时为电枢回路提供释放电感储能的续流回路。

VT 的基极电压为脉宽可调的脉冲电压 U_b。U_b 为正时，VT 饱和导通，电源电压 U_s 通过 VT 的集电极回路加到电动机电枢两端；U_b 为负时，VT 截止，电枢两端无外加电压，电枢的磁场能量经二极管 VD 释放（续流）。电动机电枢两端电压 U_{AB} 为脉冲波，其平均电压为：

$$U_d = \frac{t_1}{T} U_s = \rho U_s \tag{7-4-1}$$

式中，$\rho = t_1 / T$——一个周期 T 中，大功率晶体管导通时间的比率，称为负载电压系数或占空比，ρ 的变化范围为 0～1。一般周期 T 固定不变，调节 t_1，当 t_1 在 0～T 范围内变化时，电枢电压 U_d 在 0～U_s 之间变化，而且始终为正，电动机只能单方向旋转，为**不可逆调速系统**。这种调速方法称为**定频调宽法**。

图 7-4-1（b）给出了晶体管基极驱动电压 U_b、直流电源电压 U_s、电枢两端电压 U_{AB}、电枢电压平均值 U_d 和电枢电流 I_d 的波形。由于晶体管开关频率较高，利用二极管 VD 的续流作用，电枢电流是连续的，而且脉动幅值不是很大，对转速和反电势的影响都很小，可忽略不计，即认为转速和反电势为恒值。稳态时，电枢回路电压平衡方程式为：

$$U_d = E + I_d R \tag{7-4-2}$$

考虑到式（7-4-1），可推导得机械特性方程：

$$n = \frac{E}{K_e \phi} = \frac{\rho U_s}{K_e \phi} - \frac{I_d R}{K_e \phi} \tag{7-4-3}$$

调节占空比 ρ，便可得到一簇平行的机械特性曲线，类似于电动机电枢电压改变时的机械特性簇。

2. 可逆直流脉宽调制电路

直流脉宽调制电路有很多种，按输出极性有单极性和双极性；双极性输出又分为 H 型和 T 型。这里介绍的是可逆双极性 H 型脉宽调制电路，如图 7-4-2 所示。

该电路由四只晶体管和四只二极管组成，连接形状如同字母 H，因此称为 H 型脉宽调制电路。四只晶体管的基极驱动电压分为两组：VT_1 和 VT_4 同时导通和关断，其驱动电压 $U_{b1} = U_{b4}$；VT_2 和 VT_3 同时导通和关断，其驱动电压 $U_{b2} = U_{b3} = -U_{b1}$，分别如图 7-4-3（a）、7-4-3（b）所示。

当电源电压 U_s 大于电动机反电动势时，在 $0 \leqslant t \leqslant t_1$ 时，$U_{b1} = U_{b4}$ 为正，VT_1 和 VT_4 饱和导通；$U_{b2} = U_{b3}$ 为负，VT_2 和 VT_3 截止。这时 $U_{AB} = U_s$，电枢电流 i_{AB} 经 VT_1、VT_4 从 A 到 B，电动机工作在电动状态。如图 7-4-3（d）所示。

在 $t_1 \leqslant t < T$ 期间，$U_{b1} = U_{b4}$ 变负，VT_1 和 VT_4 截止；由于在电枢电感自感电动势的作用下，电枢电流 i_{AB} 经 VD_2 和 VD_3 续流，仍然从 A 流向 B。虽然 $U_{b2} = U_{b3}$ 变正，由于 VD_2 和 VD_3 两端的压降正好使 VT_2 和 VT_3 承受反压，因此不能立刻导通。当电枢电流 i_{AB} 过零后，如图 7-4-3（d）所示，VT_2 和 VT_3 导通，此刻电枢电流 i_{AB} 经 VT_2 和 VT_3 从 B 流向 A，电动机工作在反接制动状态。$t = T$ 时，i_{AB} 达到反向最大值。这期间 $U_{AB} = -U_s$。在 $T \leqslant t < t_4$ 期间分析类似 $0 \leqslant t < T$ 区间的分析，这里就不再赘述。

　　如果电动机的负载重，电枢电流 i_{AB} 大，在工作过程中电流方向也不会改变，那么，尽管栅极电压 U_{b1}、U_{b4}、U_{b2}、U_{b3} 极性在交替地改变方向，VT_2 和 VT_3 也不会导通，仅是 VT_1 和 VT_4 导通或者截止，此时，电动机始终都工作在电动状态。电枢电流的变化曲线如图 7-4-3（e）所示。如果 $E>U_s$，在 $0 \leqslant t \leqslant t_1$ 时，电枢电流 i_{AB} 经 VT_1 和 VT_4 从电流 B 流向 A，电动机工作在再生制动状态；在 $t_1 \leqslant t < T$ 期间，电枢电流 i_{AB} 经 V_{T2} 和 VT_3 从 B 流向 A，电动机工作在反接制动状态下。电枢电流变化曲线如图 7-4-3（f）所示。由以上分析可知，电动机不论工作什么状态下，在 $0 \leqslant t \leqslant t_1$ 区间，电枢电压 U_{AB} 始终等于 $+U_s$，而在 $t_1 \leqslant t < T$ 区间，电枢电压 U_{AB} 始终等于 $-U_s$，如图 7-4-3（c）所示。

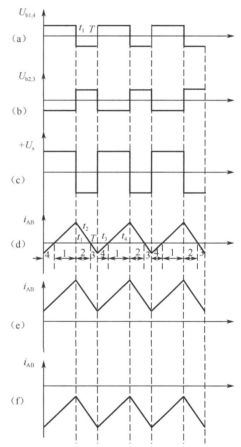

图 7-4-2　可逆双极性 H 型脉宽调制电路　　　图 7-4-3　脉宽调制电路电压电流波形图

　　双极性脉宽调制电路的优点是：**电流连续，可使电动机在四象限中运行，电动机停止时，有微振电流，能消除静摩擦死区，低速时每个晶体管的驱动脉冲仍较宽，有利于晶体管的可靠导通，平稳性好，调速范围大；**其缺点是在工作过程中，四个大功率晶体管都处于开关状态，开关损耗大，且容易发生上、下两管直通的事故。为了防止上、下两管同时导通，可在一管关断和另一管导通的驱动脉冲之间设置逻辑延时。

　　双极性工作制的机械特性方程式与式（7-4-3）一致，但占空比 ρ 的取值范围在 +1 与 -1 之间，故机械特性曲线分布于四个象限，系统可实现四象限运行。

7.4.2　PWM 调速系统的主要特点

与晶闸管直流调速系统比较，直流脉宽调制调速系统具有以下**特点**：

（1）由于晶体管的开关频率高，仅靠电枢电感的滤波作用，就可获得脉动很小的直流电流，电流连续容易，同时电动机的损耗发热较小。

（2）系统频带宽，响应速度快，动态抗干扰能力强；直流脉宽调制放大器的开关频率一般为 1～5kHz，有的甚至可达 10kHz，而晶闸管三相全控整流桥的开关频率只有 300Hz。前者的开关频率差不多比后者高一个数量级，因而直流脉宽调制调速系统的频带比晶闸管直流调速系统的频带宽得多。因此，前者的动态响应速度和稳态精度等性能指标比后者好。

（3）直流电源采用三相不可控整流，对电网影响小，功率因数较高。

（4）主电路线路简单，所用功率元件少。实现同样的功能，一般开关管的数量仅为晶闸管的 1/3～1/6，控制电路简单。开关管的控制比晶闸管的控制容易，不存在相序问题，不需要烦琐的同步移相触发控制电路。

（5）直流脉宽调制放大器的电压放大系数不随输出电压的改变而改变，而晶闸管整流器的电压放大系数在输出电压低时变小。前者比后者的低速性能要好得多。因此，电动机在低速稳态运转时，其调速范围很宽。

7.4.3　PWM 调速系统组成

图 7-4-4 所示的系统是采用典型的双闭环原理组成的直流脉宽调制调速系统，由主电路和控制电路两部分组成。基本控制通常采用转速和电流双闭环控制，转速调节器和电流调节器均为 PI 调节器，转速反馈信号由直流测速发电机得到，电流反馈信号由霍尔电流变换器得到，这部分的工作原理与前面的双闭环直流调速系统相同。主电路采用 PWM 脉宽调制电路供电，根据系统的要求可选用不可逆或可逆脉宽调制电路。本节重点分析控制电路中产生脉宽调制信号的脉冲变换电路和驱动保护电路的基本工作原理。

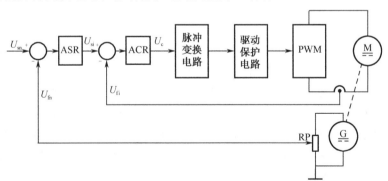

图 7-4-4　直流脉宽调制调速系统原理方框图

1. 直流脉宽调制信号的产生

在直流脉宽调速系统中，晶体管基极的驱动信号是脉冲宽度可调的电压信号，它由电压—脉冲变换器产生。电压—脉冲变换器的输入信号为可变的控制电压，输出信号为宽度可变的脉冲，可采用锯齿波或三角波与直流电压相叠加的方法得到。

锯齿波电压—脉冲变换器由开环的运算放大器构成，如图 7-4-5 所示。加在反相输入端的三个输入信号分别是：锯齿波信号 u_{sa}，由锯齿波信号发生器提供，其频率是主电路所要求的开关调制频率；控制电压 U_c，是系统的给定信号经转速调节器、电流调节器输出的直流控制电压，其极性和大小可变；U_c 与 u_{sa} 叠加，在运算放大器的输出端可得到周期不变、脉冲宽度可变的调制电压 U_{pw}；为得到双极性脉宽调制电路所需的控制信号，可再加上第三个输入信号偏移电压 U_p，且令 $U_p=1/2U_{samax}$，这样：

当 $U_c=0$ 时，输出脉冲电压 U_{pw} 的正负脉冲宽度相等，如图 7-4-5（a）所示。

当 $U_c>0$ 时，U_c 使 $-U_p$ 的作用减小，输出脉冲电压的正半波变窄，负半波变宽，如图 7-4-5（b）所示。

当 $U_c<0$ 时，U_c 使 $-U_p$ 的作用加强，输出脉冲电压的正半波变宽，负半波变窄，如图 7-4-5（c）所示。

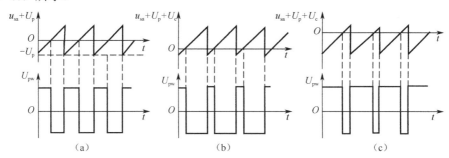

图 7-4-5　锯齿波电压—脉冲变换器的输出波形

这样，通过调节 U_c 的大小和极性，就可以得到脉冲宽度可调的控制电压 U_{pw}。

集成的电压—脉冲变换器使用方便，性能优良，得到广泛的应用。常用的型号有 LM3524 和 SGl 525/2525/3525 系列等。

2．驱动与保护环节

电压—脉冲变换器输出的脉冲信号功率较小，不能用来直接驱动主电路的大功率晶体管，必须经过驱动放大环节，这样才能保证晶体管在开通时能迅速达到饱和导通，在关断时能迅速截止。另外，晶体管的驱动电路要有快速自动保护功能，以便在故障状态下能快速自动切除基极驱动信号，避免晶体管等遭到破坏。设计一个损耗小、开关快、能对大功率晶体管开关元件实现多种保护的基极驱动电路，通常不是一件容易的事情。现常采用专用的驱动保护集成电路，如法国 THOMSON 公司生产 UAA4002 等，它可以实现对功率晶体管的最优基极驱动，同时实现对开关晶体管的可靠保护。该集成芯片可实现限流、防止减饱和、导通时间间隔控制、电源电压监测、延时和热保护等多种保护功能。

3．由 PWM 集成芯片组成的直流脉宽调速系统

下面介绍 PWM 专用集成芯片 SG1731 以及由它构成的直流调速系统。

1）SG1731 简介

图 7-4-6 所示为 SGl731 集成芯片的引脚排列和内部结构。

SG1731 内置三角波发生器、偏差放大器、比较器和桥式功率放大器等电路。它将直流电压信号与三角波电压叠加后形成 PWM 波形，再经功率放大电路输出。其中：

16 脚和 9 脚接电源±V_s（±3.5～±15V），用于芯片的控制电路。

l4 脚和 11 脚接电源±V_s（±2.5～±22V），用于桥式功率放大电路。

比较器 A1、A2、双向恒流源及外接电容 C 组成三角波发生器，其振荡频率 f 由电容 C 的大小和外供正负参考电压 $2V_{\Delta+}$、$2V_{\Delta-}$（2 脚和 7 脚）决定，即：

$$f = \frac{5 \times 10^4}{4\Delta VC}$$

式中　　$\Delta V = 2V_{\Delta+} - 2V_{\Delta-}$。

A_3 为偏差放大器，3 脚为正相输入端，4 脚为反相输入端，5 脚为输出端。

A_4、A_5 为比较器，外加电压+V_T、−V_T 为正负门槛电压。

15 脚为关断控制端，当该输入端为低电平时，封锁输出信号。

10 脚为芯片片基，6 脚外接电容后接地。

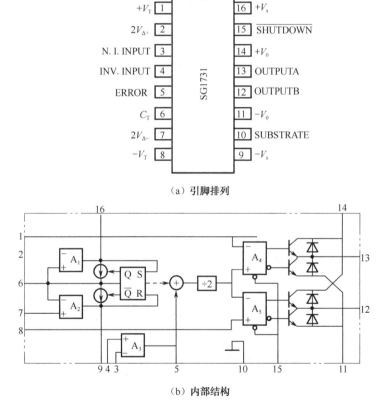

（a）引脚排列

（b）内部结构

图 7-4-6　SG1731 集成芯片的引脚排列和内部结构

2）由 SG1731 组成的直流调速系统

图 7-4-7 为由 SG1731 组成的 PWM 直流调速系统。SG1731 的 12 脚、13 脚可输出 ±100mA 的电流。图中电流调节器为 SG1731 的偏差放大器外接 RC 构成的 PI 调节器。系统工作原理与双闭环直流调速系统类似。

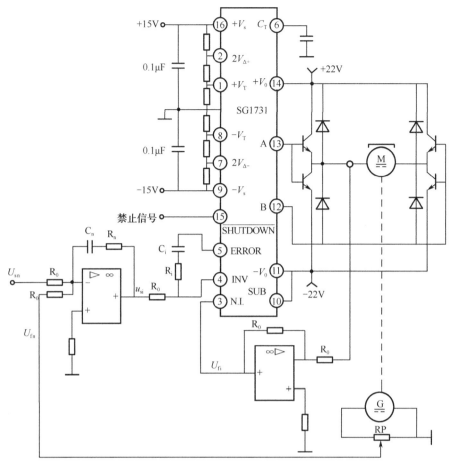

图 7-4-7　由 SG1731 组成的 PWM 直流调速系统

7.4.4　PWM 调速系统的分析

如图 7-4-4 和图 7-4-5 所示，直流脉宽调制调速系统整个装置由速度调节器 ASR 和电流调节器 ACR 组成双闭环无静差调节系统，由 ACR 输出的电压 U_c 和正负对称的三角波电压 U_{sa} 在锯齿波电压—脉冲变换器中进行叠加，产生频率固定而占空比可调的方波电压 U_{pw}，然后，此方波电压由脉冲分配器产生两路相位差 180° 的脉冲信号，经功放后由这两路脉冲信号去驱动桥式功率开关主电路，使其负载两端得到极性可变、平均值可调的直流电压，该电压控制直流电动机正反转或制动。

下面具体分析该系统在静态、启动、稳态运转时的工作过程。

1. 静态

系统处于静态时电动机停转（说电动机完全停转是不现实的。由于运算放大器有高放大倍数，系统总存在一定的零漂，所以电动机总有一定的爬行。不过这种爬行非常缓慢，一般一小时左右才爬行一圈，因此可以忽略），由于速度给定信号 $U_{gn}=0V$，此时，速度调节器 ASR、电流调节器 ACR 的输出均为零，电压—脉冲变换器 BU 在三角波的作用下，输出端输出一个频率同三角波频率、负载电压系数 $\rho=0$ 的正、负等宽方波电压 U_4，经脉冲分配器和功放电路产生的 $U_{b1,4}$ 和 $U_{b2,3}$ 加在桥式功率开关管 $VT_1 \sim VT_4$ 的栅极，使桥式功率开关管轮流导通或截止，此时，电动机电枢两端的平均电压等于零，电动机停止不动。必须说明的是，此时，电动机电枢两端的平均电压及平均电流虽然为零，但电动机电枢的瞬时电压及电流并不为零，在 ASR 及 ACR 的作用下，系统实际处于动态平衡状态。

2. 启动

由于系统是可逆的，故仅以正转启动为例（反转启动类同）来介绍启动过程。在启动时，速度给定信号 U_{gn} 送往速度调节器的输入端之后，由于速度调节器的放大倍数很大，即使在极微弱的输入信号作用下速度调节器都能达到其最大限幅值。又由于电动机有惯性作用，电动机达到所给定的转速需要一定的时间，因此，在启动开始的一段时间内，$\Delta U_n = U_{gn} - U_{gi} > 0$，速度调节器的输出 U_{gi} 便一直处于最大限幅值，相当于速度调节器处于开环状态。

速度调节器的输出电压就是电流调节器的给定电压，在速度调节器输出电压限幅值的作用下，电枢两端的平均电压迅速上升，电动机迅速启动，电动机电枢平均电流迅速增加。在电流调节器的电流负反馈作用下，主回路电流的变化反馈到电流调节器的输入端，并与速度调节器的输出进行比较。因为 ACR 是 PI 调节器，所以只要输入端有偏差存在，ACR 的输出就要积分，使电动机的主回路电流迅速上升，一直升到所规定的最大电流值为止。此后，电动机就在最大给定电流下加速。电动机在最大电流作用下，产生加速动态转矩，以最大加速度升速，转速迅速上升。随着电动机转速的增长，速度给定电压与速度反馈电压的差值 $\Delta U_n = U_{gn} - U_{gi}$ 跟着减小，但由于速度调节器的高放大倍数积分作用，U_{gi} 始终保持在限幅值，因此电动机在最大电枢电流下加速，转速继续上升。当上升到 $\Delta U_n = U_{gn} - U_{gi} < 0$ 时，速度调节器才退出饱和区使其输出 U_{gi} 下降，在电流闭环的作用下，电枢电流也跟着下降。当电流降到电动机的外加负载所对应的电流以下时，电动机便减速，直到 $\Delta U_n = U_{gn} - U_{gi} = 0$ 为止，这时电动机便进入稳定运行状态。简而言之，**在整个启动过程中，速度调节器处于开环状态，不起调节作用，系统的调节作用主要由电流调节器来完成。**

3. 稳态运转

稳态运转时，电动机转速等于给定转速，速度调节器的输入 $\Delta U_n = U_{gn} - U_{gi} = 0$。但由于速度调节器的积分作用，其输出不为零，而是由外加负载所决定的某一数值，此值也就是电流给定值。电流调节器的输入值 $\Delta U_i = U_{gn} - U_{gi} = 0$，同样，由于电流调节器的积分作用，其输出稳定在一个由当时功率开关主电路输出的电压平均值所决定的某一个值，电动机的转速不变。

小　结

1. 自动控制系统通常指闭环控制系统（或反馈控制系统），它最主要的特征是具有反馈环节。反馈环节的作用是检测并减小输出量（被调量）的偏差。

反馈控制系统是以给定量 U_s 作为基准量，然后把反映被调量的反馈量 U_f 与给定量进行比较，以其偏差信号 ΔU 经过放大去进行控制的。偏差信号的变化直接反映了被调量的变化。

在有静差系统中，就是靠偏差信号的变化进行自动调节补偿的。所以在稳态时，其偏差电压 ΔU 不能为零。而在无静差系统中，由于含有积分环节，则主要靠偏差电压 ΔU 对时间的积累去进行自动调节补偿，并依靠积分环节，最后消除静差；所以在稳态时，其偏差电压 ΔU 为零。

常用的反馈和顺馈的方式通常有：

（1）某物理量的负反馈。它的作用是使该物理量（如转速 n、电流 i、电压 U、温度 T、水位 H 等）保持恒定。

（2）某物理量的微分负反馈。它的特点是在稳态时不起作用，只在动态时起作用。它的作用是限制该物理量对时间的变化率（如 $\mathrm{d}n/\mathrm{d}t$，$\mathrm{d}i/\mathrm{d}t$，$\mathrm{d}U/\mathrm{d}t$，$\mathrm{d}T/\mathrm{d}t$，$\mathrm{d}H/\mathrm{d}t$ 等）。

（3）某物理量的截止负反馈。它的特点是在某限定值以下不起作用，而当超过某限定值时才起作用。它的作用是"上限保护"（如过大电流、过高温度、过高水位等的保护）。

（4）某物理量的扰动顺馈补偿（如电流正反馈）或给定量顺馈补偿，但补偿量不宜过大，过大易引起振荡。

2．为保证系统安全可靠运行，实际系统都需要各种保护环节，常用的保护环节有：

（1）过电压保护。如阻容吸收、压敏电阻放电、续流二极管放电回路、接地保护等。

（2）过电流保护。如熔丝和快熔（短路保护）、过电流继电器、限流电抗器、电流（截止）负反馈等。

（3）其他保护环节。如直流电动机失磁保护、正/反组可逆供电电路的互锁保护、限位保护、超速保护、过载保护、通风顺序保护、过热保护等。

3．自动控制系统通常包括：控制对象、检测环节、执行元件、供电电路、放大环节、反馈环节、控制环节和其他辅助环节等基本单元。

各单元的次序通常是：由被控对象（及被控量）→执行（驱动）部件→功率放大环节→检测环节→控制环节（包括给定元件、反馈环节、给定信号与反馈信号的比较综合、放大、调节控制）→保护环节（包括短路、过载、过电压、过电流保护等）→辅助环节（包括供电电源、指示、警报等）。

在搞清上述各单元作用的基础上，建立各单元的功能框图；然后，根据各单元间的联系，抓住各单元的头与尾（输入与输出），建立系统框图，并标出各部件名称、给定量、被控量、反馈量和各单元的输入和输出量（亦即中间参变量）。然后，分析给定量变化时及扰动量变化时系统的自动调节过程，并写出自动调节过程流程图。在此基础上，再分析系统的结构与参数（主要是调节器的结构与参数）对系统性能的影响（参见图 7-1-4、图 7-2-5、图 7-3-4 的分析）。

4．调速系统的主要矛盾是负载扰动对转速的影响，因此最直接的办法是采用转速负反馈环节。有时为了改善系统的动态性能，需要限制转速的变化率（亦即限制加速度），还增设转速微分负反馈。而在要求不太高的场合，为了省去安装测速发电机的麻烦，可采用能反映负载变化的电流正反馈和电压负反馈环节来代替转速负反馈。

5．转速和电流双闭环调速系统是由速度调节器 ASR 和电流调节器 ACR 串接后分成两级去进行控制的，即由 ASR 去"驱动"ACR，再由 ACR 去"控制"触发器。电流环为内环，速度环为外环。ASR 和 ACR 在调节过程中起着各自不同的作用。

（1）电流调节器 ACR 的作用是稳定电流，使电流保持在 $I_\mathrm{d}=U_\mathrm{si}/\beta$ 的数值上。从而：

① 依靠 ACR 的调节作用，可限制最大电流，$I_\mathrm{d} \leqslant U_\mathrm{sim}/\beta$。

② 当电网波动时，ACR 维持电流不变的特性，使电网电压的波动，几乎不对转速产生影响。

（2）速度调节器 ASR 的作用是稳定转速，使转速保持在 $n = U_{sn} / \alpha$ 的数值上。因此在负载变化（或参数变化或各环节产生扰动）而使转速出现偏差时，则靠 ASR 的调节作用来消除速度偏差，保持转速恒定。

6. 用 MATLAB 解决简单闭环控制调速系统中 PI 校正器的设计，并验算设计后系统的时域与频域性能指标是否满足要求，以及用根轨迹校正器对系统进行滞后校正设计等问题。了解 MATLAB 在系统设计中作用，掌握这一工具软件的应用（请参考第 9 章）。

7. 用 MATLAB 解决双闭环调速系统转速超调及抗扰性能的提高问题，即在转速调节器上引入转速微分负反馈，这样就可以抑制转速超调直到消灭超调，同时可以大大降低动态速度降落。掌握 MATLAB 工具软件在多环设计中的应用（请参考第 9 章）。

8. 直流脉宽调速系统是利用大功率晶体管的开关作用，改变直流电压的平均值，达到改变直流电动机转速的目的。直流脉宽调制电路分为不可逆输出和可逆输出两种，可逆输出的脉宽调制电路又有双极性和单极性两种形式。

9. 直流脉宽调速系统中，晶体管基极的驱动信号由电压—脉冲变换器产生，经过驱动电路放大，并采取一定的保护措施，才能用来驱动大功率晶体管。

10. PWM 调速系统的控制规律和数学模型与转速和电流双闭环直流调速系统基本一样，区别仅在于 PWM 装置本身的传递函数不同。当控制电压 U_c 改变时，输出 U_d 要到下一个周期才能改变。因此，PWM 装置是一个滞后的比例环节，其最大延时时间为 PWM 装置的开关周期 T。当 $\omega_{gc} \leqslant 1/(3T)$ 时，$G_{PWM}(s) \approx \dfrac{U_d / U_c}{Ts+1} = \dfrac{K_{PWM}}{Ts+1}$。

习　题　7

7-1 电动机的机械特性与调节特性有什么区别？各有什么用处？它们是静态特性还是动态特性？理想的机械特性和调节特性是怎么样的？直流电动机的机械特性和调节特性是怎样的？

7-2 调速系统的"挖土机特性"是什么特性？理想的"挖土机特性"是怎样的？采用哪些环节可以实现较好的"挖土机特性"？

7-3 由晶闸管线路供电的直流调速系统通常具有哪些保护环节？

7-4 如果反馈信号线断线，会产生怎样的后果？为什么？

7-5 如果负反馈信号线极性接反了，会产生怎样的后果？为什么？

7-6 电流负反馈、电流微分负反馈和电流截止负反馈这三种反馈环节各起什么作用？它们间的主要区别在哪里？它们能否同时在同一个控制系统中应用？

7-7 在双闭环直流调速系统中，若电流负反馈的极性接反了，会产生怎样的后果？

7-8 为了抑制零漂，通常在 PI 调节器的反馈回路中并联一高阻值的电阻。试分析这对双闭环调速系统性能的影响。

7-9 当 PI 调节器输入电压信号为零时，它的输出电压是否为零？为什么？

7-10 在直流调速系统中，若希望快速启动，采用怎样的电路？若希望平稳启动，则又采用怎样的电路？

7-11 在调试如图 7-1-1 所示直流调速系统时，若发现下列情况，问怎样进行整定？

（1）系统振荡；

（2）启动时，启动电流过大；

（3）稳态精度不够（静差率 s 太大）。

7-12 在调试转速和电流双闭环直流调速系统的电流环时，发现电流环振荡，问应怎样进行整定？

7-13 在上题中，若电流环已整定好（不再振荡），但接上速度调节器后，系统（电动机）又发生振荡，问这时又该怎样进行调试？

7-14 在调速系统中，当电网电压波动（如电压降低）时，会产生怎样的后果？为什么？若设有转速负反馈环节，能否起到自动补偿作用？并写出其自动调节过程。

7-15 在 KZD-Ⅱ型直流调速系统中（见图 7-2-1），试判断下列情况下，对系统性能将产生怎样的变化？

（1）二极管 VD_4 极性接反。

（2）稳压管 2CW9 损坏（短路或断路）。

（3）电位器 RP_5 右移。

（4）电位器 RP_3 下移。

7-16 PWM 原理是什么？可以调什么参数来改变脉宽的宽度？

7-17 简述脉宽调制调速系统的工作原理和主要特点。

7-18 在直流脉宽调制调速系统中，当电动机停止不动时，电枢两端是否有电压？是否有电流？为什么？

7-19 论述脉宽调制调速系统中各控制电路的作用。

7-20 题图 7-1 为 KCJ-1 型小功率直流调速系统电路图。试分析：

（1）该系统有哪些反馈环节，它由哪些元件构成？

（2）电位器 $RP_1 \sim RP_6$ 各起什么作用？

（3）此系统对转速为有静差还是无静差？

（4）画出系统框图。

提示：图中 KC05 为锯齿波移相集成触发元件，其中 a、b 两端接同步电压，输入端 6 接触发控制电压，8 端接地，R_6 和 C_4 为外接微分电路，由它决定触发脉冲宽度。图中 VD_{15} 二极管在此处提供一个 0.5V 左右的阈值电压，VD_1、VD_2 为运放器输入限幅，V_4 为运放器输出限幅。RP_3 调节运放器零点（使之"零输入"时，"零输出"）。RP_4 调节锯齿波斜率。

7-21 题图 7-2 为一注塑机直流调速系统实例电路图。

（1）试搞清该电路图中所有的元件的作用；分析该系统有哪些反馈环节，它们的作用是什么？

（2）系统中 VD_1 是什么元件？RS 是什么元件？各起什么作用？

（3）系统中的电容 C_1 和 C_2 各起什么作用？

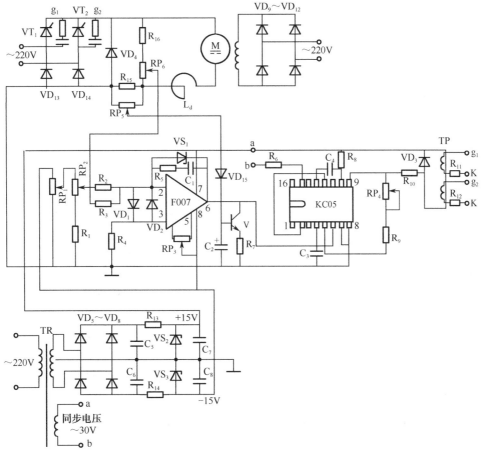

VT$_1$、VT$_2$—3CT5A/800V；VD$_1$~VD$_3$、VD$_{15}$—2CZ52C；VD$_4$~VD$_8$—2CZ84C；VD$_9$~VD$_{12}$—2CZ55T；VD$_{13}$、VD$_{14}$—2CZ57F；

R$_1$—2kΩ；R$_2$~R$_4$—20kΩ；R$_5$—100Ω；R$_6$—10kΩ；R$_7$、R$_{13}$、R$_{14}$—220Ω；R$_8$、R$_9$—30kΩ；R$_{10}$—22kΩ；R$_{11}$、R$_{12}$—10Ω；

R$_{15}$—0.36Ω；R$_{16}$—5kΩ；RP$_1$—20kΩ；RP$_2$—5.6kΩ；RP$_3$—10kΩ；RP$_4$—22kΩ；RP$_5$—56Ω；RP$_6$—4.7kΩ；C$_1$—1μF；

C$_2$—10μF；C$_3$—0.47μF；C$_4$—0.047μF；C$_5$、C$_6$—220μF；C$_7$、C$_8$—100μF；V—3DG6D；VS$_1$~VS$_3$—2CW140

题图 7-1 KCJ-1 直流调速系统电路图

（4）系统中的二极管 VD$_2$~VD$_8$ 各起什么作用？

（5）系统中的各个电位器（RP$_1$~RP$_9$）各调节什么量？若设各电位器触点下移（或右移），则对系统的性能或运行状况会产生怎样的影响？

提示：图中 RP$_4$（300Ω）电位器是用来调节励磁电流，以进行调磁调速的。

当弱磁升速使转速超过额定转速时，这时测速反馈电压 U_{fn} 也随之升高，它将使偏差电压 $\Delta U = (U_s - U_{fn})$ 降低，从而导致 U_d 的降低，影响转速 n 的上升。为了补偿这种消极影响，与 RP$_4$ 电位器同轴带动一个 RP$_3$ 电位器，它的作用是使给定电压 U_s 在 U_{fn} 升得过高时也做相应的增加。

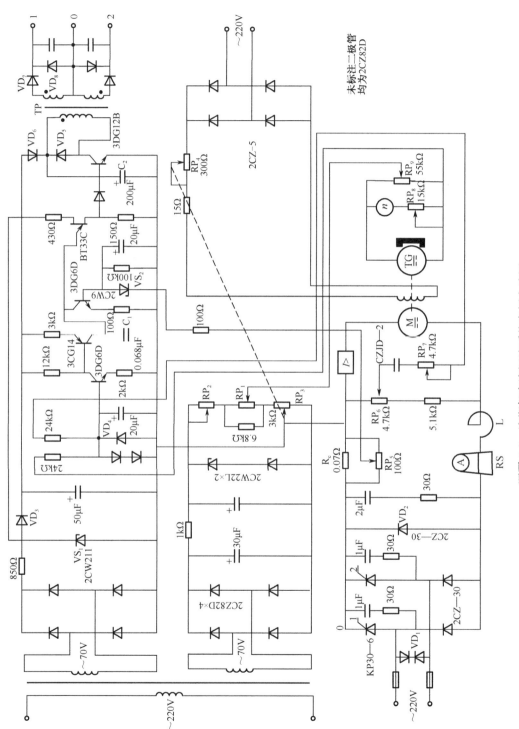

题图 7-2 注塑机直流调速系统实例电路图

第8章 交流调压调速系统

内容提要：

交流调速系统分为异步电动机调速系统和同步电动机调速系统，三相异步电动机是使用最为广泛的一类电动机，其控制调速技术研究是整个机电控制技术中最活跃的一个分支。本章主要介绍异步电动机交流调压调速系统的组成、分类及调速原理。

8.1 概述

8.1.1 交流调速系统的发展

长期以来，在电动机调速领域中，直流调速一直占主要地位，但在 20 世纪 60 年代以后，电力电子技术的发展和应用，现代控制理论、微机控制技术及大规模集成电路的发展和应用为交流调速的飞速发展创造了物质条件和技术条件。

20 世纪 90 年代以来，机电传动领域面貌焕然一新，各种类型的鼠笼式异步电动机压频比恒定的变压变频调速系统、同步电动机变频调速系统、交流电动机矢量控制系统、鼠笼式异步电动机直接转矩控制系统等在工业生产的各个领域都得到广泛应用，覆盖了机电传动调速控制的各个方面，如电压等级从 110V 到 10 000V、容量从数百瓦的伺服系统到数万千瓦的特大功率传动系统，从一般要求的调速传动到高精度、快响应的高性能的调速传动，从单机调速传动到多机协作协调调速传动等。交流调速技术的应用为工农业生产及节省电能方面带来了巨大的经济和社会效益。

现代交流调速系统由交流电动机、电力电子装置、控制器和检测装置四大部分构成，如图 8-1-1 所示。电力电子功率变换器与控制器及检测器集于一体，称为变频器。

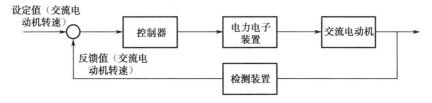

图 8-1-1 现代交流调速系统组成示意图

随着电力电子技术的发展和现代控制理论的发展与应用，交流调速系统的技术发展也日新月异，而新技术带来的革新也针对于控制器、电力电子装置和检测装置，即变频技术。现在，交流调速系统中，变频调速应用最多、最广泛，变频调速技术及其装置仍是 21 世纪的主流技术和主流产品。

目前交流调速系统的技术发展趋势为：

（1）新型开关元件和储能元件的研制。

（2）新控制思想、算法及技术不断应用于交流调速系统中。

（3）高性能、高运算速度的微型计算机应用在交流调速系统中，体现现代控制手段的优越性。

（4）进行大容量、特大容量等级的交流调速电动机技术的研究及结构精巧的高效能、高精度的交流调速技术的研究。

8.1.2　交流调速系统的分类

由异步电动机工作原理可知，从定子传入转子的电磁功率 p_d 可分为两部分：一是电动机轴上的功率 $p_m = (1-s)p_d$，另一部分是转差功率，与转差率成正比，转差功率如何处理，是消耗掉还是回馈给电网，均可衡量异步电机调速系统的效率高低。因此按转差功率处理方式不同可把异步电机调速系统分为以下三类：

（1）转差功率消耗型调速系统。转差功率全部转换成热能的形式消耗掉。晶闸管调压调速属于这一类，这类调速系统的效率最低，但该调速系统结构简单，多应用于小容量、性能要求不高的场合。

（2）转差功率回馈型调速系统。转差功率小部分消耗掉，大部分则通过交流装置回馈给电网，转速越低，回馈功率越多。绕线式异步电动机串级调速和双馈调速属于这类，该调速系统效率较高，但结构复杂。

（3）转差功率不变型调速系统。转差功率消耗在异步电动机调速中不可避免的，而转差功率不变型调速系统在调速过程中转差功率的消耗基本不变，因此效率很高，变频调速属于此类。

三相异步交流电动机转速 n 可根据下式得到：

$$n = n_0(1-s) = \frac{60f}{p}(1-s) \tag{8-1-1}$$

式中　n——异步电动机的转子转速；

　　　n_0——异步电动机的同步转速；

　　　p——极对数；

　　　f——定子的电源频率；

　　　s——转差率。

因此，可以通过改变电源频率 f、转差率 s、极对数 p 来改变电动机转速。据此，可把异步电动机调速系统分类如下：

$$
\text{交流调速}
\begin{cases}
\text{变极对数调速——改变鼠笼式异步电机定子绕组的极对数} \\
\text{变转差率调速}
\begin{cases}
\text{调压调速——改变定子电压} \\
\text{转子电路串电阻调速——绕线式异步电动机转子电路串电阻} \\
\text{串级调速——绕线式异步电动机转子电路串电动势} \\
\text{电磁转差离合器调速——滑差电动机调速}
\end{cases} \\
\text{变频调速——改变定子电源的频率}
\end{cases}
$$

以上分类当中，变极对数调速是一种有级调速方法，一般只有 2～3 挡转速，但效率高，没有滑差损耗，结构简单；变转差率调速不用调节同步转速，低速时电阻能耗大，效率低；只有串级调速时，转差功率才得以利用，效率较高。变频调速要调节同步转速，可以从高速到低速都保持很小的转差率，效率高，调速范围大，精度高，是交流电动机一种比较理想且最有发展前途的调速方法。关于变频调速请参考变频技术类书籍。本章主要介绍异步电动机的调压调速。

8.2 异步电动机调压调速系统工作原理

异步电动机调压调速是一种简单可靠、价格便宜的调速方案，适用于 10kW 以下的小功率异步电动机的调速。

8.2.1 调压调速的工作原理

由电动机学原理可知，异步电动机的电磁转矩为：

$$T_d = \frac{3pU^2 R_2'/s}{\omega_1[(R_1 + R_2'/s)^2 + \omega_1^2(L_1 + L_2')^2]} = K_T \phi_m I_2' \cos\varphi_2 \tag{8-2-1}$$

式中 R_1，L_1——定子每相电阻和漏感；

R_2'，L_2'——折合到定子侧的转子每相电阻和漏感；

U，ω_1——定子相电压和角频率；

K_T——等效转矩系数；

$\cos\varphi_2$——转子电路功率因数；

I_2'——折合到定子侧的转子电流，其表达式如下：

$$I_2' = \frac{U}{(R_1 + R_2'/s)^2 + \omega_1^2(L_1 + L_2')^2}$$

根据式（8-2-1）知，异步电动机的电磁转矩与定子电压的二次方成正比，因此，改变异步电动机的定子电压就可以改变电动机的转矩及机械特性，从而实现调速，即调压调速。

图 8-2-1 所示为针对不同负载转矩时调压调速的机械特性曲线。图中垂直线（*A*–*B*–*C*）代表的是恒转矩负载。对于恒转矩负载，当转速低于临界转速时，电动机将不能稳定运行，调速范围受到限制。如果采用专用的调压调速电动机、高转子阻抗或力矩电动机，调速范围可适当扩大。

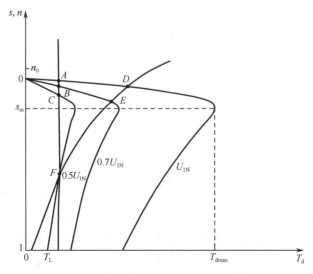

图 8-2-1   不同负载转矩时调压调速的机械特性曲线

图中曲线（D-E-F）代表的是离心式负载。对于离心式负载，由于负载转矩 $T_L=Cn^2$，C 为常数。因此，在低速时所需力矩小，正好与电动机降压后转矩也按平方规律减小相吻合，因此电动机的调速范围增大了许多。离心式负载大多是鼓风机、泵类机械，且这类机械多应用于工业建设当中，而调压调速方法十分适用这类负载，因此介绍调压调速方法具有很强的现实意义。

8.2.2 交流调压器原理

调压调速系统一般由三部分构成：交流调压装置、异步电动机和控制器。在这三部分中，异步电动机为了调速的方便，专门为调压调速设计的高转差率三相异步电动机、双鼠笼异步电动机等，比普通电动机更适合调压调速；而随着微机技术的发展，控制器朝着智能化、模块化发展；而在调压调速系统发展过程中，交流调压装置经历了三个发展阶段，分别是利用自耦调压器、饱和电抗器及晶闸管来改变电压而实现调压调速的目的。如图 8-2-2 所示为以上三种调压装置基本电路。

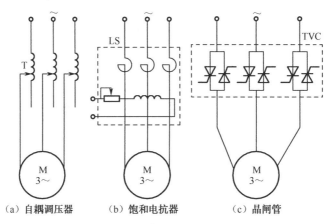

（a）自耦调压器　　　（b）饱和电抗器　　　（c）晶闸管

图 8-2-2　三种调压装置基本电路

在上述三种调速装置中，自耦调压器更适合小容量电动机，但体积庞大；饱和电抗器是控制铁芯电感的饱和程度来改变串联阻抗，从而达到调速的目的，同样体积庞大笨重；晶闸管交流调压器结构简单、使用方便，适合现代工业控制，是主流产品。

晶闸管交流调压电路有单相和三相之分，单相调压电路种类有很多，三相调压电路也有很多，如图 8-2-3 所示。不管单相还是三相调压电路，其晶闸管控制方式主要有两种，一是通断控制，二是相位控制，如图 8-2-4 所示，而应用最多的是相位控制方式。

现以单相反并联晶闸管调压电路分析它的工作原理及带电阻性负载与电感性负载的工作情况。图 8-2-5 所示为单相交流反并联电路及其带电阻性负载时的电压电流波形图。由图可知，当电源电压为正半周时，在控制角 α 的时刻触发 VS_1 使之导通，电压过零时，VS_1 自行关断；当电源电压为负半周时，在同一控制角 α 下触发 VS_2。如此不断重复，负载上便得到正负对称的交流电压。改变控制角 α 的大小，就可以改变负载上交流电压的大小。对于电阻性负载，其电流波形与电压波形同相。如果晶闸管调压电路带电感性负载，那么其电流波形由于电感上电流不能突变而有滞后现象，因此，电流波形滞后于电压波形；当电压过零变为负值后电流经过一个延迟角才能降到零，从而晶闸管也要经过一个延迟角才能关断。延迟角的大小与控制角 α、负载功率因数 φ 都有关系，这一点和单相整流电路带电感性负载相似。

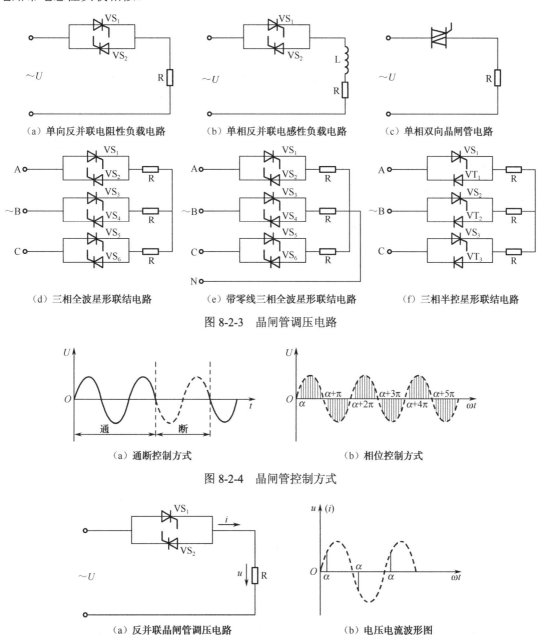

（a）单向反并联电阻性负载电路　　（b）单相反并联电感性负载电路　　（c）单相双向晶闸管电路

（d）三相全波星形联结电路　　（e）带零线三相全波星形联结电路　　（f）三相半控星形联结电路

图 8-2-3　晶闸管调压电路

（a）通断控制方式　　　　　　　　（b）相位控制方式

图 8-2-4　晶闸管控制方式

（a）反并联晶闸管调压电路　　　　　　（b）电压电流波形图

图 8-2-5　单相交流反并联电路及带电阻性负载时的电压电流波形图

与单相交流电压调压电路一样，也可采用反并联晶闸管或双向晶闸管来调节三相交流电压大小。而三相交流调压电路的分析与单相电路的分析大小异同，但必须注意它的特殊性。就是对三相交流调压电路来说，为保证输出电压对称并有相应的控制范围，首先要求触发信号必须与交流电源有一致的相序和相位差；其次在电感性负载或小导通角情况下，为了确保晶闸管可靠触发，要求采用控制角大于60°的双脉冲或宽脉冲触发电路。

8.3 异步电动机调压调速系统

由于异步电动机的开环机械特性很软，且开环调压调速的调速范围太窄，因此调压调速一般采用闭环调速系统。闭环调速系统采用带转速负反馈闭环控制或者采用调压调速与变极调速相结合的调速方式。变极调压调速克服了调压调速系统在低速运行时能量损耗大、运行效率低的缺点，相比转速环调压调速电路而言，结构略复杂。为了说明一般调压调速系统的机械特性及组成，本节主要介绍转速环调压调速系统。

8.3.1 调压调速的组成

图 8-3-1 所示为带转速环的交流调压调速系统原理图。由图可知，该系统由转速调节器（ASR）、晶闸管调压装置及触发装置（TVC 和 GT）及测速反馈环节（BR）三部分构成。

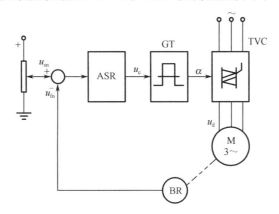

图 8-3-1 带转速环的交流调压调速系统原理图

下面简单介绍这种闭环控制的调速系统是如何提高电动机机械特性硬度的。将转速的给定电压 u_{sn} 与反馈电压 u_{fn} 进行比较，得到偏差电压，经速度调节器输出控制电压 u_c，再经触发器输出控制晶闸管的控制角 α，且 α 与 u_c 成反比。α 的大小决定了双向晶闸管的输出电压值 u_d，从而决定了电动机的转速；α 越小，输出电压 u_d 就越大，电动机的转速就越高。

8.3.2 调压调速的特性

为了方便分析带转速环的交流调压调速系统的静态特性，将图 8-3-1 所示的原理图变换成静态结构图，如图 8-3-2 所示。

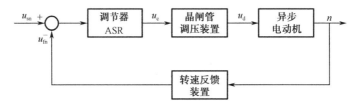

图 8-3-2 交流调压调速系统静态结构图

各控制环节输入/输出关系为：

$$u_c = k_n(u_{sn} - u_{fn})$$
$$u_d = k_s u_c$$
$$u_{fn} = \alpha n$$

（8-3-1）

式中　　k_n——调节器静态放大倍数；

　　　　k_s——晶闸管（包括触发装置）的放大倍数；

　　　　α——控制角。

上述计算公式是在稳态时简化得到的，实际转速环调节器是一个 PI 调节器，用以消除静差并改善动态性能；而晶闸管调压装置原则上是非线性的，但在一定范围内将其假定为线性函数，在动态分析时通常近似成一阶惯性环节。因此，上述公式只是用来分析调压调速系统的一般静态特性，至于动态特性分析，限于篇幅，就不在此说明。

由式（8-3-1）联立，求解得到：

$$u_d = k_n k_s (u_{sn} - \alpha n) = k_n k_s [u_{sn} - \alpha n_0(1-s)]$$

（8-3-2）

式中　　n_0——异步电动机同步转速。

异步电动机的机械特性表达式如式（8-2-1）所示，当电动机在额定负载下运行时，转差率很小，可以认为：

$$R_1 \ll \frac{R_2'}{s} \qquad \omega_1(L_1 + L_2) \ll \frac{R_2'}{s}$$

则式（8-2-1）可以近似写成：

$$T_d = \frac{3P}{\omega_1 R_2'} U^2 s$$

（8-3-3）

将式（8-3-2）代入到式（8-3-3）中，整理得到：

$$T_d = K[u_{sn} - \alpha n_0(1-s)]^2 s$$

（8-3-4）

式中　　$K = \dfrac{3P k_n^2 k_s^2}{\omega_1 R_2'}$。

式（8-3-4）就是上述条件下，异步电动机近似的机械特性。

8.3.3　调压调速的功率损耗

异步电动机从电网获得的有功功率主要分为两部分，一是经定子传输到转子的电磁功率，二是损耗功率。电磁功率一部分转化成机械功率，一部分转化成转差功率。通常转差功率转换成为转子回路的铜耗和铁耗，并以发热的形式消耗掉。为了方便分析，在调压调速过程中能量的转化形式用能量流图来表示，如图 8-3-3 所示为异步电动机调压调速时的能量流图。

在图 8-3-3 中，P_1 是电网输入的有功功率，P_d 是电磁功率，P_M 是机械功率，P_2 是输出功率，P_s 是转差功率，P_{cu1}、P_{Fe}、P_{cu2}、ΔP_M 分别是定子铜耗、励磁铁耗、转子铜耗、机械损耗。为了更好地说明这些功率之间的关系及推导不同负载特性在调压调速中转差功率消耗的大小，下面用表格的形式进行说明（见表 8-3-1）。

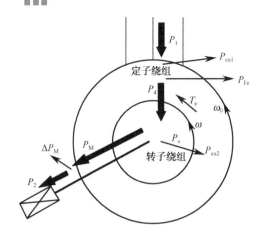

图 8-3-3　能量流图

表 8-3-1　各功率关系表

名　称	关系（或计算公式）	名　称	关系（或计算公式）
输入功率	$P_1=P_d+P_{cu1}+P_{Fe}$	机械功率	$P_M=T_e \cdot \omega=(1-s)P_d$
电磁功率	$P_d=T_e \cdot \omega_0$	输出功率	$P_2=P_M-\Delta P_M$
转差功率	$P_s=P_d-P_M$		

由表 8-3-1 可知，转差功率可表示成如下：

$$P_s = P_d - P_m = T_e \cdot \omega_0 - T_e \cdot \omega = \frac{1}{9550}T_e(n_0 - n) = sP_d \qquad (8\text{-}3\text{-}5)$$

而输入/输出功率之比，即效率可以近似表示为：

$$\eta = \frac{P_2}{P_1} \approx \frac{P_M}{P_d} = \frac{n}{n_0} = 1 - s \qquad (8\text{-}3\text{-}6)$$

将式（8-3-6）代入到式（8-3-5）中，可得到：

$$P_s \approx \frac{s}{1-s} P_M = \frac{1}{9550} \cdot \frac{s}{1-s} T_L \cdot n \qquad (8\text{-}3\text{-}7)$$

在式（8-3-7）中，可以得知，对于不同类型的负载，转差功率也将不同。为了进一步分析在调压调速系统中，不同特性的负载对转差功率的影响，采用下式对负载特性进行统一的标识：

$$T_L = Cn^{\alpha} \qquad (8\text{-}3\text{-}8)$$

式中　α——负载特性系数，$\alpha=0$，1，2 分别为恒转矩负载、比例性负载和离心式负载。

将负载表达式（8-3-8）代入到式（8-3-7）中，得到：

$$P_s = \frac{C}{9550} n_0^{\alpha+1} s(1-s)^{\alpha} \qquad (8\text{-}3\text{-}9)$$

取 $P_{Mmax} = \frac{C}{9550} n_0^{\alpha+1}$，称 $\frac{P_s}{P_{Mmax}}$ 为转差损耗系数。将式（8-3-9）根据不同负载，得到转差损耗系数曲线，如图 8-3-4 所示。

从图上可知，当 $\alpha=2$ 时，转差损耗系数最小，也即对离心式负载，调压调速引起的转差损耗最小。因此，调压调速系统适合于风泵类机械调速。

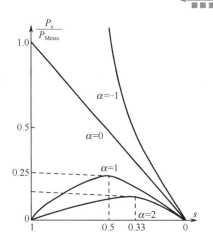

图 8-3-4　不同负载转差损耗系数曲线图

小　结

1．从能量转换的角度，转差功率是否增大，是消耗掉还是得到回收，是评价交流调速系统效率高低的基本标志。从能量转换角度，异步电动机的调速系统可分为转差功率消耗型调速系统、转差功率回馈型调速系统和转差功率不变型调速系统；从异步电动机转速定义式，可将其分成调频调速系统、调转差率调速系统、调极对数调速系统。

2．改变电源电压 U，可以改变转差率 s，即可改变转速 n，这就是调压调速的原理。对于恒转矩负载定子调压调速的范围甚小，如果采用高转子阻抗调压调速电动机或力矩电动机，调速范围可适当扩大。调压调速方法十分适用于风机水泵类负载。

3．调压调速系统一般由三部分构成：交流调压装置、异步电动机和控制器。

4．交流调压装置有单相、三相之分，同时有多种接线方式；从能量转换的角度，分析了调压调速系统对于不同特性负载，转差功率损耗大小不同，得出调压调速系统最优适合的机械装置。

习　题　8

8-1 按转差功率处理方式，异步电动机调速系统分为哪几类？有哪些调速方法？它们各属于哪一类？

8-2 为什么说调压调速方法不适合长期工作在低速的机械？

8-3 为什么调压调速必须采用闭环控制才能获得较好的机械特性？

8-4 调压调速方法有几类？各有什么特点？

8-5 调压调速的工作原理是什么？

8-6 在晶闸管调压控制方式中有哪些控制电路？各有什么特点？

8-7 调压调速系统中，转差率损耗跟哪些量有关？如何降低损耗？

8-8 调压调速系统的机械特性是什么？试绘出其特性曲线。

8-9 晶闸管调压电路有几种控制方式？各有什么特点？

8-10 晶闸管调压电路中，触发装置的控制角怎么控制？

第 9 章　MATLAB 在自动控制原理与系统中的应用

内容提要:

本章主要是关于 MATLAB 在自动控制原理与系统中的应用。具体内容有学习自动控制原理与系统先进工具软件 MATLAB 界面与基本使用；用 MATLAB 工具软件求取系统传递函数以及建立控制系统的数学模型；同时详细介绍用工具软件 MATLAB 解决控制系统时域分析与频率分析中图形的绘制与指标的计算等问题；用 MATLAB 实现稳定边界法的 PID 校正设计；MATLAB 实现频率法校正；并介绍用 MATLAB 如何实现直流调速系统中的单闭环与双闭环做系统仿真的具体实例，这将可以借鉴到工程应用的其他的控制系统中。

9.1　学习自动控制原理的工具软件 MATLAB

自动控制原理的时域分析、根轨迹分析、频域分析、控制系统的设计等问题，要求数学基础扎实，对抽象的诸如 Bode 图与描述函数以及状态空间等分析工具有极强的想象力，要能承受得住复杂、烦琐的计算与绘图。MATLAB 软件以解决烦琐而复杂的计算，简单、方便又精准地绘图，并用丰富多彩的图形来说明抽象的控制原理而著称，是一个先进而高效的工具。

9.1.1　先进的软件系统 MATLAB

MATLAB 程序设计语言是美国 MathWorks 公司于 20 世纪 80 年代中期推出的高性能数值计算软件。经过 MathWorks 公司二十几年的开发、扩充与不断完善，MATLAB 已经发展成为适合多学科，功能特强、特全的大型软件系统。2005 年 8 月，MathWorks 公司已经推出了 MATLAB7.1 版。在国外 MATLAB 已经经受了多年考验。在欧美高校，MATLAB 已经成为线性代数、自动控制理论、数理统计、数字信号分析与处理、动态系统仿真等高级课程的基本数学工具，成为高校大学生、研究生必须掌握的基础知识与基本技能。

在科学研究与工程技术应用中常常要进行大量的数学运算。在当今计算机时代，通常的做法是借助高级语言 Basic、Fortran 和 C 语言编制计算程序，输入计算机做近似计算。但是，这需要熟练地掌握所用语言的语法规则与编制程序的相关规定，而且编制程序绝非易事。

使用 MATLAB 编程运算与人进行科学计算的思路和表达方式完全一样，MATLAB 的语法更贴近人的思维方式，用 MATLAB 编写程序，犹如在一张演算纸上排列书写公式，运算求解问题，十分方便。MATLAB 特别适合进行自动控制原理的实现。

还有，MATLAB 语言语句简单，极其容易学习与使用。自动控制本身还有很多经典理论问题需要计算，还有很多现代控制理论问题需要研究，再要为学习这种语言及其语法规则花太多的时间与精力是不可取的。MATLAB 正好具有语言简单，学习与使用都很容易、简单、方便等优点，所以它是一个理想的工具。

最后，MATLAB 界面友好，使得从事自动控制的科技工作者乐于接触它，愿意使用它。MATLAB 强大方便的图形功能，可以使得重复、烦琐的计算与绘制图形的笨重劳动被简单、轻而易举的计算机操作所代替，而且数据计算准确，图形绘制精准且精致，这是过去从事本专业的人所追求与期盼的。

随着 MATLAB 软件的出现，它的 Toolbox 与 Simulink 仿真工具为自动控制原理 MATLAB 的实现提供了一个强有力的工具，使控制系统的计算与仿真的传统方法发生了革命性的变化。MATLAB 已经成为国际、国内控制领域内最流行的计算与仿真软件。

9.1.2　MATLAB 的程序设计环境

启动 MATLAB 后，将打开如图 9-1-1 所示的起始操作桌面。

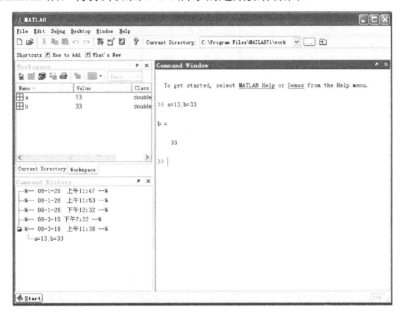

图 9-1-1　MATLAB 的起始操作桌面

操作桌面上的窗口多少与设置有关，图 9-1-1 所示为默认情况，前台有 3 个窗口。该桌面可弹出的窗口有：命令窗口（Command Window）、命令历史窗口（Command History）、当前目录浏览器（Current Directory Browser）、工作空间浏览器（Workspace Broswer）、数组编辑器（Array Editor）、交互界面分类目录窗口（Lauch Pad）、程序编辑器（Editor/Debugger）、帮助浏览器（Help Browser）。用户可对桌面窗口进行设置。

各窗口功能如下。

命令窗口：用于输入变量，运行函数和 M 文件。

命令历史窗口：用于记录和观察先前用过的函数，复制和执行被选择的行。

当前目录浏览器：寻找、观察、打开和改变 MATLAB 相关目录和文件。

工作空间浏览器：记录、存放和显示 MATLAB 运行历史中建立的全部变量。

数组编辑器：用于观察数组内容并编辑其值。

程序编辑器：生成、编辑和调试 M 文件。

帮助浏览器：显示 MATLAB 的 HTML 格式的帮助文件。

1. MATLAB 的工作空间

在 MATLAB 中，工作空间（Workspace）是一个重要的概念。工作空间是指运行 MATLAB

的程序或命令所生成的所有变量和 MATLAB 提供的常量构成的空间。MATLAB 每打开一次，就会自动建立一个工作空间，该工作空间在 MATLAB 运行期间一直存在，关闭 MATLAB 后自动消失。当运行 MATLAB 程序时，程序中的变量将被加入到工作空间中，只有特定的命令才可删除某一变量，否则该变量在关闭 MATLAB 之前一直存在。由此可见，在一个程序中的运算结果以变量的形式保存在工作空间后，在 MATLAB 关闭之前该变量还可被别的程序调用。

MATLAB 中最常用的预定义变量见表 9-1-1。

表 9-1-1　MATLAB 中最常用的预定义变量

预定义变量	含　义	预定义变量	含　义
ans	计算结果的默认变量名	NaN　或　nan	不是一个数（Not a Number），如 0/0，∞/∞
eps	机器零阈值		
Inf 或 inf	无穷大，如 1/0	nargin	函数输入总量数目
i　或　j	虚单元 $i = j = \sqrt{-1}$	nargout	函数输出总量数目
pi	圆周率 π	realmax	最大正实数
		realmin	最小正实数

变量命名规则如下。

（1）**变量名、函数名是对字母大小写敏感的。**如变量 myvar 和 MyVar 表示两个不同的变量。sin 是 MATLAB 定义的正弦函数名，但 SIN、Sin 等都不是。

（2）**变量名的第一个字符必须是英文字母，最多可包含 63 个字符（英文、数字和下连符）。**如 myvar201 是合法的变量名。

（3）**变量名中不得包含空格、标点、运算符，但可以包含下连符。**如变量名 my_var_201 是合法的，且读起来更方便。而 my,var201 由于逗号的分隔，表示的就不是一个变量名。

用户可用命令对工作空间中的变量进行显示、删除或保存等操作。例如，在 MATLAB 命令窗口直接键入"who"和"whos"命令，将可以看到目前工作空间的所有变量；用"save"命令可以保存工作空间的变量；用"clear"命令可删除工作空间里的变量。用户也可以使用 MATLAB 的变量浏览器对工作空间的变量进行操作。执行【Desktop】→【Workspace】命令，可以打开变量浏览器，如图 9-1-2 所示。

用户可以在 MATLAB 变量浏览器中用鼠标右键来对选定的变量进行操作，如显示、绘图、复制、保存、删除、重命名等。

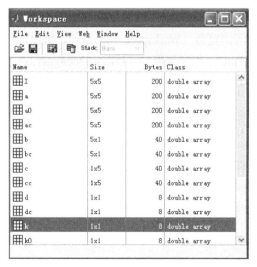

图 9-1-2　变量浏览器

2. MATLAB 的命令窗口

MATLAB 的命令窗口是 MATLAB 的重要组成部分，是用户和 MATLAB 交互的工具。在 MATLAB 启动后，命令窗口就被打开了。

MATLAB 运行后，命令窗口中有提示符"〉〉"，并对关键词、字符串、注释、普通指令采用不同的颜色表示。其设置通过执行菜单栏【File】→【Preferences】命令进行。在一个命令内容全部键入后，必须按下【Enter】键才可运行。

标点符号要在英文状态下输入，其作用极其重要。例如：

"，"用作两个输入量之间、数组元素之间的分隔符号；

"；"用作不显示结果的指令结束标志或数组的行间分隔符号；

"："用来生成一维数值数组；

"%"表示它以后的部分作为注释；

"[ ]"在输入数组和矩阵时使用；

"{ }"用来输入单元数组。

命令窗口常用的操作指令及实施指令行编缉的常用操作键分别见表 9-1-2 和表 9-1-3。

表 9-1-2　常用的操作指令

指　　令	含　　义	指　　令	含　　义
cd	设置当前工作目录	exit	关闭/退出 MATLAB
clf	清除图形窗口	quit	关闭/退出 MATLAB
clc	清除指令窗中显示的内容	more	使其后的显示内容分页进行
clear	清除 MATLAB 工作空间中保存的变量	return	返回到上层调用程序；结束键盘模式
dir	列出指定目录下的文件和子目录清单	type	显示指定 M 文件的内容
edit	打开 M 文件编辑器	which	指出其后文件所在的目录

表 9-1-3　MATLAB 命令窗口中实施指令行编辑的常用操作键

键　　名	作　　用	键　　名	作　　用
↑	前寻式调回已输入过的指令行	Home	使光标移到当前行的首端
↓	后寻式调回已输入过的指令行	End	使光标移到当前行的尾端
←	在当前行中左移光标	Delete	删去光标右边的字符
→	在当前行中右移光标	Backspace	删去光标左边的字符
PageUp	前寻式翻阅当前窗中的内容	Esc	清除当前行的全部内容
PageDown	后寻式翻阅当前窗中的内容		

3．MATLAB 的帮助文件

MATLAB 给用户提供了强大的在线帮助功能，用户可以通过两种方式来获取帮助信息。

1）在 MATLAB 命令窗口中获取帮助信息

在 MATLAB 命令窗口中直接输入帮助命令（help）来获取需要的信息。help 的调用格式如下。

help：列出 MATLAB 的所有帮助主题。

helpwin：打开 MATLAB 的帮助主题窗口。

helpdesk：打开 MATLAB 的帮助工作台。

help help：打开有关如何使用帮助信息的帮助窗口。

help 函数名：查询函数的相关信息。

2）由帮助菜单获取帮助信息

用户可以从菜单中选择【Help】选项来打开帮助窗口。

9.1.3 基本操作

1. 基本运算符在 MATLAB 中的表达方式见表 9-1-4。

表 9-1-4 MATLAB 表达式的基本运算符

	数学表达式	矩阵运算符	数组运算符
加	$a+b$ $a+b$	a + b	a + b
减	$a-b$	a - b	a - b
乘	$a \times b$	a * b	a .* b
除	$a \div b$	a / b 或 b \ a	a ./ b 或 b .\ a
幂	a^b	a ^ b	a .^ b
圆括号	( )	( )	( )

MATLAB 书写表达式的规则与"手写算式"几乎完全相同,规则如下。

(1)表达式由变量名、运算符和函数名组成。

(2)表达式将按与常规相同的优先级从左至右执行运算。

(3)优先级的规定是:指数运算级别最高,乘除运算次之,加减运算级别最低。

(4)括号可以改变运算的次序。

(5)书写表达式时,赋值符"="和运算符两侧允许有空格,以增加可读性。

2. 面向复数设计的运算

复数 $z = a + bi = re^{i\theta}$ 直角坐标表示和极坐标表示之间转换的 MATLAB 指令如下。

real(z)　　给出复数 z 的实部 $a = r\cos\theta$。

imag(z)　　给出复数 z 的虚部 $b = r\sin\theta$。

abs(z)　　给出复数 z 的模 $\sqrt{a^2 + b^2}$。

angle(z)　　以弧度为单位给出复数 z 的辐角 $\arctan\dfrac{b}{a}$。

例 9-1-1　复数 $z_1 = 3 + 4i, z_2 = 1 + 2i, z_3 = 2e^{\frac{\pi}{6}i}$ 如何表达,以及计算 $z = \dfrac{z_1 z_2}{z_3}$。

(1)采用运算符构成的直角坐标表示法和极坐标表示法。

在 MATLAB 的命令窗口中输入:

```
>> z1=3+4*i;        % 运算符构成的直角坐标表示法
z2=1+2*i;
z3=2*exp(i*pi/6);   % 运算符构成的极坐标表示法
z=z1*z2/z3
```

则其输出结果为:

z=0.3349+5.5801i

(2)复数的实虚部、模和辐角计算。

在 MATLAB 的命令窗口中输入:

```
>>real_z=real(z)
```

```
image_z=imag(z)
magnitude_z=abs(z)
angle_z_radian=angle(z)                    % 弧度单位
angle_z_degree=angle(z)*180/pi             % 度数单位
```

则其输出结果为：

```
real_z=0.3349
image_z=5.5801
magnitude_z=5.5902
angle_z_degree=86.5651
```

例 9-1-2　求多项式 $p(x)=3x^3+2x+3$ 的根及计算 $\sqrt[3]{-8}$ 的全部方根。

（1）在 MATLAB 的命令窗口中输入：

```
>> p=[3 0 2 3];
>> rootp=roots(p)
```

则其输出结果为：

```
rootp =
    0.3911 + 1.0609i
    0.3911 − 1.0609i
   −0.7822
```

（2）先构造一个多项式 $p(R) = R^3 + a$。

```
>>p=[1,0,0,8];
>>R=roots(p)
```

则其输出结果为：

```
R =−2.0000
    1.0000 + 1.7321i
    1.0000 − 1.7321i
```

MATLAB 的基本操作对象是矩阵，最方便快捷的矩阵输入方式是在 MATLAB 命令窗口中直接输入。

例 9-1-3　在 MATLAB 的命令窗口中输入：

```
>> A=[1 4 5;2 4 6;3 5 8]
B=[1 2 3;4 5 6;7 8 9]
C=[1;2;3]
D=A+B
E=A-B
```

则其输出结果为：

```
A =  1    4    5
     2    4    6
     3    5    8
B =  1    2    3
     4    5    6
     7    8    9
```

```
C =   1
      2
      3
D =   2      6      8
      6      9      12
      10     13     17
E =   0      2      2
      -2     -1     0
      -4     -3     -1
```

例 9-1-4   矩阵的分行输入。

在 MATLAB 的命令窗口中输入：

```
>> A=[1,2,3
      4,5,6
      7,8,9]
```

则其输出结果为：

```
A =
      1      2      3
      4      5      6
      7      8      9
```

例 9-1-5   指令的续行输入。

在 MATLAB 的命令窗口中输入：

```
>> s=1-1/2+1/3-1/4+...
      1/5-1/6+1/7-1/8
```

则其输出结果为：

```
s = 0.6345
```

9.1.4 M 文件

M 文件有两种形式：脚本文件（Script File）和函数文件（Function File）。这两种文件的扩展名均为 ".m"。脚本文件是直接包含了一系列 MATLAB 命令的文件；另一种形式的 M 文件称为函数文件，它的第一句可执行语句是以 function 引导的定义语句。

1．脚本文件

通过下面的例子来了解脚本文件。

例 9-1-6   编写一个 M 文件绘制函数 $y(x) = \begin{cases} \sin x, & x \leqslant 0 \\ x, & 0 < x \leqslant 3 \\ -x+6, & x > 3 \end{cases}$ 在区间[-6，6]中的图形。

解： 在 MATLAB 命令行下输入 edit 命令以打开 M 文件编辑器。输入以下程序：

```
x=-6:0.1:6;
leng=length(x);
for m=1:leng
```

```
    if x(m)<=0
        y(m)=sin(x(m));
    elseif x(m)<=3
        y(m)=x(m);
    else
        y(m)=-x(m)+6;
    end
end
plot(x,y,'*'),grid
```

将其存盘为 file.m（该文件就是一个脚本文件），然后在 MATLAB 命令行下输入：

>> file

则生成如图 9-1-3 所示的函数曲线。

2. 函数文件

如果 M 文件的第一行包含 function，这个文件就是函数文件。每一个函数文件都定义了一个函数。事实上，MATLAB 提供的函数指令大部分都是由函数文件定义的。从使用的角度看，函数是一个"黑箱"，把一些数据送进去并进行加工处理，再把结果送出来。从形式上看，函数文件与脚本文件的区别之处在于：函数文件的变量可以定义，但函数文件的变量及其运算都仅在函数文件内部起作

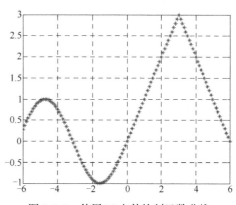

图 9-1-3　使用 M 文件绘制函数曲线

用，而不在工作空间，并且当函数文件执行完后，这些内部变量将被清除。

函数文件的基本格式如下：

function [返回变量列表] = 函数名（输入变量列表）

注释说明语句段，由%引导

输入、返回变量格式的检测

函数体语句

这里输入和返回变量的实际个数分别由 nargin 和 nargout 两个 MATLAB 保留变量来给出，只要进入该函数，MATLAB 就将自动生成这两个变量，无论用户是否直接使用这两个变量。返回变量如果多于 1 个，则应该用方括号将它们括起来，否则可以省去方括号。输入变量和返回变量之间用逗号来分隔。注释语句段的每行语句都应该由百分号"%"引导，百分号后面的内容不执行，只起注释作用。用户采用 help 命令则可以显示出注释语句段的内容。此外，正规的变量个数检测也是必要的。如果输入或返回变量格式不正确，则应该给出相应的提示。

函数文件必须遵循的规则如下：

（1）函数名必须与文件名相同；

（2）函数文件有输入和输出参数；

（3）函数文件可以有零个或多个输入变量，也可以有零个或者多个输出变量，对函数进行调试时，不能多于 M 文件中规定的输入和输出变量个数，当函数有一个以上的输出变量

时，输出变量将包含在括号内；

（4）函数文件中的所有变量除了事先进行特别声明以外，都是局部变量，如果说明是全局变量，函数可以与其他函数、MATLAB 的工作空间共享变量，不过为了避免出错，最好少用或不用全局变量。

例 9-1-7 编写一个通用的 M 函数文件求取例 9-1-6 中函数任意点的值，并绘制在区间 [−6，6]的图形。

解：（1）编写函数 demofun 并存储在同名 M 文件 demofun.m 中。

```
function y=demofun(x)
leng=length(x);
for m=1:leng
    if x(m)<=0
        y(m)=sin(x(m));
    elseif x(m)<=3
        y(m)=x(m);
    else
        y(m)=-x(m)+6;
    end
end
```

（2）在命令行下输入下列命令：

```
>> x=-6:0.1:6;y=demofun(x);plot(x,y,'*'),grid
```

也可得如图 9-1-3 所示的图形。

9.1.5　MATLAB 的绘图功能

MATLAB 计算的结果是数据，这些数据放在工作空间（Workspace）中，如果数据量很大，则阅读这些数据是很困难的，习惯是用曲线和图形表示。MATLAB 可以根据给出的数据，用绘图命令画出其图形，通过图形对计算结果进行描述，并且可以对图形进行处理，如加上标题、坐标、网格线和改变颜色等。

MATLAB 有很强的绘图功能，可以绘制二维图形、三维图形、直方图和饼形图等，这里仅介绍一些常用的基本绘图命令和方法，见表 9-1-5。

表 9-1-5　MATLAB 常用的绘图命令

功　能	命　令	注　释	功　能	命　令	注　释
基本 *X-Y* 图形	plot	线性 *X-Y* 坐标图	图形注释	title	标上图名
	loglog	双对数坐标图		text	图上标注文字
	semilogx	半对数（*X*轴）坐标图		grid	加上网格线
	semilogy	半对数（*Y*轴）坐标图		gtext	用鼠标定位文字
	plotyy	双 *Y* 轴坐标图		xlabel	*X*轴文字标注
	polar	极坐标图		ylabel	*Y*轴文字标注
坐标控制	axis	坐标分度、范围		Legend	标注图例
	hold	保持当前图形			
	subplot	拆分子图			

利用命令绘制多条曲线时，MATLAB 会自动地以不同颜色标出曲线，以便区分。如果

对曲线的颜色和线型另有要求，可以在绘图命令中指出，命令的格式为：

plot(x1,y1,'<线型标识符> <颜色标识符>',x2,y2, '<线型标识符> <颜色标识符>'…)

线型标识符和颜色标识符见表 9-1-6。

表 9-1-6　线型标识符和颜色标识符

颜色标识符	颜　色	线型标识符	线　型
y	黄	.	点
m	品红	○	小圆圈
c	青	×	叉号
r	红	+	加号
g	绿	-	实线
b	蓝	*	星号
w	白	:	虚线
k	黑	—·	点画线
		--	长画线

例 9-1-8　画出衰减振荡曲线 $y = e^{-\frac{t}{3}} \sin 3t$ 及其包络线 $y_0 = e^{-\frac{t}{3}}$。t 的取值范围是 $[0, 4\pi]$。

解：执行如下 MATLAB 程序。

```
t=0:pi/50:4*pi;
y0=exp(-t/3);
y=exp(-t/3).*sin(3*t);
plot(t,y,'-r',t,y0,':b',t,-y0,':b')
grid
```

则其输出结果如图 9-1-4 所示。

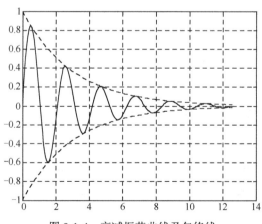

图 9-1-4　衰减振荡曲线及包络线

9.2　用 MATLAB 求拉氏变换与拉氏反变换

1. 用 MATLAB 计算拉氏变换

例 9-2-1　求函数 $f(t)$ 为：（1）$1(t)$；（2）At；（3）t^2；（4）$Ae^{\alpha t}$ 的 Laplace（拉氏）变换 $F(s)$。

解：在命令窗口输入：

```
>> syms  s  t  A  alpha; %syms 符号函数指令
F=laplace(1,s)
F= laplace(A*t)
F=laplace(t^2)
F=laplace(A*exp(alpha*t))
```

执行结果为：

```
F =1/s
F =A/s^2
F =2/s^3
F =A/(s-alpha)
```

例 9-2-2　求函数 $f(t)$ 为：（1）$\cos(\omega t)$；（2）$e^{\alpha t}\sin(\omega t)$；（3）$\delta(t)$；（4）$A \cdot t^2 + B \cdot t^3$ 的 Laplace（拉氏）变换 $F(s)$。

解：在命令窗口输入：

```
>> syms s t alpha omega A B;
F=laplace(cos(omega*t))
F=laplace(exp(alpha*t)*sin(omega*t))
F=laplace('Dirac(t)',t,s)
F=laplace(A*t^2+B*t^3)
```

执行结果为：

```
F =s/(s^2+omega^2)
F =omega/((s-alpha)^2+omega^2)
F =1
F =2*A/s^3+6*B/s^4
```

注意：在 MATLAB 中，单位脉冲函数 $\delta(t)$ 规定写成 Dirac(t)，而且第一个字母必须为大写；单位阶跃函数写成 Heaviside(t)。

2. 利用留数将象函数表达式展开成部分分式

留数的概念在高等数学中讲过，这里只讲留数部分分式展开。

（1）若多项式 $A(s)$ 不含重根，则以下展开称为部分分式展开：

$$\frac{B(s)}{A(s)} = \frac{R_1}{s-P_1} + \frac{R_2}{s-P_2} + \cdots + \frac{R_n}{s-P_n} + k(s)$$

式中　P_1，P_2，$\cdots$，P_n——极点；

　　　R_1，R_2，$\cdots$，R_n——留数；

　　　$k(s)$——直接项。

（2）若多项式 $A(s)$ 含 m 重根，那么相应部分分式则写为：

$$\frac{B(s)}{A(s)} = \frac{R_j}{s-P_j} + \frac{R_{j+1}}{(s-P_j)^2} + \cdots + \frac{R_{j+m-1}}{(s-P_j)^m}$$

在高等数学中，留数 R_1，R_2，$\cdots$，R_n 通常用待定系数法来计算。

（3）计算留数 MATLAB 的函数命令格式：

```
[R P K]=residue(B,A)
```

其中 B 与 A 是分子多项式 $B(s)$ 和分母多项式 $A(s)$ 以降幂排列的多项式系数向量。具体应用见下面例子。

例 9-2-3　将象函数表达式 $F(s)=\dfrac{s+2}{s^2+4s+3}$ 展开成部分分式。

解：在命令窗口输入：

```
>> B=[1 2];A=[1 4 3];[R P K]=residue(B,A)
```

执行结果为：

```
R = 0.5000
    0.5000
P = −3
    −1
K =[   ]
```

即 $F(s)=\dfrac{s+2}{s^2+4s+3}=\dfrac{0.5}{s+3}+\dfrac{0.5}{s+1}$

例 9-2-4　将象函数表达式 $F(s)=\dfrac{s+2}{s(s+1)^2(s+3)}$ 展开成部分分式。

解：在命令窗口输入：

```
>> syms   s; a=expand(s*(s+1)^2*(s+3))
a =s^4+5*s^3+7*s^2+3*s
>> B=[1 2];
A=[1 5 7 3 0];
[R P K]=residue(B,A)
```

执行结果为：

```
R = 0.0833
   −0.7500
   −0.5000
    0.6667
P =−3.0000
   −1.0000
   −1.0000
        0
K =[   ]
```

即 $F(s)=\dfrac{s+2}{s(s+1)^2(s+3)}=\dfrac{0.0833}{s+3}-\dfrac{0.75}{s+1}-\dfrac{0.5}{(s+1)^2}+\dfrac{0.6667}{s}$

3. 用 Laplace 反变换求原函数

例 9-2-5　求象函数 $F(s)=1$ 与 $F(s)=\dfrac{1}{s(s+a)}$ 的原函数 $f(t)=L^{-1}[F(s)]$。

解：（1）在命令窗口输入：

```
>> syms s t;  f=ilaplace(1,t)
```

执行结果为：

f =dirac(t)

（2）在命令窗口输入：

syms s t a

f=ilaplace(1/(s*(s+a)))

执行结果为：

f=2*exp(-1/2*a*t)/a*sinh(1/2*a*t)

例 9-2-6 求象函数

$$F(s) = \frac{s}{(s+1)^2(s+2)}; \quad F(s) = \frac{2s+2}{s^2+4s+5}; \quad F(s) = \frac{1}{s^3+21s^2+120s+100}$$ 的 原 函 数 $f(t) =$ $L^{-1}[F(s)]$。

解：（1）在命令窗口输入：

syms s t;F=s/((s+1)^2*(s+2));f=ilaplace(F);

f=collect(f,exp(-t)); %将 f 的函数归类简化

执行结果为：

f =-2*exp(-2*t)+(2-t)*exp(-t)

即：$f(t) = (2-t)\mathrm{e}^{-t} - 2\mathrm{e}^{-2t}$

（2）在命令窗口输入：

syms s t;F=(2*s+2)/(s^2+4*s+5);f=ilaplace(F);

先得到结果再简化：

f=collect(f,exp(-2*t))

执行结果为：

f =(2*cos(t)-2*sin(t))*exp(-2*t)

即：$f(t) = 2(\cos t - \sin t)\mathrm{e}^{-2t}$

（3）在命令窗口输入：

>> syms s t;F=1/(s^3+21*s^2+120*s+100);f=ilaplace(F);

f=collect(f,exp(t)^10)

执行结果为：

f =(-1/81-1/9*t)*exp(-10*t)+1/81*exp(-t)

即：$f(t) = \frac{1}{81}\mathrm{e}^{-t} - \frac{1+9t}{81}\mathrm{e}^{-10t}$

9.3 控制系统数学模型的 MATLAB 实现

控制系统的分析和设计绝大多数都是基于数学模型的。对于用传递函数描述的系统，可以选用 MATLAB 来进行分析和设计。本节主要介绍用 MATLAB 表示系统数学模型并用其进行结构图的化简，进而求解系统闭环传递函数。

9.3.1　数学模型的三种表示

1. 传递函数模型

$$G(s) = \frac{\text{num}(s)}{\text{den}(s)} = \frac{b_m s^m + b_{m-1} s^{m-1} + \cdots + b_1 s + b_0}{a_n s^n + a_{n-1} s^{n-1} + \cdots + a_1 s + a_0} \tag{9-3-1}$$

在 MATLAB 语言中，可直接利用传递函数分子、分母多项式的系数向量方便地对其加以描述。比如对式（9-3-1），可分别定义传递函数的分子、分母多项式的系数向量为：

$$\text{num} = [b_m \quad b_{m-1} \quad \cdots \quad b_1 \quad b_0]$$

$$\text{den} = [a_n \quad a_{n-1} \quad \cdots \quad a_1 \quad a_0]$$

这里分子、分母多项式系数向量中的系数均按 s 的降幂排列，各系数之间用空格或逗号分隔。用函数命令 tf( ) 来建立传递函数模型，其调用格式为：

```
sys=tf(num,den)
sys=tf(num,den,Ts)
```

Ts 为采样周期，当 Ts=-1 或者 Ts=[]时，系统的采样周期未定义。

2. 零极点增益模型

$$G(s) = \frac{k(s - z_1)(s - z_2) \cdots (s - z_m)}{(s - p_1)(s - p_2) \cdots (s - p_n)} \tag{9-3-2}$$

$z_1, z_2, \cdots, z_m$ 是系统零点；$p_1, p_2, \cdots, p_n$ 是系统极点；k 为系统增益；在 MATLAB 里可直接用向量 z、p、k 构成向量组 $[z, p, k]$ 表示系统，即：

$$\begin{cases} z = [z_1, z_2, \cdots, z_m] \\ p = [p_1, p_2, \cdots, p_n] \\ k = [k] \end{cases}$$

用函数命令 zpk() 来建立零极点增益模型，其调用格式为：

```
sys=zpk(z,p,k)
sys=zpk(z,p,k,Ts)
```

3. 状态空间模型

$$\begin{cases} \dot{x}(t) = Ax(t) + Bu(t) \\ y(t) = Cx(t) + Du(t) \end{cases} \tag{9-3-3}$$

式中　$u(t)$——系统控制输入向量；

　　　$x(t)$——系统状态变量；

　　　$y(t)$——系统输出向量；

　　　A——状态矩阵；

　　　B——控制矩阵；

　　　C——观测矩阵；

　　　D——直接传输矩阵。

在 MATLAB 中，连续与离散系统都可直接用矩阵组 $[A, B, C, D]$ 表示，即系统的状态空间模型。用函数 ss() 来建立控制系统的状态模型。其调用格式为：

```
sys=ss(A,B,C,D)
sys=ss(A,B,C,D,Ts)
```

4．三种系统数学模型之间的转换

解决实际问题时，常常需要对自动控制系统的数学模型进行转换。

1）将 LTI 对象转换为传递函数模型

（1）如果有系统状态空间模型：sysl=ss(A,B,C,D)

将其转换为传递函数模型时则有：sys2=tf(sysl)

（2）如果有系统零极点增益模型：sys3=zpk(z,p,k)

将其转换为传递函数模型时则有：sys4=tf(sys3)

2）将 LTI 对象转换为零极点增益模型

（1）如果有系统状态空间模型：sysl=ss(A,B,C,D)

将其转换为零极点增益模型时则有：sys2=zpk(sysl)

（2）如果有系统传递函数模型：sys3=tf(num,den)

将其转换为零极点增益模型时则有：sys4=zpk(sys3)

3）将 LTI 对象转换为状态空间模型

（1）如果有系统传递函数模型：sysl=tf(num,den)

将其转换为状态空间模型时则有：sys2=ss(sysl)

（2）如果有系统零极点增益模型：sys3=zpk(z,p,k)

将其转换为状态空间模型时则有：sys4=ss(sys3)

还可用下面的指令格式实现转换：

```
[z,p,k]=tf2zp(num,den);

[num,den]=zp2tf(z,p,k);

[z,p,k]=ss2zp(A,B,C,D);

[A,B,C,D]=zp2ss(z,p,k);

[num,den]=ss2tf(A,B,C,D);

[A,B,C,D]=tf2ss(num,den)
```

例 9-3-1 已知系统状态空间模型：

$$\dot{\boldsymbol{x}} = \begin{pmatrix} 0.3 & 0.1 & 0.05 \\ 1 & 0.1 & 0 \\ 1.5 & 8.9 & 0.05 \end{pmatrix} \boldsymbol{x} + \begin{pmatrix} 2 \\ 0 \\ 4 \end{pmatrix} \boldsymbol{u}; \boldsymbol{y} = [1, 2, 3] \boldsymbol{x}$$

求其等效的传递函数模型。

解： 求其等效的传递函数模型的程序如下。

```
A=[0.3 0.1 0.05;1 0.1 0;1.5 8.9 0.05];

B=[2;0;4];C=[1 2 3];D=0;

sys1=ss(A,B,C,D);sys=tf(sys1)

sys=zpk(sys1)
```

程序运行结果为：

Transfer function:

```
     14 s^2 + 8.1 s + 51.85
------------------------------
s^3 - 0.45 s^2 - 0.125 s - 0.434
Zero/pole/gain:
     14 (s^2   + 0.5786s + 3.704)
-------------------------------
(s-1.005) (s^2   + 0.5545s + 0.432)
```

即传递函数模型：

$$G(s) = \frac{14s^2 + 8.1s + 51.85}{s^3 - 0.45s^2 - 0.125s - 0.434}$$

以下示例中，一般情况将不再写出传递函数的代数表达式。

例 9-3-2 已知系统零极点增益模型： $G(s) = 8\dfrac{(s+1)(s+2)}{s(s+3)(s+4)(s+5)}$ ，求其等效的传递函数模型。

解： 求其等效的传递函数模型的程序如下。

```
z=[-1,-2];p=[0,-3,-4,-5];k=8;
sysl=zpk(z,p,k);sys=tf(sysl)
sys=zpk(sysl)
```

程序运行结果为：

```
Transfer function:
     8 s^2 + 24 s + 16
------------------------
s^4 + 12 s^3 + 47 s^2 + 60 s
Zero/pole/gain:
     8 (s+1) (s+2)
-------------------
s (s+3) (s+4) (s+5)
```

例 9-3-3 控制系统校正时常采用的比例-积分（PI）调节器如图 9-3-1 所示，以 U_{ex} 作输出量，以 U_{in} 作输入量。试求用向量组 $[z, p, k]$ 表示的系统零极点增益模型与传递函数模型。

解： 系统传递函数为

$$\Phi(s) = \frac{U_{ex}(s)}{U_{in}(s)} = \frac{K_{pi}\left(s + \dfrac{1}{K_{pi}\tau}\right)}{s}$$

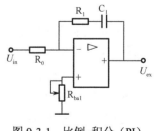

图 9-3-1　比例-积分（PI）
调节器

式中　$K_{pi} = \dfrac{R_1}{R_0}$ ；

　　　$\tau = R_0 C_1$ 。

即系统为：

$$z = \left[-\frac{1}{K_{pi}\tau}\right]; \boldsymbol{p} = [0]; \boldsymbol{k} = K_{pi}$$

若 $R_0 = 40\mathrm{k}\Omega, R_1 = 1200\mathrm{k}\Omega; C_1 = 50\mu\mathrm{F}$

则 $\boldsymbol{k} = K_{\mathrm{pi}} = \dfrac{R_1}{R_0} = 1200/40 = 30; \tau = R_0 C_1 = 2\mathrm{s};\ \boldsymbol{z} = \left[-\dfrac{1}{K_{\mathrm{pi}}\tau}\right] = 0.0167; \boldsymbol{p} = [0]$

为求系统的零极点增益模型与传递函数模型，给出以下语句：

```
k=30;z=-0.0167;p=0;sys=zpk(z,p,k)
Zero/pole/gain:

30 (s+0.0167)
-------------
      s

>> sysl=tf(sys)
Transfer function:

30 s + 0.501
------------
     s
```

9.3.2　结构图模型的简化

1. 环节串联连接的化简

图 9-3-2 为两个环节串联，将串联的多个环节的传递函数方框在 Simulink 的模型窗口里

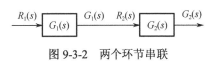

图 9-3-2　两个环节串联

依次串接画出即成为系统方框图模型。控制系统的环节串联及其化简就是模块方框图模型的串联及其化简。当 n 个模块方框图模型 sys1，sys2，…，sys$n$ 串联连接时，其等效方框图模型为：sys=sys1*sys2*…*sys$n$。

或者用 series() 函数，格式为：

```
[num,den]=series(num1,den1,num2,den2)
```

例 9-3-4　已知双环调速系统电流环内前向通道三个模块的传递函数分别为：

$$G_1(s) = \frac{0.0128s+1}{0.04s}, G_2(s) = \frac{30}{0.00167s+1}, G_3(s) = \frac{2.5}{0.0128s+1}$$

试求串联连接的等效传递函数。

解：求解的 MATLAB 程序如下。

```
>> n1=[0.0128 1];d1=[0.04 0];sysl=tf(n1,d1);n2=[30];d2=[0.00167 1];sys2=tf(n2,d2);
>> n3=[2.5];d3=[0.0128 1];sys3=tf(n3,d3);
>> sysl23=sysl*sys2*sys3
```

由以上运算数据可以写出系统等效传递函数为：

```
Transfer function:
             0.96 s + 75

-----------------------------------
8.55e-007 s^3 + 0.0005788 s^2 + 0.04 s
```

即：$G(s) = G_1(s)G_2(s)G_3(s) = \dfrac{0.96s+75}{0.000000855s^3 + 0.0005788s^2 + 0.04s}$

2. 环节并联连接的化简

两个环节并联如图 9-3-3 所示。当 n 个模块方框图模型 sys1,sys2,…,sysn 并联连接时，其等效方框图模型为： $sys = sys1 \pm sys2 \pm \cdots \pm sysn$ 。也需要注意，方框图模型可以是 tf 对象、zpk 对象与 ss 对象中的任一种，但并联连接时的多个对象通常取同一种。还要注意，等效模型为多个环节输出的代数和，需根据实际情况，有加有减。

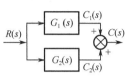

图 9-3-3 两个环节并联

或者用 parallel 函数，格式为：

[num,den]=parallel(num1,den1,num2,den2)

例 9-3-5 已知两子系统传递函数分别为：

$$G_1(s) = \frac{5}{s+1}, G_2(s) = \frac{7s+8}{s^2+2s+9}$$

试求两系统并联连接的等效传递函数的 num 与 den 向量。

解：求解的 MATLAB 程序如下。

```
>>num1=[5];den1=[1,1];sys1=tf(num1,den1);
num2=[7,8];den2=[1,2,9];sys2=tf(num2,den2);
sys=sys1+sys2
num=sys.num{1}
den=sys.den{1}
```

由以上运算数据可以写出系统等效传递函数为：

```
Transfer function:
    12 s^2 + 25 s + 53
---------------------
s^3 + 3 s^2 + 11 s + 9
num =     0    12    25    53
den =     1     3    11     9
```

即： $G(s) = G_1(s) + G_2(s) = \dfrac{12s^2 + 25s + 53}{s^3 + 3s^2 + 11s + 9}$

3. 环节反馈连接的化简

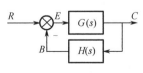

图 9-3-4 反馈连接结构

两个环节的反馈连接结构如图 9-3-4 所示。MATLAB 中的 feedback()函数命令可将两个环节反馈连接后求闭环传递函数。$G(s)$ 为闭环前向通道的传递函数，$H(s)$ 为反馈通道的传递函数。feedback()函数既适用于连续时间系统，也适用于离散时间系统。

feedback()函数命令格式为：

sys=feedback(sys1,sys2,sign)

单位反馈连接用函数 cloop()，其格式为：

[num,den]=cloop(num1,den1,sign)

函数命令将两个环节按反馈方式连接起来，环节 sys1 即 $G(s)$ 的所有输出均连接到环节 sys2 也即 $H(s)$ 的输入，环节 sys2 的所有输出为反馈信号，sign 是反馈极性，sign 默认为负反馈，即 sign=-1；单位正反馈时，sign=1，且不能省略。

例 9-3-6 图 9-3-5 是晶闸管—直流电动机转速负反馈单闭环调速系统（V—M 系统）的 Simulink 动态结构图，试求其单闭环系统内小闭环的传递函数与系统的闭环传递函数。

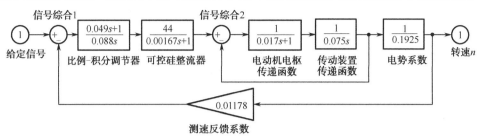

给定信号 信号综合1 比例-积分调节器 可控硅整流器 信号综合2 电动机电枢传递函数 传动装置传递函数 电势系数 转速n 测速反馈系数

图 9-3-5　直流单闭环调速系统

解：求系统的闭环传递函数的 MATLAB 程序如下。

```
>>nl=[1];d1=[0.017 1];sl=tf(nl,d1);
n2=[1];d2=[0.075 0];s2=tf(n2,d2);s=sl*s2;
sysl=feedback(s,1)
n3=[0.049 1];d3=[0.088 0];s3=tf(n3,d3);
n4=[0 44];d4=[0.00167 1];s4=tf(n4,d4);
n5=1;d5=0.1925;s5=tf(n5,d5);
n6=0.01178;d6=1;s6=tf(n6,d6);
sysq=sysl*s3*s4*s5;
sys=feedback(sysq,s6)
```

运行结果如下：

Transfer function:

$$\frac{1}{0.001275s^2 + 0.075s + 1}$$

Transfer function:

$$\frac{2.156\ s + 44}{3.607e\text{-}008\ s^4 + 2.372e\text{-}005\ s^3 + 0.001299\ s^2 + 0.04234\ s + 0.5183}$$

即单闭环系统内的小闭环的传递函数为：

$$\Phi_1(s) = \frac{1}{0.003s^2 + 1}$$

单闭环系统的闭环传递函数为：

$$\Phi(s) = \frac{2.156s + 44}{0.00000003607s^4 + 0.00002372s^3 + 0.001299s^2 + 0.04234s + 0.5183}$$

例 9-3-7 RLC 网络如图 9-3-6 所示，试求以 u_c 作输出，以 u_r 作输入的微分方程与传递函数模型。

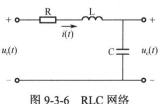

图 9-3-6　RLC 网络

解：（1）求微分方程。

```
>>clear
    syms ai aip ur ul ucpp ucp uc R L C;
    aip=C*ucpp;
    ul=L*aip;
    ur=R*ai+ul+uc;
ur=subs(ur,ai,C*ucp)
```

运行结果为：

ur =R*C*ucp+L*C*ucpp+uc

即有微分方程：$LC\dfrac{\mathrm{d}^2 u_c}{\mathrm{d}t^2} + RC\dfrac{\mathrm{d}u_c}{\mathrm{d}t} + u_c = u_r$

说明： ①电感两端的电压 "u1=L*aip"，即 $u_1 = L\dfrac{\mathrm{d}i}{\mathrm{d}t}$

②由 $i = C\dfrac{\mathrm{d}u_c}{\mathrm{d}t}$，式 $\dfrac{\mathrm{d}i}{\mathrm{d}t} = C\dfrac{\mathrm{d}^2 u_c}{\mathrm{d}t^2}$ 写成 "aip=C*ucpp"

③ "ucpp" 即为 $u_c'' = \dfrac{\mathrm{d}^2 u_c}{\mathrm{d}t^2}$

（2）求传递函数模型。

```
>> syms R C L s Ur Uc;Uc=simple(Ur*(1/(s*C))/(R+s*L+1/(s*C)));
G=factor(Uc/Ur)
```

运行结果为：

G =1/(R*s*C+s^2*L*C+1)

即有传递函数：

$$G(s) = \frac{U_c(s)}{U_r(s)} = \frac{1}{LCs^2 + RCs + 1}$$

例 9-3-8 设系统微分方程组如下：

$$\begin{cases} x_1 = r(t) - c(t) \\ x_2 = \tau\dfrac{\mathrm{d}x_1}{\mathrm{d}t} + K_1 x_1 \\ x_3 = K_2 x_2 \\ x_4 = x_3 - K_5 c(t) \\ \dfrac{\mathrm{d}x_5}{\mathrm{d}t} = K_3 x_4 \\ T\dfrac{\mathrm{d}c(t)}{\mathrm{d}t} + c(t) = K_4 x_5 \end{cases}$$

式中　$r(t)$——输入量；

$c(t)$——输出量；

x_1、x_2、x_3、x_4、x_5——中间变量；

K_1、K_2、K_3、K_4、K_5、T、τ——常量。试绘制系统动态结构图，并求传递函数

$G(s) = \dfrac{C(s)}{R(s)}$。

解：（1）绘制系统动态结构图（见图9-3-7）。

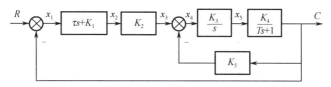

图9-3-7 双闭环系统

（2）求传递函数 $G(s) = \dfrac{C(s)}{R(s)}$ 。

① 先求 $R(s)$ 。

```
>>syms s C R X1 X2 X3 X4 x5 K1 K2 K3 K4 K5 T tau;
X5=(T*s+1)*C/K4;X4=s*X5/K3; X3=X4+K5*C;X2=X3/K2;
X1=X2/(tau*s+K1);R=C+X1
```

运行结果为：

```
R =C+(s*(T*s+1)*C/K4/K3+K5*C)/K2/(tau*s+K1)
```

② 后求 $C(s)$ 。

```
>> syms s C R X1 X2 X3 X4 X5 K1 K2 K3 K4 K5 T tau;
[c]=solve('R=C+(s*(T*s+1)*C/K4/K3+K5*C)/K2/(tau*s+K1)','C')
```

运行结果为：

```
c =R/(K2*K3*K4*tau*s+K2*K3*K4*K1+T*s^2+s+K5*K3*K4)*K4*K3*K2*(tau*s+K1)
```

即传递函数为：

$$G(s) = \frac{C(s)}{R(s)} = \frac{K_2 K_3 K_4 (\tau s + K_1)}{T s^2 + K_2 K_3 K_4 \tau s + K_1 K_2 K_3 K_4 + K_3 K_4 K_5}$$

例 9-3-9 设系统结构图如图 9-3-8 所示，求系统闭环传递函数。

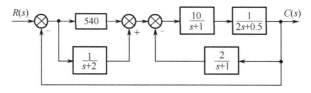

图9-3-8 系统结构图

解： 程序如下：

```
num1=[540];den1=[1];num2=[1];den2=[1 2];num3=[10];den3=[1 1];
num4=[1];den4=[2 0.5];num5=[2];den5=[1 1];
[numa,dena]=parallel(num1,den1,num2,den2);
[numb,denb]=series(num3,den3,num4,den4);
[numc,denc]=feedback(numb,denb,num5,den5);
[numd,dend]=series(numa,dena,numc,denc);
[num,den]=cloop(numd,dend);
printsys(num,den);
```

运行结果如下：

```
num/den =
```

```
        5400 s^2 + 16210 s + 10810
--------------------------------------------
2 s^4 + 8.5 s^3 + 5412 s^2 + 16236.5 s + 10851
```

9.4　用 MATLAB 解决时域分析的问题

9.4.1　时域响应曲线的绘制

1．单位阶跃响应的函数 step()

调用格式：

```
step(sys)
step(sys,t)
[y,t,x]=step(sys)
```

step(sys,t)函数用于计算系统的阶跃响应，函数中 t 可以指定为一个仿真终止时间，此时 t 为一标量；也可以设置为一个时间向量（如用"t=0:dt:Tfinal"命令）。若是离散系统，时间间隔 dt 必须与采样周期匹配。函数中 t 也可以没有。

[y,t,x]＝step(sys)函数为带有输出变量引用的函数；可计算系统阶跃响应的输出数据，而不绘制出曲线。输出变量 y 是系统的输出响应值向量；输出变量 t 为取积分值的时间向量；输出变量 x 是系统的状态轨迹数据。

2．单位脉冲响应函数 impulse()

```
impulse(sys)
impulse(sys,t)
[y,t,x]=impulse(sys)
```

例 9-4-1　已知单位负反馈系统前向通道的传递函数为：$G(s) = \dfrac{80}{s^2 + 2s}$，试做出其单位阶跃响应曲线和单位脉冲响应曲线。

解：

```
sys=tf(80,[1 2 0]);closys=feedback(sys,1);
step(closys)
impulse(closys)
```

运行程序可得系统的单位阶跃给定响应曲线与单位脉冲响应曲线。

例 9-4-2　用 MATLAB 仿真函数命令绘制一阶系统 $\varPhi(s) = \dfrac{1}{s+1}$ 的单位阶跃响应曲线、单位脉冲响应曲线、单位斜坡响应曲线与等加速度响应曲线。

解：（1）运行以下语句可得一阶系统的单位阶跃响应：

```
ys=tf([0 1],[1 1]);
step(ys)
```

程序运行后得到如图 9-4-1 所示的单位阶跃响应曲线。

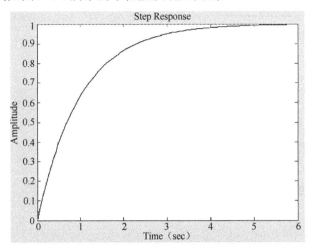

图 9-4-1 一阶系统的单位阶跃响应曲线

（2）运行以下语句可得一阶系统的单位脉冲响应：

sys=tf([0 1],[1 1]);

impulse(sys)

程序运行后得到如图 9-4-2 所示的单位脉冲响应曲线。

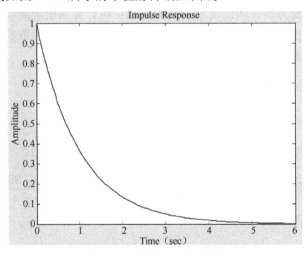

图 9-4-2 单位脉冲响应曲线

（3）运行以下语句可得一阶系统的单位斜坡响应：

sys=tf([0 1],[1 1 0]);

step(sys)

程序运行后得到如图 9-4-3 所示的单位斜坡响应曲线。

（4）运行以下语句可得一阶系统的等加速度响应：

sys=tf([0 1],[1 1 0 0]);

step(sys)

程序运行后得到如图 9-4-4 所示的等加速度响应曲线。

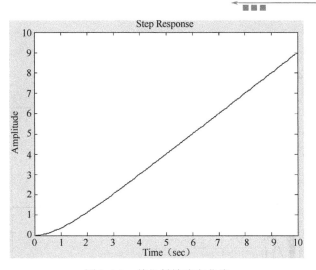

图 9-4-3　单位斜坡响应曲线

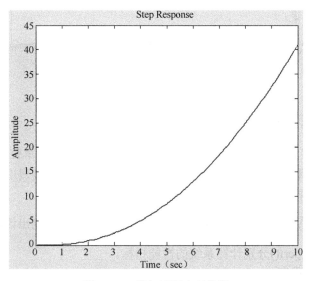

图 9-4-4　等加速度响应曲线

例 9-4-3　有典型二阶系统：$G(s) = \dfrac{\omega_n^2}{s^2 + 2\xi\omega_n s + \omega_n^2}$

试绘制出当 $\omega_n = 6$，ξ 分别为 0.1、0.2、…、1.0、2.0 时系统的单位阶跃响应曲线。

解： 编写 MATLAB 程序如下。

```
wn=6;
kosi=[0.1:0.1:1.0,2.0];
figure(1)
hold on
for kos=kosi
    num=wn.^2;
    den=[1,2*kos*wn,wn.^2];
    step(num,den)
end
```

title('Step Response')

hold off

执行后可得如图 9-4-5 所示的单位阶跃响应曲线。

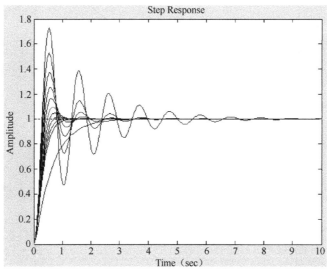

图 9-4-5　单位阶跃响应曲线

9.4.2　二阶系统性能指标的计算

在这里，可以自定义一个 MATLAB 函数 perf()，用于求系统单位阶跃响应的性能指标：超调量、峰值时间和调节时间。在今后的设计中，我们可以直接调用该函数，从而方便快捷地得到系统的性能指标。该函数 M 文件原程序参见附录 A。

例 9-4-4　设控制系统的开环传递函数为：$G(s) = \dfrac{1.25}{s^2 + s}$，试绘制出该闭环系统的单位阶跃响应曲线，并用函数 perf() 分别计算系统的性能指标。

解：（1）执行以下程序。

```
clear
s1=tf(1.25,[1 1 0]);
sys=feedback(sl,1);
step(sys)
```

程序执行后绘制出该闭环系统的单位阶跃响应曲线。

（2）采用函数 perf() 计算性能指标。

```
global y t
s1=tf(1.25,[1 1 0]);
sys=feedback(s1,1);
[y,t]=step(sys);perf(2,y,t);
```

程序执行结果为：

```
sigma =0.2091
tp =3.0920
ts =4.9693
```

例 9-4-5 已知一个单位负反馈系统为：$G(s) = \dfrac{k}{0.5s^3 + 1.5s^2 + s}$，试绘制该系统当 k 分别为 1.4，2.3，3.5 时的单位阶跃给定响应曲线（绘制在同一张图上），并计算当 k=1.4 时系统的单位阶跃给定响应性能指标。

解：（1）在程序文件方式下执行以下程序。

```
clear
num=1;den=[0.5 1.5 1 0];
rangek=[1.4 2.3 3.5];
t=linspace(0,20,200)';
for   j=1:3
sl=tf(num*rangek(j),den);
sys=feedback(sl,1);y(:,j)=step(sys,t);
end
plot(t,y(:,1:3)),grid
gtext('k=1.4'),gtext('k=2.3'),gtext('k=3.5')
```

这是带鼠标操作的程序，必须采用程序文件执行方式。其操作方法是：在 MATLAB 命令窗口里回车后，曲线区域有纵横两条坐标线，其交点随鼠标而移动。将交点指在相应曲线附近，3 次单击左键分别将 "k=1.4"、"k=2.3"、"k=3.5" 标注在曲线旁。执行程序后，得到如图 9-4-6 所示标注有其对应参数的三条单位阶跃响应曲线。由曲线可以看出，当 k=1.4 时，阶跃响应衰减振荡，系统稳定；当 k=2.3 时，响应等幅振荡，系统临界稳定；当 k=3.5 时，响应振荡发散，系统不稳定。

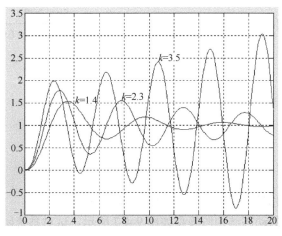

图 9-4-6 三条单位阶跃响应曲线

（2）执行以下程序。

```
clear
global y t sys
n1=1.4;d1=[0.5 1.5 1 0];s1=tf(n1,d1);sys=feedback(s1,1);
step(sys);[y,t]=step(sys);perf(2,y,t)
```

执行程序后，计算出单位阶跃给定响应的指标如下：

sigma =0.5303

tp =3.5126

ts =16.9776

ans =0.5303

9.4.3 代数稳定判据 MATLAB 的实现

求解控制系统闭环特征方程的根，用函数 roots(p)来实现，格式如下：

roots(p)

p 是降幂排列多项式系数向量。

例 9-4-6 已知系统的开环传递函数为：$G(s) = 100\dfrac{(s+2)}{s(s+1)(s+20)}$，试对系统闭环判别其稳定性。

解：

```
k=100;z=[-2];p=[0,-1,-20];
    [nl,d1]=zp2tf(z,p,k);
    G=tf(nl,d1);
    P=nl+d1;
    roots(P)
    ans =-12.8990
    -5.0000
    -3.1010
```

闭环特征方程的根的实部均是负值，所以闭环系统是稳定的。

例 9-4-7 已知系统闭环传递函数为：$\varPhi(s) = \dfrac{5s+200}{0.001s^3 + 0.502s^2 + 6s + 200}$，试对系统闭环判别其稳定性。

解：

```
p=[0.001 0.502 6 200];roots(p)
ans =1.0e+002 *
  -4.9060
  -0.0570 + 0.1937i
  -0.0570 - 0.1937i
```

闭环特征方程的根的实部均是负值，所以闭环系统是稳定的。

例 9-4-8 已知系统的动态结构图模型如图 9-4-7 所示，试对系统闭环判别其稳定性。

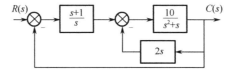

图 9-4-7 系统的动态结构图模型

解：

```
nl=[10];d1=[1 1 0];s1=tf(nl,d1);
n2=[0 2 0];d2=[0 0 1];s2=tf(n2,d2);
```

```
s12=feedback(s1,s2);
n3=[0 1 1];d3=[0 1 0];s3=tf(n3,d3);
sysl=s12*s3;sys=feedback(sysl,1);
roots(sys.den{1})
ans = -20.5368
    -0.2316 + 0.6582i
    -0.2316 - 0.6582i
```

闭环特征方程的根的实部均是负值，所以闭环系统是稳定的。

9.4.4　稳态误差的计算

例 9-4-9　两个单位负反馈系统的闭环传递函数分别为 $\Phi_a(s)=\dfrac{s+1}{s^3+2s^2+3s+7}$ 与 $\Phi_b(s)=\dfrac{5}{5s^2+5s+6}$。试求两系统的稳态位置、速度与加速度误差系数 K_p、K_V 与 K_a。

解：（1）系统 a 的计算。

① 对系统 a 判别稳定性。

```
P=[1 2 3 7];roots(P)
ans = -2.1325
    0.0662 + 1.8106i
    0.0662 - 1.8106i
```

② 根据代数稳定判据，有一对共轭复根的实部是正的，那么系统 a 是不稳定的，故不能定义稳态误差系数。

（2）系统 b 的计算。

① 对系统 b 判别稳定性。

```
P=[5 5 6];roots(P)
ans = -0.5000 + 0.9747i
      -0.5000 - 0.9747i
```

闭环特征方程的根的实部均是负值，所以闭环系统是稳定的。

② 计算系统 b 的稳态位置、速度与加速度误差系数。

```
clear
syms s phib Gk kp kv ka;
phib=5/(5*s^2+5*s+6);[Gk]=solve('5/(5*s^2+5*s+6)=Gk/(1+Gk)',Gk);
kp=limit(Gk,s,0,'right')
kv=limit(s*Gk,s,0,'right')
ka=limit(s^2*Gk,s,0,'right')
```

执行结果如下：

```
kp =5
kv =0
ka =0
```

例 9-4-10　已知系统结构图如图 9-4-8 所示。试求局部反馈加入前后系统的稳态位置、速度与加速度误差系数 K_p、K_V 与 K_a。

解:（1）局部反馈加入前。

① 求系统的传递函数。

```
syms s G1 G2 H2 G phi1 phi;
G1=(2*s+1)/s;G2=10/(s*(s+1));H2=0;phi1=G2/(1+G2*H2);G=factor(G1*phi1)
phi=factor(G/(1+G))
```

执行结果如下:

```
G =10*(2*s+1)/s^2/(s+1)
phi =10*(2*s+1)/(s^3+s^2+20*s+10)
```

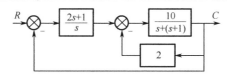

图 9-4-8　系统结构图

② 对系统判别稳定性。

```
P=[1 1 20 10];
roots(P)
ans = -0.2468 + 4.4372i
    -0.2468 - 4.4372i
    -0.5063
```

闭环特征方程的根的实部均是负值，所以闭环系统是稳定的。

③ 计算系统的稳态位置、速度与加速度误差系数。

```
syms s G Kp Kv Ka;
G=10*(2*s+1)/s^2/(s+1);
Kp=limit(G,s,0,'right')
Kv=limit(s*G,s,0,'right')
Ka=limit(s^2*G,s,0,'right')
```

执行结果如下:

```
Kp =Inf
Kv =Inf
Ka =10
```

说明: 求 $s \to 0$ 极限的语句中，必须指明是'right'，即从右趋向于 0，否则计算出错。

（2）局部反馈加入后。

① 求系统的传递函数。

```
syms s G1 G2 H2 G phi1 phi;
G1=(2*s+1)/s;G2=10/(s*(s+1));H2=2;
phi1=G2/(1+G2*H2);G=factor(G1*phi1)
phi=factor(G/(1+G))
```

执行结果如下:

```
G =10/s*(2*s+1)/(s^2+s+20)
```

```
phi =10*(2*s+1)/(s^3+s^2+40*s+10)
```

② 对系统判别稳定性。

```
P=[1 1 40 10];
roots(P)
ans = -0.3744 + 6.2985i
    -0.3744 - 6.2985i
    -0.2512
```

闭环特征方程的根的实部均是负值，所以闭环系统是稳定的。

③ 计算系统的稳态位置、速度与加速度误差系数。

```
syms s G Kp Kv Ka;
G=10/s*(2*s+1)/(s^2+s+20);
Kp=limit(G,s,0,'right')
Kv=limit(s*G,s,0,'right')
Ka=limit(s^2*G,s,0,'right')
```

执行结果如下：

```
Kp =Inf
Kv =1/2
Ka =0
```

例 9-4-11 已知 $r(t)=1(t)$，$n(t)=0.1\cdot 1(t)$。且指定 $e(t)=r(t)-c(t)$。试求如图 9-4-9 所示负反馈控制系统总的稳态误差。

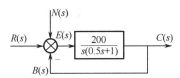

图 9-4-9 负反馈控制系统

解：（1）对系统判别稳定性。

系统有闭环特征方程：$D(s)=0.5s^2+s+200=0$

```
p=[0.5 1 200];
roots(p)
ans = -1.0000 +19.9750i
    -1.0000 -19.9750i
```

闭环特征方程的根的实部均是负值，所以闭环系统是稳定的。

（2）仅在 $r(t)=1(t)$ 作用下($n(t)=0$)，求 e_{ssr} 的公式。

对本系统有 $\dfrac{C_r(s)}{R(s)} = \dfrac{G_1(s)G_2(s)}{1+G_1(s)G_2(s)H(s)}$，$E_r(s) = R(s) - C_r(s)$，

其稳态误差为 $e_{ssr} = \lim\limits_{s\to 0} s\cdot E_r(s)$。

（3）仅在 $r(t)=1(t)$ 作用下，求 e_{ssr}。

```
syms G1 G2 H r R Cr Er t s essr;
G2=200/(s*(0.5*s+1));G1=1;H=1;
r=sym('Heaviside(t)');R=laplace(r);
```

```
[n,d]=numden(G1*G2/(1+G1*G2*H));phi=n/d;
Cr=phi*R;Er=simple(R-Cr);
essr=limit(s*Er,s,0)
```

执行结果如下：

essr =0

（4）仅在 $n(t)=1(t)$ 作用下 $(r(t)=0)$，求 e_{ssn} 的公式。

对本系统有 $\dfrac{C_n(s)}{-N(s)} = \dfrac{G_2(s)}{1+G_1(s)G_2(s)H(s)}, E_n(s) = R(s) - C_n(s)$，

其稳态误差为 $e_{ssn} = \lim\limits_{s \to 0} s \cdot E_n(s)$

（5）仅在 $n(t)=1(t)$ 作用下，求 e_{ssn}。

```
syms G1 G2 H r R n N Cr Er t s essn;
G1=1;G2=200/(s*(0.5*s+1));H=1;R=0;
n=sym('-0.1*Heaviside(t)');N=laplace(n)
[num,den]=numden(G2/(1+G1*G2*H));phin=num/den;
Cn=phin*(-N);En=simple(R-Cn);essn=limit(s*En,s,0)
```

执行结果如下：

N =-.10000000000000000000000000000000/s^1.

essn =-.10000000000000000000000000000000

即：e_{ssn} $-$ -0.1，e_{ss} $-$ e_{ssr} $+$ e_{ssn} $-0-0.1$ $-$ -0.1

9.5 用 MATLAB 解决频率分析问题

9.5.1 频率特性曲线的绘制

1. Nyquist()函数命令调用格式

```
nyquist(sys)
nyquist(sys,w)
[re,im,w]=nyquist(sys)
```

LTI 对象 sys 可以是由函数 tf()、zpk()、ss()中任何一个函数建立的开环系统模型。当函数为无等式左边输出变量格式时，函数在当前窗口中直接绘制出 Nyquist 曲线。

nyquist(sys,w)函数用于显示绘制的系统 Nyquist 曲线，w 用来定义绘制曲线的频率范围或者是频率点。若定义频率范围，则 w 必须是[wmin,wmax]格式；如果是定义频率点，则必须是频率点构成的向量。

[re,im,w]=nyquist(sys)可计算系统在频率 w 处的频率响应输出数据，而不绘制曲线，其中 re 为频率响应的实部，im 是频率响应的虚部。re 与 im 都是三维向量。

2. Bode()函数命令调用格式

```
bode(sys)
bode(sys,w)
```

[mag,phase,w]= bode(sys)

格式与前面一样。[mag,phase,w]= bode(sys)函数中，mag 是 Bode 图的振幅值，phase 是 Bode 图的相位值，mag 与 phase 是三维向量。

3. 控制系统中延迟环节的处理

延迟环节为 $G(s) = \dfrac{Y(s)}{X(s)} = \mathrm{e}^{-\tau s}$

纯延迟环节可以用控制工具箱中函数命令 pade() 来近似求取。pade() 函数调用格式如下：

[np,dp]=pade(tau,n)

式中输入参量 tau 与 n 分别是延迟常数与 pade() 函数近似的阶次。延迟环节近似的传递函数可用命令 tf(np,dp) 来实现。

4. Nyquist 图与 Bode 图的绘制

例 9-5-1 试绘制惯性环节 $G(s) = \dfrac{1}{Ts+1}$，当 T=1 时的 Nyquist 曲线与 Bode 图。

解： 在命令行输入：

num=[1];den=[1 1];s=tf(num,den);

nyquist(s)

bode(s)

结果分别如图 9-5-1 和图 9-5-2 所示。注意：Nyquist 曲线的频率范围从 $-\infty$ 到 $+\infty$ 变化。

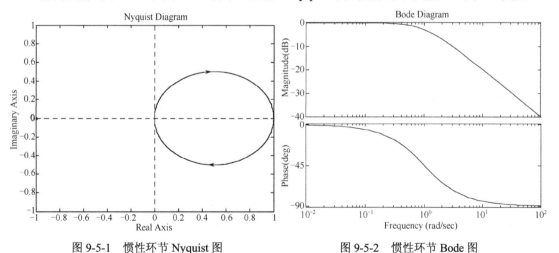

图 9-5-1 惯性环节 Nyquist 图　　　　图 9-5-2 惯性环节 Bode 图

例 9-5-2 某具有延迟环节的非最小相位系统的开环传递函数为 $G(s) = \dfrac{\mathrm{e}^{-20s}}{5s+1}$。试绘制系统的 Bode 图与 Nyquist 曲线。

解：（1）绘制系统的 Bode 图。

nl=[1];dl=[5 1];G1=tf(n1,d1);tau=20;

[np,dp]=pade(tau,2);Gp=tf(np,dp);G=G1*Gp;bode(G)

（2）绘制系统的 Nyquist 曲线。

nl=[1];dl=[5 1];Gl=tf(nl,d1);

tau=20;[np,dp]=pade(tau,2);Gp=tf(np,dp);

G=G1*Gp;nyquist(G)

结果分别如图 9-5-3 和图 9-5-4 所示。

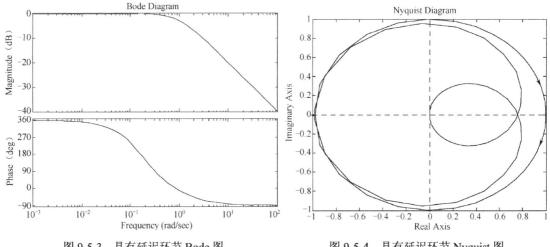

图 9-5-3　具有延迟环节 Bode 图　　　　图 9-5-4　具有延迟环节 Nyquist 图

9.5.2　利用频率特性计算系统的参数

例 9-5-3　某反馈系统中，$G(s)=\dfrac{10}{s(s-10)}$，$H(s)=1+K_n s(K_n>0)$。试确定闭环系统稳定时反馈参数 K_n 的临界值。

解：（1）求闭环系统开环传递函数对应的实频与虚频特性。

syms s G H U V;syms Kn omega omegac real;

s=j*omega;G=10/(s*(s-10));H=1+Kn*s;

GH=G*H;U=factor(real(GH))

V=factor(imag(GH))

结果如下：

U =-10*(1+10*Kn)/(omega-10*i)/(omega+10*i)

V =-10*(-10+omega^2*Kn)/(omega-10*i)/omega/(omega+10*i)

（2）当闭环系统处于临界稳定时，开环系统的频率响应 $G(j\omega)H(j\omega)$ 即 Nyquist 曲线将通过 $[G(j\omega)H(j\omega)]$ 平面上的点(-1，j0)，此时 $\omega=\omega_c$。那么有：

$$\begin{cases} U(\omega_c)=-1 \\ V(\omega_c)=0 \end{cases}$$

syms Kn omegac real;

[Kn,omegac]=solve('-10*(1+10*Kn)/(omegac-10*i)/(omegac+10*i)=-1','-10*(-10+omegac^2*Kn)/(omegac-10*i)/omegac/(omegac+10*i)=0',Kn,omegac)

Kn =1

　1

omegac =

　10^(1/2)/1^(1/2)

　-10^(1/2)/1^(1/2)

即闭环系统稳定时反馈参数 K_n =1；$\omega = \sqrt{10}$ 。

例 9-5-4 某控制系统的开环传递函数为 $G(s)H(s)=\dfrac{Ke^{-0.1s}}{s(s+1)(0.1s+1)}$，试根据该系统的频率响应，确定剪切频率 ω_c=5rad/s 时系统的开环增益 K 之值。

解：（1）延迟环节的模 $\left|e^{-0.1j\omega}\right|=1$ 。

（2）当 $\omega=\omega_c$ =5rad/s 时，对数振幅频率特性 $L=20\lg\left|G(j\omega_c)H(j\omega_c)\right|=0dB$ ，则：
$$\left|G(j\omega_c)H(j\omega_c)\right|=1$$

① 计算 $\left|G(j\omega_c)H(j\omega_c)\right|$ 。

```
syms omegac K GH;
omegac=5;GH=1/(j*omegac*(j*omegac+1)*(0.1*j*omegac+1));
GH=K*abs(GH)
```

结果如下：

```
GH =1/325*K*130^(1/2)
```

② 由 $\left|G(j\omega_c)H(j\omega_c)\right|=1$ 求开环增益 K 。

```
syms K;[K]=solve('1/325*K*130^(1/2)=1',K);
K=vpa(K,3);% 取有效数字位 3 位
```

结果如下：

```
K =28.5
```

例 9-5-5 某单位反馈系统的开环传递函数为 $G(s)=\dfrac{\tau s+1}{s^2}$ 。试确定使系统的相角稳定裕度 γ=+45° 时的 τ 值。

解：（1）确定系统的幅频特性与相频特性。

```
syms s G phi;syms tau omega omegac real;
G=(tau*s+1)/(s^2);G=subs(G,s,j*omega);
Gabs=abs(G)
phi=-pi+atan(tau*omega)
```

结果如下：

```
Gabs =(1+tau^2*omega^2)^(1/2)/omega^2
phi =-pi+atan(tau*omega)
```

（2）确定使系统的相角稳定裕度 γ=+45° 时的 ω_c 。
$$\gamma = \varphi(\omega_c)-(-180°)$$

```
syms omegac gam;
gam=pi-pi+atan(tau*omegac);
[omegac]=solve('pi-pi+atan(tau*omegac)=pi/4',omegac);omegac=vpa(omegac,4)
```

结果如下：

```
omegac =1/tau
```

（3）将 $\omega_c=\dfrac{1}{\tau}$ 代入系统的幅频特性 $\left|G(j\omega_c)\right|$ 或求其 $\left|G(j\omega_c)\right|$ 表达式。

```
syms tau omegac Gabs;
Gabs=(1+tau^2*omegac^2)^(1/2)/omegac^2;
```

```
Gabs=subs(Gabs,omegac,1/tau)
```

结果如下：

```
Gabs =2^(1/2)*tau^2
```

（4）计算 τ （当 $\omega=\omega_c$ 时系统的幅频特性 $|G(j\omega_c)|=1$ 或 $20\lg|G(j\omega_c)|=0\text{dB}$）。

```
syms tau omegac ;
[tau]=solve('2^(1/2)*tau^2=l',tau);
tau=vpa(tau,4)
```

运行结果如下：

```
tau =.8405*l^(1/2)
  -.8405*l^(1/2)
```

即： $\tau=0.8405$

例 9-5-6 某单位反馈系统的开环传递函数为 $G(s)=\dfrac{k}{s(s^2+s+100)}$。试确定使系统的模稳定裕度 $L_n=10\text{dB}$ 时的 k 值。系统的开环增益又应取多少?

解:（1）确定系统的幅频特性与相频特性。

```
syms s G phi;syms k omega omegac real;
G=k/(s*(s^2+s+100));G=subs(G,s,j*omega)
Gabs=abs(G)
phi=-pi/2-atan(omega/(100-omega^2))
```

结果如下：

```
G =-i*k/omega/(-omega^2+i*omega+100)
Gabs =1/(omega^4-199*omega^2+10000)^(1/2)*abs(k/omega)
phi =-1/2*pi-atan(omega/(100-omega^2))
```

（2）确定 $-\pi$ 穿越频率 ω_g。

当系统在 $-\pi$ 穿越频率 $\omega=\omega_g$ 时，系统的相角 $\varphi(\omega_g)=-180°$。

$$-\frac{\pi}{2}-\arctan\left(\frac{\omega_g}{100-\omega_g^2}\right)=-\pi,\frac{\pi}{2}=\arctan\left(\frac{\omega_g}{100-\omega_g^2}\right)$$

$$\tan\left(\frac{\pi}{2}\right)=\left(\frac{\omega_g}{100-\omega_g^2}\right)=\infty,100-\omega_g^2=0,\omega_g=\pm10\text{rad/s}$$

（3）将 $\omega_g=10\text{rad/s}$ 代入系统的幅频特性 $|G(j\omega_c)|$。

```
syms k omegag Gabs;
Gabs=1/(omegag^4-199*omegag^2+10000)^(1/2)*abs(k/omegag);
Gabs=subs(Gabs,omegag,10)
```

结果如下：

```
Gabs =1/1000*100^(1/2)*abs(k)
```

（4）计算 k （当 $\omega=\omega_g$ 时系统幅频特性 $h=20\lg\dfrac{1}{|G(j\omega_g)|}=10\text{dB}$）

```
syms k;[k]=solve('20*logl0(1/(1/1000*100^(1/2)*k))=10',k);k=vpa(k,5)
```

结果如下：

k=31.623

（5）计算系统的开环增益 K。

$$G(s) = \frac{k}{s(s^2 + s + 100)} = \frac{k/100}{s(0.01s^2 + 0.01s + 1)} = \frac{K}{s(0.01s^2 + 0.01s + 1)}$$

$$K = k/100 = 0.31623 \text{rad/s}$$

9.5.3　频率特性曲线的性能分析及性能指标的计算

1. 频率特性曲线的性能分析

例 9-5-7　已知转速单闭环系统的 Simulink 动态结构图如图 9-5-5 所示。图中转速闭环已经断开。已知 $K_pK_s = 2 \times 22 = 44$；$T_s = 0.00167\text{s}$；$T_1 = 0.017\text{s}$；$T_m = 0.075\text{s}$；$R = 1\Omega$；$C_e = 0.1925\text{V/r/min}$；$\alpha = 0.01178\text{V/r/min}$。试绘制出该系统的 Nyquist 曲线，并用 Nyquist 稳定判据对闭环系统判别稳定性。

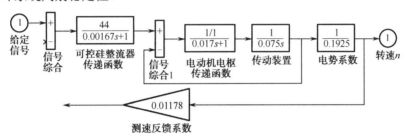

图 9-5-5　转速单闭环系统的 Simulink 动态结构图

解：（1）执行以下程序绘制系统的 Nyquist 曲线。

```
n1=[1];d1=[0.017 1];s1=tf(n1,d1);
n2=[1];d2=[0.075 0];s2=tf(n2,d2);
sys1=feedback(s1*s2,1);
n3=[0 44];d3=[0.00167 1];s3=tf(n3,d3);
n4=[0 1];d4=[0 0.1925];s4=tf(n4,d4);
n5=[0 0.01178];d5=[0 1];s5=tf(n5,d5);
GH=sys1*s3*s4*s5
nyquist(GH)
```

结果如下：

```
Transfer function:

                    0.5183
------------------------------------------------
2.411e-005 s^3 + 0.01446 s^2 + 0.01476 s + 0.1925
```

执行程序后的 Nyquist 曲线如图 9-5-6 所示。

（2）已求出系统开环的传递函数，再执行以下指令求其特征方程的根：

```
p=[2.411e-005  0.01446  0.01476  0.1925];
roots(p)
```

结果如下：

```
ans =1.0e+002 *
   -4.9875
   -0.0050 + 0.0362i
   -0.0050 - 0.0362i
```

结论：因为 $P=0$，Nyquist 曲线中没有包围（-1，j0）的点，可判断闭环系统稳定。

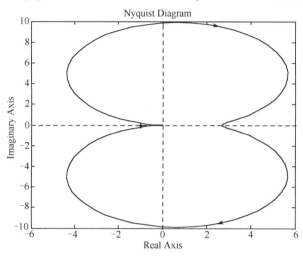

图 9-5-6　直流调速系统开环 Nyquist 曲线

2. 系统幅值裕度与相角裕度函数 margin()

格式如下：

margin(sys)

[Gm,Pm,Wcp,Wcg]= margin(sys)

margin()函数可以从频率响应数据中计算幅值裕度与相角裕度及对应的角频率。

margin(mag,phase,w)可从当前图形窗口中绘制出带有稳定裕度的 Bode 图。其中，mag,phase, w 分别为由 Bode 图求出幅值裕度与相角裕度及对应的角频率；[Gm,Pm,Wcp, Wcg]= margin(mag,phase,w)函数是带有变量的引用形式，该函数不仅绘制 Bode 图，输出变量的 Gm 是系统幅值裕度，对应的角频率为 Wcg；Pm 是相角裕度，对应的角频率是 Wcp。

例 9-5-8　已知一单位反馈系统前向通道的传递函数为：

$$G(s) = \frac{2s^4 + 8s^3 + 12s^2 + 8s + 2}{s^6 + 5s^5 + 10s^4 + 10s^3 + 5s^2 + s}$$

试绘制出 Bode 图并计算系统的频域性能指标。

解：输入指令如下。

num=[0 0 2 8 12 8 2];den=[1 5 10 10 5 1 0];

sys=tf(num,den);margin(sys)

该程序运行结果如图 9-5-7 所示。性能指标如下：

剪切频率 ω_c =1.25rad/s；相角稳定裕度 γ =38.7°；相位穿越频率 $\omega_g = \infty$；幅值稳定裕度 $L_h = \infty dB$。

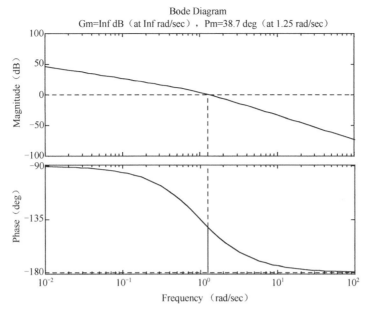

图 9-5-7　例 9-5-8 系统 Bode 图

例 9-5-9　某控制系统的开环传递函数为 $G(s)H(s) = \dfrac{3(s+1)}{s^2(0.2s+1)}$，试求系统的频域性能指标 ω_c、γ 与时域性能指标 σ、t_s。

解：（1）求系统的频域性能指标 ω_c、γ。

```
n=3*[1 1];d=conv([1 0 0],[0.2 1]);
GH=tf(n,d);margin(GH)
```

该程序运行结果如图 9-5-8 所示。性能指标如下：

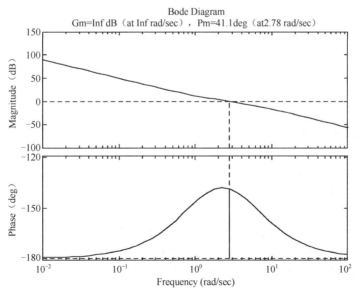

图 9-5-8　系统 Bode 图

剪切频率 ω_c =2.78rad/s；相角稳定裕度 γ =41.1°；相位穿越频率 $\omega_g = \infty$；幅值稳定裕度 $L_h = \infty$dB。

（2）求系统的闭环传递函数。

```
syms s n d GH phi;
n=3*(s+1);d=s^2*(0.2*s+1);
GH=n/d;phi=factor(GH/(1+GH))
```

结果如下：

```
phi =15*(s+1)/(s^3+5*s^2+15*s+15)
```

（3）求系统的阶跃响应与时域性能指标σ、t_s。

```
n=15*[1 1];d=[1 5 15 15];
phi=tf(n,d);step(phi)
[y,t]=step(phi);perf(1,y,t)
sigma = 0.3662
tp =1.0398
ts =1.8784
ans = 0.3662
```

该程序运行结果如图 9-5-9 所示。性能指标如下：

$$\sigma = 36.62, t_s(5\%) = 1.8784s \text{ 。}$$

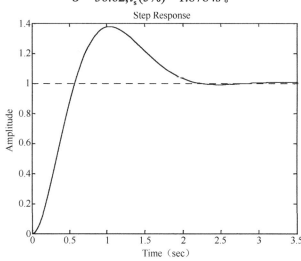

图 9-5-9 系统的单位阶跃响应曲线

例 9-5-10 单位负反馈系统开环传递函数为 $G(s) = \dfrac{240000(s+3)^2}{s(s+1)(s+2)(s+100)(s+200)}$。

（1）试求系统的单位阶跃响应及其性能指标。

（2）试求系统的频率响应及其性能指标。

（3）对系统闭环判别稳定性。

（4）当系统前向通道串联一延迟环节 $e^{-\tau s}$ 时，τ 取何值时才能使系统稳定。

（5）当给定输入为 $1(t)$、t、t^2 时，求系统的稳态误差。

解：（1）求系统的单位阶跃响应及其性能指标。

```
n=240000*[1 6 9];
d=conv(conv([1 1 0],[1 2]),conv([1 100],[1 200]));
G=tf(n,d);phi=feedback(G,1);[y,t]=step(phi);
step(phi)
perf(1,y,t)
```

该程序运行结果如图 9-5-10 所示。性能指标如下：

$$\sigma = 13.2334, t_s(5\%) = 0.5407\text{s}$$

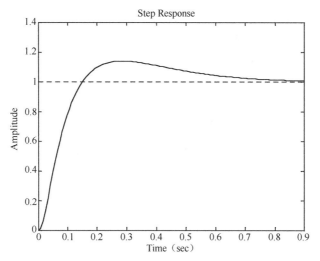

图 9-5-10 系统的单位阶跃响应曲线

（2）求系统的频率响应及其性能指标。

```
n=240000*[1 9];
d=conv(conv([1 1 0],[1 2]),conv([1 100],[1 200]));
G=tf(n,d);[Gm,Pm,Wcg,Wcp]=margin(G)
margin(G)
```

结果如下：

```
Gm =23.8720
Pm =64.9529
Wcg =138.2013
Wcp =12.3841
```

该程序运行结果如图 9-5-11 所示。性能指标如下：

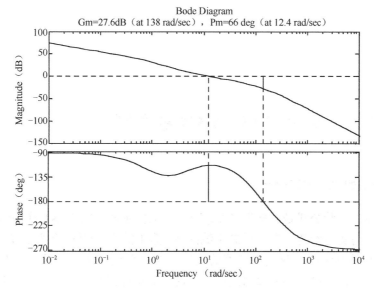

图 9-5-11 系统的频率响应图

剪切频率 $\omega_c = 12.3841\text{rad/s}$；相角稳定裕度 $\gamma = 64.9529°$；相位穿越频率 $\omega_g = 138.2013$；幅值稳定裕度 $L_h = 20\lg 23.872 = 27.5578\text{dB}$。

（3）对系统闭环判别稳定性。

从系统的单位阶跃响应曲线可以看出，系统超调量 $\sigma = 13.2334\%$ 后，立即衰减到稳态值，阶跃响应性能优良。从 Bode 图可以看出，系统的相角稳定裕度 $\gamma = 66°$，幅值稳定裕度 $L_h = 27.6\text{dB}$，频域性能指标也很好。控制系统闭环是稳定的。

（4）当串联一延迟环节 $e^{-\tau s}$ 时，为使系统稳定，求 τ。

① 根据延迟环节的相频特性求 $e^{-\tau s}$ 在 $\omega = \omega_c$ 时的相角值。

```
syms tau omegac gama phitau real;gama=66*pi/180
omegac=12.4;phitau=tau*omegac
```

结果如下：

```
gama =1.1519
phitau =62/5*tau
```

② 为使系统稳定，求 τ。

```
syms tau;[tau]=solve('62/5*tau=1.1519',tau);
tau=vpa(tau,3)
```

结果如下：

```
tau =929e-1
```

（5）求给定输入为 $1(t)$、t、t^2 时系统的稳态误差。系统闭环稳定，计算稳态误差是有意义的。再用 Laplace 变换终值定理求 e_{ss}。

```
syms s R1 R2 R3 Er1 Er2 Er3 G ess1 ess2 ess3;
G=(240000*(s+3)^2)/(s*(s+1)*(s+2)*(s+100)*(s+200));
R1=1/s;Er1=1/(1+G)*R1;ess1=limit(s*Er1,s,0,'right')
R2=1/(s^2);Er2=1/(1+G)*R2;ess2=limit(s*Er2,s,0,'right')
R3=2/(s^3);Er3=1/(1+G)*R3;ess3=limit(s*Er3,s,0,'right')
```

结果如下：

```
ess1 =0
ess2 =1/54
ess3 =Inf
```

9.6　PID 校正设计 MATLAB 实现举例

1. 稳定边界法的 PID 校正设计

传统 PID 控制的经验公式是齐格勒（Ziegler）与尼柯尔斯（Nichols）在 20 世纪 40 年代初提出的，有一定的实用价值。在金以慧主编的《过程控制》一书中介绍了 Ziegler-Nichols 公式临界振荡原则的算法；由薛定宇编著的《反馈控制系统设计与分析》一书中系统、全面、深入地介绍了 PID 控制的各种算法及程序，这些算法都在不同要求的领域里得到了有效的应用。

其中稳定边界法的 PID 校正设计是目前应用较广的一种控制器参数计算方法。这个方法基于系统的稳定性理论。系统闭环特征方程的根（即闭环极点）都在其复平面虚轴的左侧时，闭环系统稳定；当闭环特征方程有纯虚根时，系统的根轨迹与虚轴相交，其响应等幅振荡，系统临界稳定；只要有一个闭环特征方程的根（即闭环极点）在其复平面虚轴的右侧时，闭环系统不稳定。当置 PID 调节器的 $T_i = \infty$ 与 $T_d = 0$ 时，增加 K_p 值直至系统开始振荡，此时系统闭环极点应在复平面的 $j\omega$ 虚轴上，确定系统闭环根轨迹与复平面 $j\omega$ 轴交点，求出交点的振荡角频率 ω_m 及其对应的系统增益 K_m，其 PID 调节器参数的整定计算公式见表 9-6-1。

表 9-6-1　稳定边界法 PID 整定公式

控制规律　　三个系数值	K_p	T_i	T_d
P	$0.5K_m$		
PI	$0.455K_m$	$0.85*2\pi/\omega_m$	
PID	$0.6K_m$	$0.50*2\pi/\omega_m$	$0.125*2\pi/\omega_m$

为了实现用稳定边界法整定公式计算系统 P、PI、PID 校正器的参数，给出函数 zn02()。函数 zn02()参见书后附录 A。必须特别提请读者注意，函数 zn02()的输入参量 p 为系统开环极点的个数（不计重根数，即多重根只计为 1 个根）。

例9-6-1　已知一串联过程控制系统如图 9-6-1 所示，其主、副被控对象与副调节器的传递函数分别为：

$$G_{p1}(s) = \frac{1}{(30s+1)(3s+1)}; \quad G_{p2}(s) = \frac{1}{(10s+1)(s+1)^2}; \quad G_{c2}(s) = 10$$

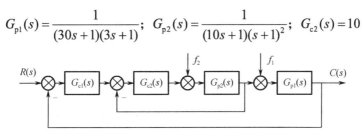

图 9-6-1　串联过程控制系统的结构框图

试用稳定边界法计算系统主调节器 $G_{c1}(s)$ 中 P、PI、PID 校正时的参数，并进行阶跃给定响应的仿真。

解： 根据题意，利用 zn02()函数求系统 PI 校正器参数的程序 L621.m 如下。

```
%MATLAB PROGRAM L621.m
 clear
G1=tf(1,[30 1]);G2=tf(1,[3 1]);G3=tf(1,[10 1]);
G4=tf(10,[1 2 1]);G=G1*G2*G3*G4;p=4;
[Gc1,Kp1]=zn02(1,G,p)
[Gc2,Kp2,Ti2]=zn02(2,G,p)
[Gc3,Kp3,Ti3,Td3]=zn02(3,G,p)
Gcc1=feedback(G*Gc1,1);step(Gcc1);hold on
Gcc2=feedback(G*Gc2,1);step(Gcc2);
Gcc3=feedback(G*Gc3,1);step(Gcc3);
gtext('1 P control'),gtext('2 PI control');
gtext('3 PID control');
```

程序须在 MATLAB 命令窗口中运行，程序运行后得到根轨迹图，如图 9-6-2 所示，图上显示有十字光标，选择根轨迹与虚轴的交点用鼠标左键单击。再回到 MATLAB 命令窗口中，可以见到有计算出的根轨迹增益与极点值（应该力求准确定在根轨迹与虚轴的交点上，尽量使极点实部为 0），还可见到字符"K"。应该在字符"K"后键入指令"return"并按下回车键，然后即可在 MATLAB 命令窗口中看到 $K_{\rm m}=1.1436$，$\omega_{\rm m}=0.1646$，这就是交点的系统增益 $K_{\rm m}$ 及其对应的振荡角频率 $\omega_{\rm m}$。在 MATLAB 命令窗口中还看到用稳定边界法计算出 P、PI、PID 校正的参数。再弹出根轨迹图，再次用鼠标左键单击根轨迹与虚轴的交点，程序三次调用函数 zn02.m，即这样操作三次，最后得到如图 9-6-3 所示的 PID 三种校正时的阶跃给定响应曲线与校正器计算结果。

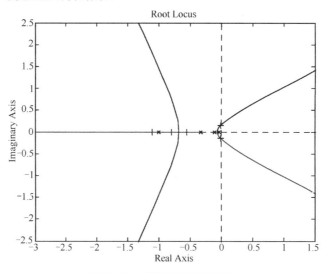

图 9-6-2　系统闭环根轨迹图

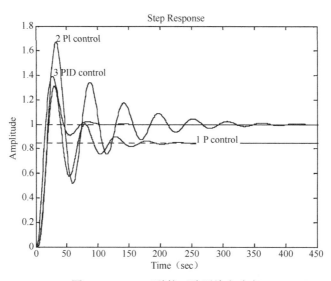

图 9-6-3　PID 三种校正阶跃给定响应

计算出三种 P、PI、PID 校正时校正器的参数分别为：

① P 校正器：$G_{\rm c1}=K_{\rm p1}=0.4682$。

② PI 校正器：$K_{\rm p2}=0.5203$；$T_{\rm i2}=32.4395$。

Transfer function:

16.88 s + 0.5203

32.44 s

③ PID 校正器：K_{p3}=0.6861；T_{i3}=19.0821；T_{d3}=4.7705。

Transfer function:

62.46 s^2 + 13.09 s + 0.6861

19.08 s

从图 9-6-3 所示稳定边界法计算的 P、PI、PID 校正阶跃给定响应曲线看到，P 与 PI 校正的阶跃响应曲线上升的速度差不多快，PID 校正的最快；三条曲线有两个不同的终了值。超调量都较大，以 PI 校正的为最大。

9.7 用 MATLAB 实现频率法校正举例

1. 基于频率法的串联超前校正

超前校正装置的主要作用是通过其相位超前效应来改变频率响应曲线的形状，产生足够大的相位超前角，以补偿原来系统中元件造成的过大的相位滞后。因此校正时应使校正装置的最大超前相角出现在校正后系统的开环剪切频率（幅频特性的穿越频率）ω_c 处。

设已知超前校正装置的数学模型为 $G_c(s) = \dfrac{1+\alpha Ts}{1+Ts}(\alpha > 1)$，利用频率法设计超前校正装置的步骤为：

（1）根据性能指标对稳态误差系数的要求，确定开环增益 K。

（2）利用确定的开环增益 K，画出未校正系统的 Bode 图，并求出其相位裕量 γ_0 和幅值裕量 K_g。

（3）确定为使相位裕量达到要求值，所需要增加的超前相位角 ϕ_c，即

$$\phi_c = \gamma - \gamma_0 + \varepsilon$$

式中　γ——要求的相位裕量；

ε——考虑到系统增加串联超前校正装置后系统的剪切频率要向右移而附加的相位角，一般取 ε=5°～15°。

（4）令超前校正装置的最大超前相位角 $\phi_c = \phi_m$，则由下式可求得校正装置的参数。

$$\alpha = \frac{1+\sin\phi_c}{1-\sin\phi_c}$$

（5）将校正装置的最大超前相位角处的频率 ω_m 作为校正系统的剪切频率 ω_c，则有：

$$20\lg\left|G_c(j\omega_c)G_0(j\omega_c)\right| = 0$$

即 $20\lg\sqrt{\alpha} + \lg\left|G_0(j\omega_c)\right| = 0$ 或 $\left|G_0(j\omega_c)\right| = \dfrac{1}{\sqrt{\alpha}}$

可见，未校正系统的幅频特性曲线幅值等于 $-20\lg\sqrt{\alpha}$ 时的频率，即为 ω_c。

（6）根据 $\omega_{\mathrm{m}} = \omega_{\mathrm{c}}$，即可求参数 T，即 $T = \dfrac{1}{\omega_{\mathrm{c}}\sqrt{\alpha}}$。

画出校正后系统的 Bode 图，校验性能指标是否已达到要求。若不满足要求，可增大 ε 值，从第（3）步起重新计算。

上述利用频率法设计超前校正装置的步骤可编写程序流程图，如图 9-7-1 所示。

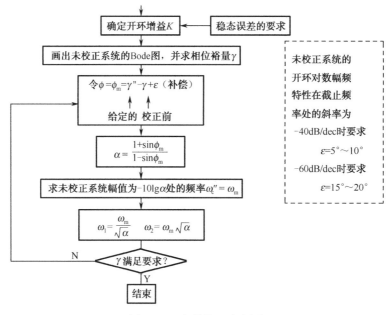

图 9-7-1　超前校正流程图

例 9-7-1　已知一单位负反馈系统，其开环传递函数为 $G(s) = \dfrac{K}{s(s+5)}$。为使系统在输入 $r(t)=t$ 时的稳态误差为 0.02，相位裕量 $\gamma > 50°$，幅值裕量 $K_{\mathrm{g}} \geqslant 20\mathrm{dB}$，试确定串联超前校正装置 $G_{\mathrm{c}}(s)$。

解： 针对稳态误差的需求，选定参数 K。

$$e_{\mathrm{ss}} = \lim_{s \to 0} sE(s) = \lim_{s \to 0} s \times \dfrac{\dfrac{1}{s^2}}{1 + \dfrac{K}{s(s+5)}} = 0.02 \Rightarrow K = 250$$

即：$G_0(s) = \dfrac{250}{s(s+5)}$

根据串联超前校正的流程图（见图 9-7-1）设计 MATLAB 程序 L634，程序及其运行结果如下所示。系统校正前后的 Bode 图如图 9-7-2 所示。证明所设计的串联超前校正装置改变了控制系统的瞬态性能，提高了相位裕量。

程序 L634：

```
numo=250;deno=conv([1,0],[1,5]);
[Gm1,Pm1,Wcg1,Wcp1]=margin(numo,deno);
r=50;r0=Pm1;
w=0.1:1000;
[mag1,phase1]=bode(numo,deno,w);
```

```
e=10;
phic=(r-r0+e)*pi/180;
alpha=(1+sin(phic))/(1-sin(phic));
[i1,ii]=min(abs(mag1-1/sqrt(alpha)));
wc=w(ii);
T=1/(wc*sqrt(alpha));
numc=[alpha*T,1];denc=[T,1];
[num,den]=series(numo,deno,numc,denc);
[Gm,Pm,Wcg,Wcp]=margin(num,den);
printsys(numc,denc)
printsys(num,den)
[mag2,phase2]=bode(numc,denc,w);
[mag,phase]=bode(num,den,w);
subplot(2,1,1);semilogx(w,20*log10(mag),w,20*log10(mag1),'--',w,20*log10(mag2),'-.');
grid;ylabel('幅值(db)');
title('--Go,-,Gc,GoGc');
subplot(2,1,2);semilogx(w,phase,w,phase1,'--',w,phase2,'-.');
grid;ylabel('相位(°)');xlabel('频率(rad / sec)')
title(['校正前:幅值裕量=',num2str(20*log10(Gm1)),'db,','相位裕量=',num2str(Pm1),'° ';
'校正后:幅值裕量=',num2str(20*log10(Gm)),'db,','相位裕量=',num2str(Pm),'° ']);
disp(['校正前:幅值裕量=',num2str(20*log10(Gm1)),'db,','相位裕量=',num2str(Pm1),'° ']);
disp(['校正后:幅值裕量=',num2str(20*log10(Gm)),'db,','相位裕量=',num2str(Pm),'° ']);
```

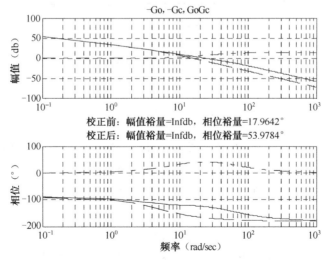

图 9-7-2 系统校正前后的 Bode 图

运行之后结果如下:

num/den =

　　0.097313 s + 1

0.019258 s + 1

校正之后系统的开环传递函数为：

num/den =

24.3282 s + 250

0.019258 s^3 + 1.0963 s^2 + 5 s

校正前:幅值裕量=Infdb,相位裕量=17.9642°

校正后:幅值裕量=Infdb,相位裕量=53.9784°

2. 基于频率法的串联滞后校正

滞后校正装置将给系统带来滞后相角。引入滞后校正装置的真正目的不是为了提供一个滞后相角，而是要使系统增益适当衰减，以提高系统的稳态精度。

滞后校正的设计主要是利用它的高频衰减作用，降低系统的剪切频率，以便能使得系统获得充分的相位裕量。根据用频率法设计滞后校正装置的步骤可编写流程图，如图 9-7-3 所示。

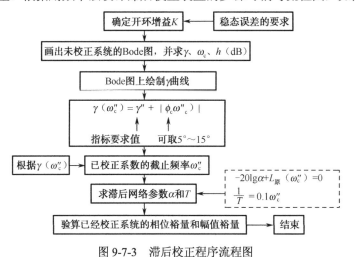

图 9-7-3　滞后校正程序流程图

例 9-7-2　已知单位负反馈系统的开环传递函数 $G(s) = \dfrac{30}{s(0.1s + 1)(0.2s + 1)}$。若要求校正后的静态速度误差系数等于 $30s^{-1}$，相角裕量等于 $40°$，幅值裕量不小于 $10dB$，截止频率不小于 2.3rad/s，试设计串联滞后校正装置来改变系统性能。

解： 首先确定开环增益 K。使 $K_v = \lim\limits_{s \to 0} sG(s) = K = 30$。

则原系统开环传递函数应取 $G(s) = \dfrac{30}{s(0.1s + 1)(0.2s + 1)}$

利用 MATLAB 绘制原系统的 Bode 图，如图 9-7-4 所示。还可以求出原系统的稳定裕量指标为：

Gm=0.5000；Pm=-17.2390；Wcg1=7.0711；Wcp1=9.7714

故知未校正系统不稳定，且截止频率远大于要求值。在这种情况下，采用串联超前校正是无法达到期望值的，故需选用滞后校正。

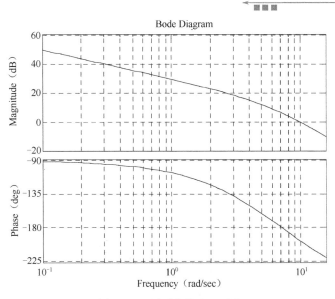

图 9-7-4 原系统的 Bode 图

根据串联滞后校正设计的程序流程图，可编写 MATLAB 程序 L635。程序及其运行结果如下所示。由此可知，通过串联滞后校正装置改善了系统的稳态性能。

程序 L635：

```
r0=40;e=10;w=logspace(-1,1.2);
r=(-180+r0+e);
num0=30;den0=conv([1,0],conv([0.1,1],[0.2,1]));
[mag1,phase1]=bode(num0,den0,w);
[i1,ii]=min(abs(phase1-r));
wc=w(ii);
alpha=mag1(ii);
T=10/wc;
numc=[T,1];denc=[11.08*T,1];
[num,den]=series(num0,den0,numc,denc);
[Gm1,Pm1,Wcg0,Wcp0]=margin(num0,den0);
[Gm,Pm,Wcgl,Wcpl]=margin(num,den);
printsys(numc,denc)
printsys(num,den)
disp(['校正前:幅值裕量=',num2str(20*log10(Gm1)),'db,','相位裕量=',num2str(Pm1),'° ']);
disp(['校正后:幅值裕量=',num2str(20*log10(Gm)),'db,','相位裕量=',num2str(Pm),'° ']);
```

程序结果如下：

```
num/den =

      4.0566 s + 1
    ---------------
    44.9472 s + 1

num/den =

      121.6983 s + 30
```

0.89894 s^4 + 13.5042 s^3 + 45.2472 s^2 +   s

校正前:幅值裕量=-6.0206db,相位裕量=-17.239°

校正后:幅值裕量=14.2641db,相位裕量=45.6712°

3. 基于频率法的串联滞后-超前校正

滞后-超前校正装置综合了超前校正和滞后校正的优点。实现滞后-超前校正时,超前校正部分增加了相位裕量,但是牺牲了剪切频率;滞后校正将使幅值特性产生显著的衰减,因此可确保系统有满意的瞬态性能。

利用频率法设计滞后-超前校正装置的流程图如图 9-7-5 所示。

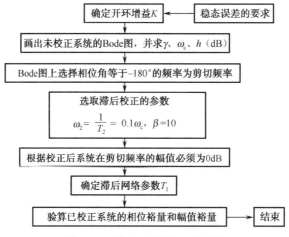

图 9-7-5　滞后-超前校正流程图

例 9-7-3　已知一单位反馈系统,其开环传递函数为 $G(s) = \dfrac{K}{s(s+1)(0.4s+1)}$,若要求 $K_v = 10s^{-1}$,相位裕量为 45°,幅值裕量为 10dB,试设计一个串联滞后-超前装置。

解:根据系统的稳态误差系数,开环增益为

$$K_v = \lim_{s \to 0} s\,G(s) = \lim_{s \to 0} s \times \frac{K}{s(s+1)(0.4s+1)} = 10 \Rightarrow K = 10$$

故原系统的开环传递函数为 $G(s) = \dfrac{10}{s(s+1)(0.4s+1)}$

（1）利用 MATLAB 程序,绘制未校正系统的 Bode 图（如图 9-7-6 所示）,找出原系统 -180° 处的频率定为新的剪切频率。得到校正后的系统的剪切频率为 1.58rad/s。

```
num0=10;w=logspace(-2,2);
den0=conv([1,0],conv([1,1],[0.4,1]));
bode(num0,den0,w);grid;
```

（2）利用新剪切频率确定系统的滞后部分的 T_2 和 α。选取:

$$T_2 = \frac{1}{0.1\omega_c} = 1/0.158 = 6.33, \alpha = 10$$

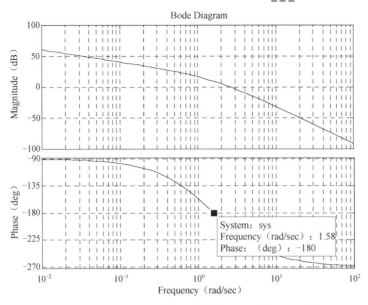

图 9-7-6 未校正系统的 Bode 图

（3）根据校正后系统在新剪切频率处的幅值必须为 0dB，确定超前校正部分的 T_1。利用 MATLAB 作图，得到原系统在 $\omega=1.58$ 处的幅值为 9.13dB，则应该使得滞后-超前校正环节在新穿越处产生一个-9.13dB 的增益。因为选择了 $\alpha=10$，故超前校正部分的转角频率可以这样确定：通过点（1.58，-9.22dB）画一条斜率为+20dB/dec 的直线，此线与 0dB 线及-20dB 线的交点即为超前校正部分的两个转角频率。用 MATLAB 程序作图，如图 9-7-7 所示，得到交点：$T_1=1/0.7=1.428$s。

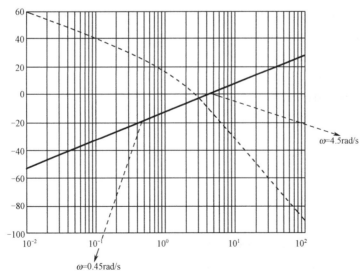

图 9-7-7 校正系统作图

（4）综合得到滞后-超前校正装置的传递函数为 $G_c(s)=\dfrac{6.33s+1}{63.3s+1}\times\dfrac{1.428s+1}{0.1428s+1}$。

（5）利用 MATLAB 程序校验校正后系统的幅值裕量和相位裕量。

按照上述要求和步骤编写程序 L636。校正后的 Bode 图如图 9-7-8 所示。MATLAB 界面显示的校正装置的传递函数，校正后系统的开环传递函数，校正前后的幅值、相位裕量的值如下所示。可见校正之后的性能指标都满足要求。

程序 L636：

```
num0=10;w=logspace(-2,2);
den0=conv([1,0],conv([1,1],[0.4,1]));
[Gm1,Pm1,Wcg1,Wcp1]=margin(num0,den0);
numc=conv([6.33,1],[1.428,1]);
denc=conv([63.3,1],[0.1428,1]);
[num,den]=series(num0,den0,numc,denc);
[Gm,Pm,Wcg,Wcp]=margin(num,den);
[mag1,phase1]=bode(num0,den0,w);
printsys(numc,denc)
printsys(num,den)
[mag2,phase2]=bode(numc,denc,w);
[mag,phase]=bode(num,den,w);
subplot(2,1,1);semilogx(w,20*log10(mag),w,20*log10(mag1),'--',w,20*log10(mag2),':');
grid;ylabel('幅值(db)');
title('--Go,-,Gc，GoGc');
subplot(2,1,2);semilogx(w,phase,w,phase1,'--',w,phase2,'--',w,(w-180-w),':');
grid;ylabel('相位(°)');xlabel('频率(rad / sec)')
title(['校正后:幅值裕量=',num2str(20*log10(Gm)),'db,','相位裕量=',num2str(Pm),'° ']);
disp(['校正前:幅值裕量=',num2str(20*log10(Gm1)),'db,','相位裕量=',num2str(Pm1),'° ']);
disp(['校正后:幅值裕量=',num2str(20*log10(Gm)),'db,','相位裕量=',num2str(Pm),'° ']);
[gml,pml,wcgl,wcpl]=margin(num0,den0);
[mag1,phase1]=bode(num0,den0,w);
lw=20*log10(w/1.58)-9.13;
semilogx(w,20*log10(mag1),'--',w,lw),grid
```

程序结果如下：

```
num/den =

    9.0392 s^2 + 7.758 s + 1

    --------------------------
    9.0392 s^2 + 63.4428 s + 1

 num/den =

                    90.3924 s^2 + 77.58 s + 10

    -------------------------------------------------
    3.6157 s^5 + 38.0321 s^4 + 98.2592 s^3 + 64.8428 s^2 +   s
校正前:幅值裕量=-9.1186db,相位裕量=-24.1918°
校正后:幅值裕量=17.2392db,相位裕量=58.7937°
```

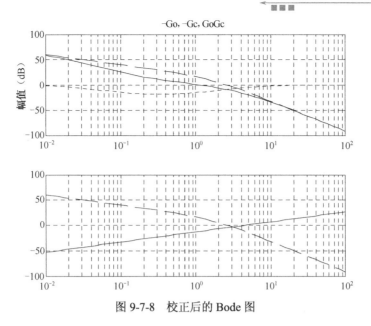

图 9-7-8　校正后的 Bode 图

9.8　用 MATLAB 仿真单闭环调速系统

前面已经用 MATLAB 解决了控制原理中的各种问题。在此，将对简单闭环控制的调速系统，应用作者编写的程序，进行 PI 校正设计，并验算设计后系统的时域与频域性能指标是否满足要求。

例 9-8-1　已知晶闸管—直流电动机单闭环调速系统（V—M 系统）的 Simulink 动态结构如图 9-8-1 所示（Simulink 是 MATLAB 的有关控制系统一个工具箱，可参考有关文献）。在图 9-8-1 中，电动机参数：$p_{nom} = 2.2\text{kW}$，$n_{nom} = 1500\text{r/min}$，$U_{nom} = 220\text{V}$，$I_{nom} = 12.5\text{A}$，电动机电枢电阻 $R_a = 1\Omega$，V—M 系统主电路总电阻 $R = 2.9\Omega$，电枢主回路总电感 $L=40\text{mH}$，拖动系统运动部分飞轮矩 $GD^2 = 1.5\text{N} \cdot \text{m}^2$，整流触发装置的放大系数 $K_s = 44$，三相桥平均失控时间 $T_s = 0.00167\text{s}$。

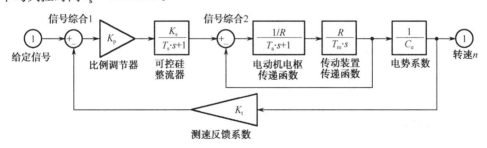

图 9-8-1　晶闸管—直流电动机单闭环调速系统的 Simulink 动态结构图

（1）要求系统调速范围 $D=15$，静差率 $s=5\%$，求闭环系统的开环放大系数 K。

（2）当 $U_n^* = 10\text{V}$ 时，$n = n_{nom} = 1500\text{r/min}$，求拖动系统测速反馈系数 α。

（3）计算比例调节器的放大系数 K_p。

（4）试问系统能否稳定运行？其临界开环放大系数为多少？

（5）试绘制出比例调节器 $K_p = 20$ 与 $K_p = 21$ 时系统的单位给定阶跃响应曲线以验证系统能否稳定运行。

（6）以相角稳定裕度 $\gamma = 45°$ 为校正主要指标对系统进行滞后校正。

（7）以剪切频率为校正主要指标对系统进行滞后校正。

（8）用根轨迹校正器对系统进行滞后校正。

解：（1）求满足系统调速范围与静差率要求时的闭环系统开环放大系数 K。

① 额定磁通下的电机电动势转速比 $C_e = \dfrac{U_{nom} - I_{nom}R_a}{n_{nom}}$。

```
syms Unom Inom nnom Ra Ce;
Unom=220;Inom=12.5;Ra=1;nnom=1500;
Ce=(Unom-Inom*Ra)/nnom
```

程序运行结果：

```
Ce =0.1383
```

即额定磁通下的电机电动势转速比 $C_e = 0.1383\text{V}\cdot\text{min/r}$。

② 满足系统调速范围与静差率要求时的闭环系统稳态速降 $\Delta n_{cl} = \dfrac{n_{nom}s}{D(1-s)}$。

```
syms nnom s D deltanc1;
nnom=1500;s=0.05;D=15;
deltanc1=nnom*s/(D*(1-s))
```

程序运行结果：

```
deltanc1 =5.2632
```

即满足要求时的闭环系统稳态速降 $\Delta n_{cl} = 5.2632\text{r/min}$。

③ 开环系统稳态速降 $\Delta n_{op} = \dfrac{I_{nom}R}{C_e}$。

```
syms Inom R Ce deltanop;
Inom=12.5;R=2.9;Ce=0.1383;
deltanop=Inom*R/Ce
```

程序运行结果：

```
deltanop =262.1114
```

即开环系统稳态速降 $\Delta n_{op} = 262.1114\text{r/min}$。

④ 根据自动控制理论有 $K = \dfrac{\Delta n_{op}}{\Delta n_{cl}} - 1$。

```
syms deltanop deltanc1 K;
>> deltanop=262.1114;
>> deltanc1=5.2632;
>> K=deltanop/deltanc1-1
```

程序运行结果：

```
K =48.8008
```

即满足系统调速范围与静差率要求时的闭环系统开环放大系数 $K=48.8008$。

（2）求系统测速反馈系数 $\alpha = \dfrac{U_n}{n_{nom}}$。

单闭环调速系统静态结构图如图 9-8-2 所示。根据自动控制理论有如下方程组。

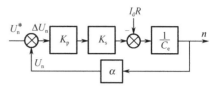

$$\begin{cases} U_n = K \cdot \Delta U_n \\ U_n^* - U_n = \Delta U_n \end{cases}$$

式中　$K = K_p K_s \alpha / C_e$。

图 9-8-2　单闭环调速系统静态结构图

代入已知条件，得到：

$$\begin{cases} U_n = 48.8008 \cdot \Delta U_n \\ 10 - U_n = \Delta U_n \end{cases}$$

用 MATLAB 程序解此方程组：

```
syms Un deltaUn alpha;
[Un,deltaUn]=solve('Un=48.8008*deltaUn','10-Un=deltaUn');
alpha=vpa(Un/1500,2)
```

程序运行结果：

```
alpha =.65e-2
```

即 $\alpha = 0.0065\text{V} \cdot \text{min/r} = K_t$。

（3）计算比例调节器的放大系数 K_p。

根据自动控制理论，闭环系统的开环放大系数 K、测速反馈系数 α、电机电动势转速比 C_e 与放大系数 K_p 之间满足关系式：$K = K_p K_s \alpha / C_e$。

```
syms K Kp Ks Ce alpha;
K=48.8008;Ks=44;Ce=0.1383;alpha=0.0065;
Kp=(K*Ce)/(Ks*alpha)
```

程序运行结果：

```
Kp =23.5984
```

即 $K_p = 23.5984$。

（4）计算参数 T_a 与 T_m。

① 电枢回路电磁时间常数 $T_a = L/R$。

```
syms L R Ta;L=40e-3;R=2.9;Ta=L/R
```

程序运行结果：

```
Ta =0.0138
```

即电枢回路电磁时间常数 $T_a = 0.0138\text{s}$。

② 系统运动部分飞轮矩相应的机电时间常数 $T_m = \dfrac{GD^2 R}{375 C_e C_m}$。

```
syms GDpf R Ce Cm Tm;
GDpf=1.5;R=2.9;Ce=0.1383;Cm=Ce*30/pi;Tm=GDpf*R/(375*Ce*Cm)
```

程序运行结果：

```
Tm =0.0635
```

即飞轮矩相应的机电时间常数 $T_m = 0.0635$。

（5）绘制带参数单闭环调速系统的 Simulink 动态结构图。

如图 9-8-3 所示，图中 $K_t = \alpha = 0.0065\text{V} \cdot \text{min}/\text{r}$。

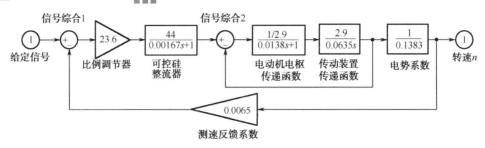

图 9-8-3　带参数单闭环调速系统 Simulink 动态结构图模型（保存为 1743.mdl）

（6）求闭环系统临界开环放大系数。

根据自动控制理论的代数稳定判据，系统稳定的充要条件为 $K < \dfrac{T_m(T_a + T_s) + T_s^2}{T_a T_s}$，其临

界开环放大系数 $K_{cr} = \dfrac{T_m(T_a + T_s) + T_s^2}{T_a T_s}$。

```
syms K Kcr Tm Ta Ts;
Tm=0.0635; Ta=0.0138; Ts=0.00167;Kcr=(Tm*(Ta+Ts)+Ts^2)/(Ta*Ts)
```

程序运行结果：

Kcr =42.7464

即闭环系统临界开环放大系数 $K_{cr} = 42.7464$。

（7）求系统闭环特征根以验证系统能否稳定运行。

```
[a,b,c,d]=linmod('l743');s1=ss(a,b,c,d);sys=tf(s1);
sysl=zpk(s1);P=sys.den{1};roots(P)
```

程序运行结果：

```
ans =

  1.0e+002 *

  -6.7944
   0.0409 + 2.2377i
   0.0409 - 2.2377i
```

即系统闭环特征根有两个根的实部为正，说明系统不能稳定运行。

（8）绘制出比例调节器 $K_p = 20$ 与 $K_p = 21$ 时系统的单位给定阶跃响应曲线以验证系统能否稳定运行。

① 比例调节器 $K_p = 20$ 时，求闭环系统开环放大系数 K。

根据 $K = K_p K_s \alpha / C_e$，有：

```
syms Kp Ks Ce alpha;
Kp=20;Ks=44;Ce=0.1383;alpha=0.0065;K=Kp*Ks*alpha/Ce
```

程序运行结果：

K =41.3594

即 $K_p = 20$ 对应着闭环系统开环放大系数 $K = 41.3594$。

② 当 $K_p = 20$ 时（需将动态模型结构图 9-8-1 的 K_p 设置为 20，下同），绘制其系统的阶跃响应曲线。

```
[a,b,c,d]=linmod('l743');  s1=ss(a,b,c,d);  sys=tf(s1); step(sys);
```

$K = K_p K_s \alpha / C_e = 41.3594 < K_{cr} = 42.7464$，此时对应着模型 1743.mdl 中的 $K_p = 20$，程序方式下运行程序 1743.m，系统单位阶跃响应曲线应呈现剧烈的振荡（虽然是衰减的），如图 9-8-4 所示。

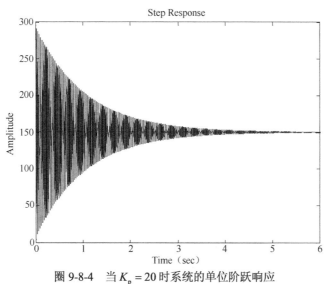

图 9-8-4　当 $K_p = 20$ 时系统的单位阶跃响应

③ 比例调节器 $K_p = 21$ 时，求闭环系统开环放大系数 K。

```
syms Kp Ks Ce alpha;
Kp=21;Ks=44;Ce=0.1383;alpha=0.0065;K=Kp*Ks*alpha/Ce
```

程序运行结果：

```
K =43.4273
```

④ 当 $K_p = 21$ 时，绘制其系统单位阶跃响应曲线。

$K = K_p K_s \alpha / C_e = 43.4273 > K_{cr} = 42.7464$，此时对应着模型 1743.mdl 中的 $K=21$，程序方式下运行程序，系统单位阶跃响应呈现发散的振荡，如图 9-8-5 所示，即系统是不稳定的。当 $K_p = 23.5984$ 时，系统越发不稳定。

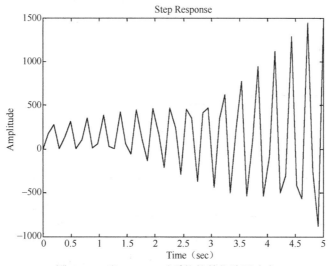

图 9-8-5　当 $K_p = 21$ 时系统的单位阶跃响应

（9）分别以相角稳定裕度与剪切频率为校正主要指标对系统进行滞后校正。模型 1743.mdl 即图 9-8-3 的开环模型为 1743A.mdl，以下程序要用到它。

① 调用自编函数 lagc() 设计 PI 校正器。（见附录 A 自编函数）

```
[a,b,c,d]=linmod('l743A');s1=ss(a,b,c,d);s2=tf(s1);
gama=48;[Gc]=lagc(1,s2,[gama])
wc=35;[Gc]=lagc(2,s2,[wc])
```

程序运行结果：

Transfer function:

0.1611 s + 1

1.699 s + 1

Transfer function:

0.2857 s + 1

 6.26 s + 1

即以相角稳定裕度为校正主要指标的滞后校正器为 $G_c(s) = \dfrac{0.1611s+1}{1.699s+1}$，而以剪切频率为校正主要指标的滞后校正器为 $G_c(s) = \dfrac{0.2857s+1}{6.26s+1}$。

② 验算设计的校正器的校正效果。

（A）对以相角稳定裕度为校正主要指标的校正器为 $G_c(s) = \dfrac{0.1611s+1}{1.699s+1}$。

```
[a,b,c,d]=linmod('l743A')
s1=ss(a,b,c,d);s2=tf(s1);gama=48;[Gc]=lagc(1,s2,[gama])
sys=s2*Gc;margin(sys);
```

从图 9-8-6 可以看出，校正后系统的相角稳定裕度 $\gamma = 47.7° \approx 48°$，达到预期目的。

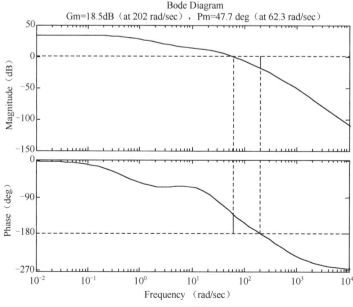

图 9-8-6 经校正器 $G_c(s) = \dfrac{0.1611s+1}{1.699s+1}$ 校正后的 Bode 图

（B）对以剪切频率为校正主要指标的滞后校正器为 $G_c(s) = \dfrac{0.2857s+1}{6.26s+1}$。

```
[a,b,c,d]=linmod('l743A')
s1=ss(a,b,c,d);s2=tf(s1);wc=35;[Gc]=lagc(2,s2,[wc])
sys=s2*Gc;margin(sys);
```

程序方式下运行程序，绘制出系统的 Bode 图如图 9-8-7 所示。

从图 9-8-7 可以看出，校正后系统的剪切频率 $\omega_c = 35.2\text{rad/s} > 35\text{rad/s}$，也达到预期目的。

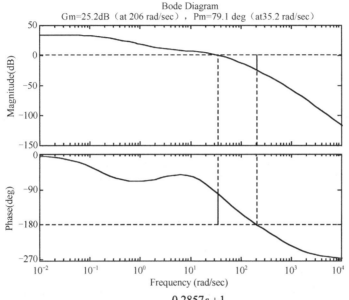

图 9-8-7　经校正器 $G_c(s) = \dfrac{0.2857s+1}{6.26s+1}$ 校正后的 Bode 图

（10）用根轨迹校正器对系统进行滞后校正。

根据自动控制理论，给开环传递函数 $G(s)H(s)$ 增加极点的作用是使根轨迹向右半[s]平面移动，其系统稳定性变差；而给开环传递函数 $G(s)H(s)$ 增加零点的作用是使根轨迹向左半[s]平面移动，其系统稳定性会变好。

在程序方式下运行以下 MATLAB 程序，则弹出系统根轨迹设计器，如图 9-8-8 所示。

```
[a,b,c,d]=linmod('l743A')
s1=ss(a,b,c,d);s2=tf(s1);rltool(s2);
```

在图 9-8-8 中，用鼠标单击工具栏的【Addrealzero】按钮为系统增加一个零点，会使系统从不稳定变成稳定，且具有很好的性能指标。

从图 9-8-8 看出，①为系统增加一个零点（−115）后，系统成为稳定的闭环。②相角稳定裕度 $\gamma = 50°$，剪切频率 $\omega_c = 412\text{rad/s}$，幅值稳定裕度 $L_h = \infty\text{dB}$，$-\pi$ 穿越频率 $\omega_g = \infty\text{rad/s}$，其频域性能指标非常优良。

在图 9-8-8 中，选择【Analysis】菜单的【Response to Step Command】命令并执行后，得到系统的单位阶跃响应曲线，如图 9-8-9 所示。图中显示，其超调量 $\sigma = 20\%$，峰值时间 $t_p < 0.01\text{s}$，响应超调一次后，即回落到稳态值。这样时域性能指标也是很好的。

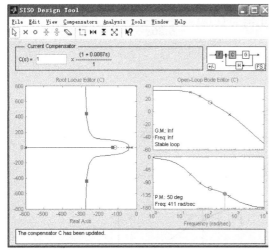
图 9-8-8 用根轨迹校正器对系统进行校正

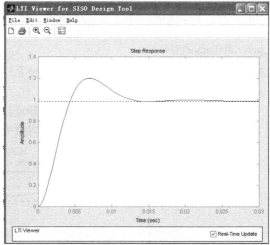
图 9-8-9 系统单位阶跃响应曲线

9.9 用 MATLAB 仿真双闭环调速系统

根据自动控制系统设计理论，采用两个 PI 调节器（即 ACR、ASR 均采用 PI 调节器）的双闭环调速系统具有良好的稳态与动态性能，结构简单，工作可靠，设计也很方便，实践证明，它是一种应用最广的调速系统。然而，其动态性能的不足之处就是转速超调，而且抗扰性能的提高也受到一定限制。解决这个问题的一个简单有效的办法就是在转速调节器上引入转速微分负反馈，这样就可以抑制转速超调直到消灭超调，同时可以大大降低动态速度降落。

例 9-9-1 带转速微分负反馈的晶闸管—直流电动机双闭环调速系统（V—M 系统）的结构图模型如图 9-9-1 所示。图 9-9-1 中，电动机参数：$p_{nom} = 3\text{kW}$，$n_{nom} = 1500\text{r/min}$，$U_{nom} = 220\text{V}$，$I_{nom} = 17.5\text{A}$，电动机电枢电阻 $R_a = 1.25\Omega$，整流装置内阻 $R_{rec} = 1.3\Omega$，平波电抗器电阻 $R_L = 0.3\Omega$，V—M 系统主电路总电阻 $R = 2.85\Omega$，电枢主回路总电感 $L=200\text{mH}$，拖动系统运动部分飞轮矩 $GD^2 = 3.53\text{N}\cdot\text{m}^2$，整流触发装置的放大系数 $K_s = 38$，三相桥平均失控时间 $T_s = 0.00167\text{s}$。要求系统调速范围 $D=20$，静差率 $s=10\%$，堵转（最大）电流 $I_{dbl} = 2.1I_{nom}$，临界截止电流 $I_{dcl} = 2I_{nom}$，ACR、ASR 均采用 PI 调节器，ASR 限幅输出 $U_{im}^* = -8\text{V}$，ACR 限幅输出 $U_{ctm} = 8\text{V}$，最大给定 $U_{nm}^* = 10\text{V}$。

（1）试计算系统的参数：电动机电动势转速比 C_e、闭环系统稳态速降 Δn_{nom}、触发整流装置的放大系数 K_s、电流反馈系数 β、电枢电磁时间常数 T_a、系统机电时间常数 T_m、系统测速反馈系数 α。

（2）选择几个滤波时间常数 T_{0i}、T_{0n}、T_{0dn} 与中频宽 h。

（3）计算电流调节器传递函数 $W_{ACR}(s) = K_i \dfrac{\tau_i s + 1}{\tau_i s}$。

（4）计算转速调节器传递函数 $W_{ASR}(s) = K_i \dfrac{\tau_n s + 1}{\tau_n s}$。

（5）对双闭环调速系统进行单位阶跃给定响应仿真与单位阶跃负载扰动响应仿真。

（6）对转速微分负反馈环节 $\dfrac{\alpha\tau_{dn}s}{T_{0dn}s+1}$ 进行计算。

（7）对带转速微分负反馈双闭环调速系统进行单位阶跃响应仿真与单位阶跃负载扰动响应仿真。

（8）对（5）与（7）两项仿真做简单的比较。

（9）计算退饱和时间 t_t 与退饱和转速 n_t。

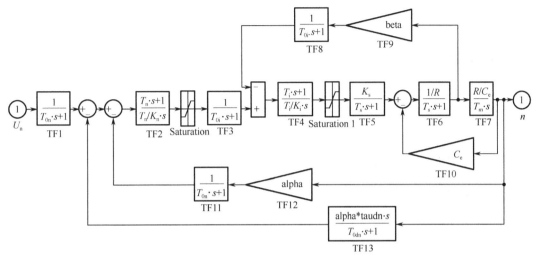

图 9-9-1　带转速微分负反馈的 V—M 双闭环系统的结构图模型

解：（1）拖动调速系统几个参数的计算与选择。

① 额定磁通下的电机电动势转速比 $C_e=\dfrac{U_{nom}-I_{nom}R_a}{n_{nom}}$。

```
syms Unom Inom nnom Ra Ce;
Unom=220;Inom=17.5;Ra=1.25;nnom=1500;
Ce=(Unom-Inom*Ra)/nnom
```

程序运行结果：

```
Ce =0.1321
```

即额定磁通下的电机电动势转速比 $C_e=0.1321\text{V}\cdot\text{min/r}$。

② 满足系统调速范围与静差率要求的闭环系统稳态速降 $\Delta n_{cl}=\dfrac{n_{nom}s}{D(1-s)}$。

```
syms nnom s D deltannom;
nnom=1500;s=0.1;D=20;
deltannom=nnom*s/(D*(1-s))
```

程序运行结果：

```
deltannom=8.3333
```

即满足要求的闭环系统稳态速降 $\Delta n_{nom}=8.3333\text{r/min}$。

③ 满足系统要求的触发整流装置的放大系数 $K_s=\dfrac{C_e n_{nom}+I_{dbl}R}{U_{ctm}}$。

```
syms Ks nnom lbdl R Ce Uctm;
Ce=0.1321;nnom=1500;Idbl=2.1*17.5;R=2.85;Uctm=8;
Ks=(Ce*nnom+Idbl*R)/Uctm
```

程序运行结果：

Ks=37.8609

取系统要求的触发整流装置的放大系数 $K_s = 38$。

④ 满足系统要求的电流反馈系数 $\beta = \dfrac{U_{im}^*}{n_{nom}} = \dfrac{U_{im}^*}{2.1 I_{nom}}$。

```
syms beta Uim tdm Inom;
Uim=8;Inom=17.5;Idm=2.1*Inom;
beta=Uim/Idm
```

程序运行结果：

beta=0.2177

即满足系统要求的电流反馈系数 $\beta = 0.2177 V \cdot A$。

⑤ 电动机电枢电磁时间常数 $T_a = \dfrac{L}{R}$。

```
syms Ta R L;L=200*10^(-3);R=2.85;Ta=L/R
```

程序运行结果：

Ta=0.0702

即电动机电枢电磁时间常数 $T_a = 0.0702s$。

⑥ 电动机拖动系统机电时间常数 $T_m = \dfrac{GD^2 R}{375 C_e C_m}$。

```
syms GDpf R Ce Cm Tm;
GDpf=3.53;R=2.85;Ce=0.1321;Cm=30*Ce/pi;
Tm=GDpf*R/(375*Ce*Cm)
```

程序运行结果：

Tm=0.1610

即电动机拖动系统机电时间常数 $T_m = 0.1610s$。

⑦ 满足系统要求的转速反馈系数 $\alpha = \dfrac{U_n^*}{n_{nom}}$。

```
syms alpha Un nnom;Un=10;nnom=1500;alpha=Un/nnom
```

程序运行结果：

alpha=0.0067

即满足系统要求的转速反馈系数 $\alpha = 0.0067 min/r$。

⑧ 选取电流环滤波时间常数 $T_{0i} = 0.002s$；选取转速环滤波时间常数 $T_{0n} = 0.01s$；选取转速微分滤波时间常数 $T_{0dn} = T_{0n} = 0.01s$；选择中频宽 $h=5$。

（2）电流调节器 $W_{ACR}(s) = K_i \dfrac{\tau_i s + 1}{\tau_i s}$ 参数的计算。

根据自动控制系统设计理论，选取积分时间常数 $\tau_i = T_a = 0.0702s$；三相桥整流电路平均失控时间 $T_s = 0.00167s$；合并电流环小时间常数为

$$T_{\Sigma i} = T_s + T_{0i} = 0.00167 + 0.002 = 0.00367 \text{s}$$

电流环开环增益：$K_I = \dfrac{1}{2T_{\Sigma i}} = \dfrac{1}{2 \times 0.00367} = 136.2398 \text{s}^{-1}$。

电流调节器的比例系数 $K_i = K_I \dfrac{\tau_i R}{\beta K_s} = 3.2904$，所以电流调节器的传递函数为：

$$W_{\text{ACR}}(s) = K_i \frac{\tau_i s + 1}{\tau_i s} = 3.2904 \times \frac{0.0702s + 1}{0.0702s} = \frac{0.0702s + 1}{0.0213s}$$

（3）转速调节器 $W_{\text{ACR}}(s) = K_n \dfrac{\tau_n s + 1}{\tau_n s}$ 参数的计算。

根据自动控制系统设计理论 $T_{\Sigma i} = 0.00367\text{s}$

合并转速环小时间常数 $T_{\Sigma n} = 2T_{\Sigma i} + T_{0n} = 2 \times 0.00367 + 0.01 = 0.0173\text{s}$

选取转速调节器积分时间常数 $\tau_n = hT_{\Sigma n} = 5 \times 0.0173\text{s}$

转速环开环增益 $K_N = \dfrac{h+1}{2h^2 T_{\Sigma n}^2} = \dfrac{6}{50 \times 0.0173^2} = 400.95\text{s}^{-2}$

转速调节器比例系数：

$$K_n = \frac{(h+1)\beta C_e T_m}{2h\alpha R T_{\Sigma n}} = \frac{6 \times 0.2177 \times 0.1321 \times 0.1610}{10 \times 2.85 \times 0.0067 \times 0.0173} = 8.4095\text{s}^{-2}$$

所以转速调节器的传递函数 $W_{\text{ACR}}(s) = K_n \dfrac{\tau_n s + 1}{\tau_n s} = 8.4095 \times \dfrac{0.0867s + 1}{0.0867s} = \dfrac{0.0867s + 1}{0.0103s}$

（4）双闭环调速系统的 Simulink 动态结构图及其仿真。

采用两个 PI 调节器的双闭环调速系统原理图如图 9-9-2 所示。

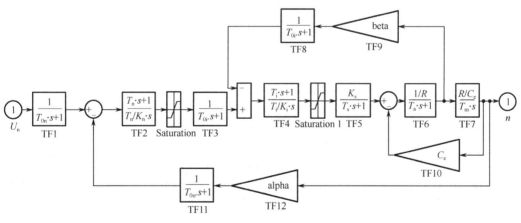

图 9-9-2 双闭环调速系统原理图

带参数的双闭环调速系统结构图模型如图 9-9-3 所示。

用以下 MATLAB 程序绘制双闭环调速系统的单位阶跃响应曲线。

```
[a,b,c,d]=linmod('l753');s1=ss(a,b,c,d);sys=tf(s1);step(sys);
```

程序运行后，绘制的单位阶跃响应曲线如图 9-9-4 所示。

双闭环调速系统负载扰动仿真动态结构图如图 9-9-5 所示。

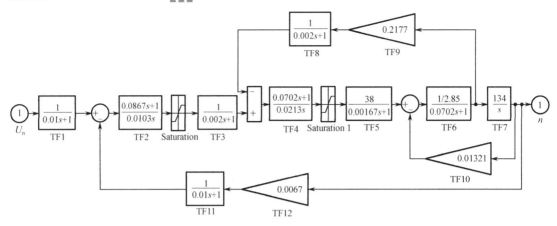

图 9-9-3　带参数的双闭环调速系统结构图模型（1753.mdl）

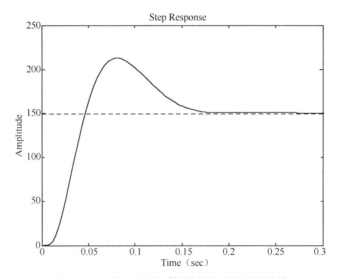

图 9-9-4　双闭环调速系统的单位阶跃响应曲线

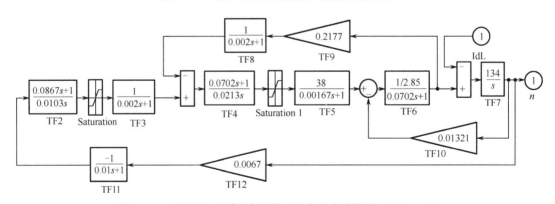

图 9-9-5　双闭环调速系统负载扰动仿真动态结构图（1755.mdl）

用以下 MATLAB 程序绘制双闭环调速系统的单位阶跃负载扰动响应仿真曲线。程序运行后，绘制的单位阶跃负载扰动响应曲线如图 9-9-6 所示。

```
[a,b,c,d]=linmod('l755');
s1=ss(a,b,c,d);sys=tf(s1);t1=[0:0.001:0.3];step(sys,t1);
```

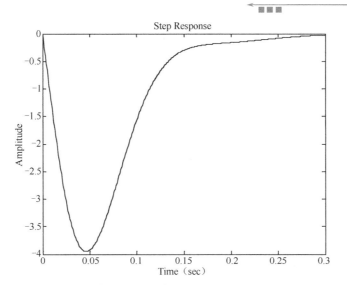

图 9-9-6 双闭环调速系统的单位阶跃负载扰动响应曲线

由图可知，最大动态降落：$\Delta C_{\max}\% = -3.9347\%$。

最大动态降落时间：$t_p = 0.0460\text{s}$。恢复时间：
$t_v = 0.2720\text{s}$（对应 5%的误差带）。

（5）带转速微分负反馈的转速调节器的原理图与
动态结构图。

带转速微分负反馈的转速调节器原理图如图 9-9-7
所示。

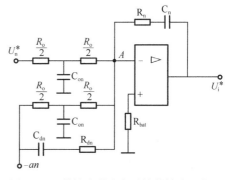

图 9-9-7 带转速微分负反馈的转速调节器
原理图

由图 9-9-7 可知，根据电路的分流公式，有：

$$i_{dn}(s) = \frac{\alpha n(s)}{R_{dn} + \dfrac{1}{sC_{dn}}} = \frac{\alpha C_{dn} sn(s)}{R_{dn}C_{dn}s + 1}$$

对图 9-9-7 的虚地点 A 写出基尔霍夫电流定律为：

$$\frac{U_n^*(s)}{R_o\left(T_{on}+1\right)} - \frac{\alpha n(s)}{R_o\left(T_{on}s+1\right)} - \frac{\alpha C_{dn}sn(s)}{R_{dn}C_{dn}s+1} = \frac{Ui^*(s)}{R_n + \dfrac{1}{sC_n}}$$

整理后得：

$$\frac{U_n^*(s)}{T_{on}s+1} - \frac{\alpha n(s)}{T_{on}s+1} - \frac{\alpha\tau_{dn}sn(s)}{T_{odn}s+1} = \frac{Ui^*(s)}{K_n + \dfrac{\tau_n s+1}{\tau_n s}}$$

式中 $\tau_{dn} = R_o C_{dn}$ ——转速微分时间常数；

$T_{0dn} = R_{dn}C_{dn}$ ——转速微分滤波时间常数。

（6）转速微分负反馈环节 $\dfrac{\alpha\tau_{dn}s}{T_{0dn}s+1}$ 参数的计算。

已经计算出转速反馈系数 $\alpha = 0.0067\text{min/r}$。根据自动控制系统设计理论，选取转速微分
滤波时间常数 $T_{0dn} = T_{on} = 0.01\text{s}$。

$$\tau_{\mathrm{dn}}\bigg|_{\sigma=0} \geq \frac{4h+2}{h+1}T_{\Sigma\mathrm{n}} = \frac{20+2}{6}\times 0.0173 = 0.0634\mathrm{s}$$

取 $\tau_{\mathrm{dn}} = 0.0634\mathrm{s}$，那么 $\dfrac{\alpha\tau_{\mathrm{dn}}s}{T_{0\mathrm{dn}}s+1} = \dfrac{0.0067\times 0.0634s}{0.01s+1}$。

（7）带参数转速微分负反馈双闭环调速系统的 Simulink 动态结构图。

将已知参数与算得的参数代入图 9-9-1 中即得带参数的 Simulink 动态结构图，如图 9-9-8 所示，即系统动态模型 1758.mdl，以下仿真要用到它。

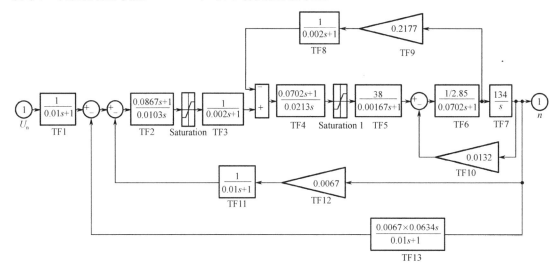

图 9-9-8　带参数转速微分负反馈双闭环调速系统结构图模型（1758.mdl）

用以下 MATLAB 程序绘制转速微分负反馈双闭环调速系统的单位阶跃响应曲线。

```
[a,b,c,d]=linmod('l758');
s1=ss(a,b,c,d);sys=tf(s1);step(sys);
```

程序运行后，绘制的单位阶跃响应曲线如图 9-9-9 所示。

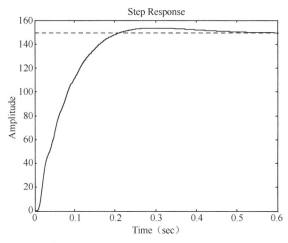

图 9-9-9　转速微分负反馈双闭环调速系统的单位阶跃响应曲线

比较图 9-9-4 与图 9-9-9 可见，普通双闭环系统单位阶跃响应的超调 $\sigma > 30\%$；而带转速微分负反馈的双闭环系统，其单位阶跃响应基本无超调，这正是转速微分负反馈的作用。

转速微分负反馈双闭环调速系统负载扰动仿真动态结构图如图 9-9-10 所示，即系统动态模型 1755.mdl，以下仿真要用到它。

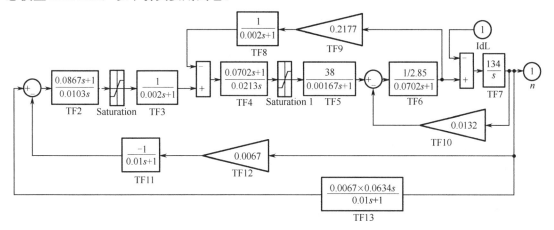

图 9-9-10　转速微分负反馈双闭环调速系统负载扰动仿真动态结构图（1755.mdl）

用以下 MATLAB 程序绘制双闭环调速系统的单位阶跃负载扰动响应仿真曲线。

```
[a,b,c,d]=linmod('l755');
s1=ss(a,b,c,d);sys=tf(s1);t1=[0:0.001:0.3];step(sys,t1);
```

程序运行后，绘制的单位阶跃负载扰动响应曲线如图 9-9-11 所示。

由图可知，最大动态降落： $\Delta C_{max}\% = -1.6788\%$ 。

最大动态降落时间： $t_p = 0.0750\text{s}$ 。恢复时间： $t_v = 0.30\text{s}$ （对应 5%的误差带）。

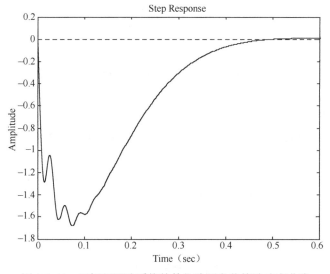

图 9-9-11　双闭环调速系统的单位阶跃负载扰动响应曲线

比较图 9-9-6 与图 9-9-11 及其计算的数据，对于单位阶跃负载扰动，带转速微分负反馈的双闭环系统比普通双闭环系统其最大动态降落要小得多，但最大动态降落时间与恢复时间要长一些。

（8）计算退饱和时间 t_t 与退饱和转速 n_t 。

根据自动控制系统设计理论，有退饱和时间计算公式，即：

$$t_t = \frac{C_e n^* T_m}{R(I_{dm} - I_{dl})} + T_{\Sigma n} - \tau_{dn}$$

还有退饱和转速计算公式 $n_t = n^* - \frac{R}{C_e T_m}(I_{dm} - I_{dl})\tau_{dn}$。这可以用以下 MATLAB 程序来计算退饱和时间 t_t 与退饱和转速 n_t。

```
syms Ce nx Tm R Idm ldbl Inom IdL Tsigman taudn tt;
Ce=0.1321;nx=1500;Tm=0.1610;R=2.85;Inom=17.5;Idbl=2.1*Inom;
Idm=Idbl;IdL=0;Tsigman=0.0173;taudn=0.0634;
tt=Ce*nx*Tm/(R*(Idm-IdL))+Tsigman-taudn
nt=nx-R*(Idm-IdL)*taudn/(Ce*Tm)
```

程序执行结果：

```
tt=0.2585
nt=1.1878e+003nt=1.1878e+003
```

即退饱和时间 $t_t = 0.2585s$，退饱和转速 $n_t = 1187.8r/\min$。

小　　结

1. 熟悉 MATLAB 软件界面，学会使用它的交互界面解决初等数学问题；理解 MATLAB 软件的编程语言；掌握 M 文件中的两种形式，即脚本文件和函数文件。

2. 学会使用 MATLAB 软件求取拉氏变换与反变换；理解控制系统数学模型的三种表示及相互转换；掌握结构图串联、并联和反馈模型的简化命令。

3. 学会用软件 MATLAB 绘制时域响应曲线；理解二阶系统性能指标的计算函数并会用它解决性能指标数学计算问题；掌握代数稳定判据 MATLAB 的实现和稳态误差的计算。

4. 学会用软件 MATLAB 绘制频率特性曲线，利用频率特性计算系统的参数；掌握频率特性曲线的性能分析及性能指标的计算。

5. 学会用软件 MATLAB 解决 PID 校正设计问题及实现频率法串联校正。

6. 用 MATLAB 仿真单闭环调速系统与双闭环调速系统。

7. 在本章的学习中请结合前面几章的学习内容对应学习，力求能用 MALAB 软件解决自动控制原理与系统学习中的性能指标的计算、曲线的绘制、系统仿真与分析等问题。这样能解决自动控制学习中的难点，这一点非常重要。

习　题　9

注：本章习题用 MATLAB 软件求解。

9-1 数字 1.5e2，1.5e3 中的哪个与 1500 相同？

9-2 请指出如下 5 个变量命名中，哪些命名是合法的？

Abcd-2　　　xyz_3　　　3che　　　a 变量　　　ABCDefgh

9-3 设 a = -8，运行以下三条指令，问运行结果相同吗？为什么？

```
w1=a^(2/3)
w2=(a^2)^(1/3)
w3=(a^(1/3))^2
```

9-4 指令 clear, clf, clc 各有什么用处？

9-5 想要在 MATLAB 中产生二维数组 $S = \begin{pmatrix} 1 & 2 & 3 \\ 4 & 5 & 6 \\ 7 & 8 & 9 \end{pmatrix}$，哪些指令能实现目的？

9-6 求多项式 $p(x)=8x^4+2x+3$ 的根及计算 $\sqrt[3]{-27}$ 的全部方根。

9-7 编写一个 M 文件绘制函数 $f(x) = \begin{cases} \sin x, & x > 5 \\ 3 + x, & 0 < x \leqslant 5 \\ x^2, & x \leqslant 0 \end{cases}$ 在区间[-6，6]中的图形。

9-8 若给定系统的状态方程系数矩阵为：

$$A = \begin{pmatrix} -40.4 & -139 & -150 \\ 1 & 0 & 0 \\ 0 & 1 & 0 \end{pmatrix}, \quad B = \begin{pmatrix} 1 \\ 0 \\ 0 \end{pmatrix}, \quad C = \begin{bmatrix} 0 & 18 & 360 \end{bmatrix}, \quad D=0$$

试求该系统的传递函数模型。

9-9 已知某系统状态微分方程为：

$$\frac{d^2 y}{dx^2} + 3\frac{dy}{dx} + 7y = 5I$$

试求该系统的传递函数模型。

9-10 已知系统零极点增益模型为：

$$H(s) = \frac{18(s+2)}{(s+0.4)(s+15)(s+25)}$$

试建立该系统的传递函数模型。

9-11 找出系统：

$$H(s) = \frac{s^2 - 0.5s + 2}{s^2 + 0.4s + 1}$$

的零点、极点和增益。

9-12 设系统的零极点增益模型为：

$$H(s) = \frac{6(s+3)}{(s+1)(s+2)(s+5)}$$

求系统的传递函数及状态空间模型。

9-14 已知二阶系统闭环传递函数为：

$$\Phi(s) = \frac{C(s)}{R(s)} = \frac{\omega_n^2}{s^2 + 2\omega_n \xi s + \omega_n^2}$$

其中：系统阻尼比 ξ=0.6；无阻尼振荡角频率 ω_n=5rad/s。试计算系统单位阶跃响应的性能指标 t_s，t_p，σ 与 N。

9-15 已知系统的闭环传递函数为：

$$G(s) = \frac{C(s)}{R(s)} = \frac{0.9s + 1}{(s+1)(0.01s^2 + 0.08s + 1)}$$

试计算系统单位阶跃响应特征量 σ、t_p、t_s，并绘制单位阶跃响应曲线。

9-16 温度计的单位反馈闭环传递函数为 $\Phi(s)=\dfrac{C(s)}{R(s)}=\dfrac{1}{Ts+1}$，用温度计测量某容器的水温，1min 才能显示出该温度的 95% 的数值。如给该容器加热，使水温以 $10℃/\min$ 的速度上升，试问温度计稳态指示误差有多大？

9-17 如题图 9-1 所示系统中，$G(s)=\dfrac{K}{s(Ts+1)}$。当输入信号 $r(t)=t$，并且误差规定为 $e(t)=r(t)-c(t)$ 时，为了使稳态误差 $e_{ssr}=0$，试问 K_c 应取何值？

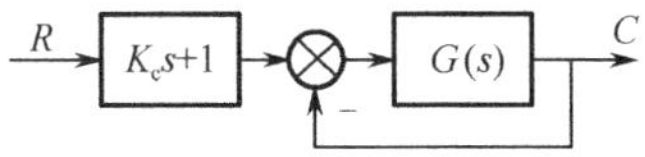

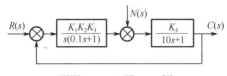

题图 9-1 习题 9-17 图

9-18 对题图 9-2 所示液面无差控制系统，已知电位计比例系数 $K_1=0.4\text{V/cm}$，放大器放大倍数 $K_2=100$，$K_3=2830\text{cm}^3/\text{V}\cdot\text{s}$，电动机传递函数为 $G_1(s)=\dfrac{K_3}{s(0.1s+1)}$，还有 $K_4=0.449\times 10^{-4}\text{s/cm}^2$，水箱传递函数为 $G_2(s)=\dfrac{K_4}{10s+1}$。当 $r(t)=1(t)$ 与 $n(t)=t$ 时，试求系统的稳态误差 e_{ss}。

题图 9-2 习题 9-18 图

9-19 已知单位负反馈系统的开环传递函数为：

（1）$G(s)=\dfrac{10(2s+1)(4s+1)}{s^3(s^2+2s+10)}$；（2）$G(s)=\dfrac{100}{(0.1s+1)(s+5)}$

试求系统稳态位置、速度与加速度误差系数 K_p、K_v 与 K_a。

9-20 单位反馈系统的闭环传递函数为 $\Phi(s)=\dfrac{6.25}{(s+1)(s+1.25)(s+5)}$。（1）试求系统的穿越频率 ω_c 与相角裕度 γ；（2）若要求系统具有 $\gamma=30°$ 的相角裕度，试计算开环放大系数应增大的倍数。

9-21 某单位反馈系统的开环传递函数为 $G(s)=\dfrac{K}{(0.01s+1)^3}$。试确定使系统的相角稳定裕度 $\gamma=+45°$ 时的 K 值。

9-22 某控制系统的开环传递函数为 $G(s)H(s)=\dfrac{9}{s(0.1s+1)(0.01s+1)}$，试求系统的频率性能指标 ω_c、γ 与时域性能指标 σ、t_s。

9-23 已知单位负反馈系统开环传递函数为：

$$G(s)=\dfrac{100}{s(0.25s+1)(0.0625s+1)}\times\dfrac{0.2s^2}{(0.8s+1)}$$

试分别用 Bode 图、单位阶跃响应曲线与根轨迹图对闭环系统判别稳定性。

9-24 一环节传递函数为 $G(s)=\dfrac{0.8s+1}{0.5s+1}$，试绘制该环节的 Bode 图与 Nyquist 曲线。

9-25 设单位负反馈系统的开环传递函数为 $G(s)=\dfrac{s+58}{1-s^2}$。试用 Nyquist 判据对闭环系统判别稳定性。

9-26 已知系统的框图如题图9-3所示。

（1）作原系统的 Bode 图，求出系统静态速度误差系数 K_{v0}、相角裕量 γ_{c0} 和开环截止频率 ω_{c0}；

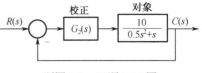

（2）作时域仿真，求出阶跃响应曲线，记录未校正系统的时域性能指标 σ_p, t_s；

题图9-3　习题9-26图

（3）设计串联超前校正装置 $G_c(s)$，实现希望的开环频域性能，即：

$$K_v > 10; \gamma_c > 45°; \omega_c > 6\text{rad/s}$$

（4）按照超前校正装置的参数，进行新的时域仿真，作出阶跃响应曲线，记录校正后系统的时域性能指标 σ_p, t_s。

9-27 某单位负反馈控制系统的开环传递函数为 $G(s) = \dfrac{40}{s(s+2)}$，要求闭环系统对斜坡输入 $r(t)=At$ 时，响应的稳态误差小于 $0.05A$，相角裕量为 $30°$，剪切频率 ω_c 为 10rad/s。请判定应该采用超前网络还是滞后网络来校正原有系统，同时设计校正参数。

9-28 某单位负反馈系统的开环传递函数为 $G(s) = \dfrac{10}{s^2 + 5s + 10}$，试设计一个简单的串联比例控制器，使系统的相角裕量达到 $45°$，并用 MATLAB 绘制系统的 Bode 图，检验设计是否满足要求。

9-29 已知过程控制系统被控对象的传递函数为：$G(s) = \dfrac{1}{(20s+1)(5s+1)(2s+1)^2}$，试用稳定边界法计算系统调节器 $G_c(s)$ 作 P、PI、PID 校正时的参数，并进行阶跃给定响应的仿真。

9-30 已知龙门刨床工作台拖动系统采用晶闸管—直流电动机单闭环调速系统（V—M系统）的 Simulink 动态结构图如题图 9-4 所示。图中电动机参数：$p_{nom} = 60\text{kW}$，$n_{nom} = 1000\text{r/min}$，$U_{nom} = 220\text{V}$，$I_{nom} = 305\text{A}$，电枢电阻 $R_a = 0.056\Omega$，V—M 系统主电路总电阻 $R = 0.18\Omega$，额定磁通下的电动机电动势转速比 $C_e = 0.2\text{V}\cdot\text{min/r}$，电枢电磁时间常数 $T_a = 0.012\text{s}$，系统运动部分飞轮矩对应的机电时间常数 $T_m = 0.097\text{s}$，整流触发装置的放大系数 $K_s = 40$，三相桥平均失控时间 $T_s = 0.00167\text{s}$。

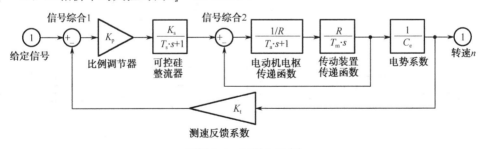

题图9-4　习题9-30图

（1）要求系统调速范围 $D=20$，静差率 $s=5\%$，求闭环系统的开环放大系数 K。

（2）若 $U_n^* = 12\text{V}$，$n=n_{nom}=1000\text{r/min}$ 时，求拖动系统测速反馈系数 α。

（3）计算满足系统调速范围与静差率要求的比例调节器的放大系数 K_p。

（4）试问系统此时能否稳定运行？其临界开环放大系数 K_{cr} 为多少？

（5）试绘制出系统开环放大系数大于 K_{cr} 与小于 K_{cr}（改变系统比例调节器 K_p 的设置）

时系统的单位给定阶跃响应曲线以验证系统能否稳定运行。

（6）以相角稳定裕度为校正主要指标对系统进行滞后校正。

（7）以剪切频率为校正主要指标对系统进行滞后校正。

（8）用根轨迹校正器对系统进行滞后校正。

9-31 带转速微分负反馈的晶闸管—直流电动机双闭环调速 V—M 系统的动态结构图如题图 9-5 所示。图中电动机参数： $p_{nom} = 40\text{kW}$ ， $n_{nom} = 1000\text{r/min}$ ， $U_{nom} = 440\text{V}$ ， $I_{nom} = 104\text{A}$ ，电动机电枢电阻 $R_a = 0.3\Omega$ ， V—M 系统系统主电路总电阻 $R = 0.5\Omega$ ，电枢主回路总电感 $L=200\text{mH}$ ，拖动系统运动部分飞轮矩 $GD^2 = 77.5\text{N} \cdot \text{m}^2$ ，过载电流倍数 $\lambda = 2$ ，三相桥平均失控时间 $T_s = 0.00167\text{s}$ ， 要求系统调速范围 D=20，静差率 s=10%，堵转（最大）电流 $I_{dbl} = 2.1I_{nom}$ ，临界截止电流 $I_{dcl} = 2I_{nom}$ ， ACR、ASR 均采用 PI 调节器，ASR 限幅输出 $U_{im}^* = -8\text{V}$ ， ACR 限幅输出 $U_{ctm} = 8\text{V}$ ，最大给定 $U_{nm}^* = 10\text{V}$ 。

（1）试计算系统的参数：电机电动势转速比 C_e 、触发整流装置的放大系数 K_s 、电流反馈系数 β 、系统机电时间常数 T_m 、系统测速反馈系数 α 。

（2）估算主回路的总电感与电枢回路电磁时间常数 T_a 。

（3）选择滤波时间常数 T_{0i} 、 T_{0n} 、 T_{0dn} 与中频宽 h 。

（4）计算电流调节器传递函数 $W_{ACR}(s) = K_i \dfrac{\tau_i s + 1}{\tau_i s}$ 。

（5）计算转速调节器传递函数 $W_{ASR}(s) = K_i \dfrac{\tau_n s + 1}{\tau_n s}$ 。

（6）对双闭环调速系统进行单位阶跃响应仿真与单位阶跃负载扰动响应仿真。

（7）对转速微分负反馈环节 $\dfrac{\alpha \tau_{dn} s}{T_{0dn} s + 1}$ 进行参数计算。

（8）对带转速微分负反馈双闭环调速系统进行单位阶跃响应仿真与单位阶跃负载扰动响应仿真。

（9）对（6）与（8）两项仿真作简单比较。

（10）计算退饱和时间 t_t 与退饱和转速 n_t 。

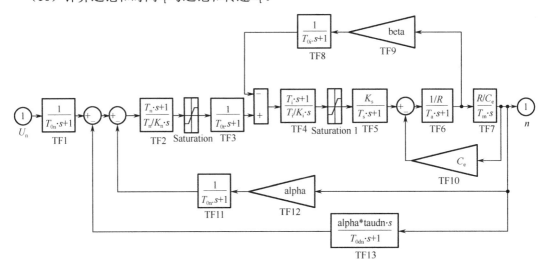

题图 9-5 习题 9-31 图

附录 A　MATLAB 中用到的参考函数程序

1. 二阶系统性能指标的计算自定义函数 perf()（9.4 节所用）

自定义的 MATLAB 函数 perf()，用于求系统单位阶跃响应的性能指标：超调量、峰值时间和调节时间。

该函数的调用格式为：

　　　　[sigma,tp,ts]=perf(key,y,t)

其中，key 用来选择调节时间的 5%或 2%误差带，当 key=1 时表示选择 5%，当 key=2 时表示选择 2%。y、t 是对应系统阶跃响应的函数值与其对应的时间。函数返回的是阶跃响应超调量 sigma、峰值时间 tp 和调节时间 ts。如果要使用该函数，请将其存放在 MATLAB7.1\Work 的路径与子目录下，以便查找及调用。

函数 perf()定义如下：

```
function [sigma,tp,ts]=perf(key,y,t)
 [mp,tf]=max(y);
cs=length(t);
yss=y(cs);
sigma=(mp-yss)/yss
tp=t(tf)
i=cs+1;n=0;
while n==0,
i=i-1;
  if key==1,

          if i= =1,
                n=1;
            elseif y(i)>1.05*yss,
                  n=1;
                end;
  elseif key= =2,
          if i= =1,
                n=1;
            elseif y(i)>1.02*yss,
                  n=1;
                end;
              end;
end;
t1=t(i);cs=length(t);j=cs+1;
```

```
n=0;
while n= =0,
     j=j-1;
       if key= =1,
          if j= =1,
             n=1;
          elseif y(j)<0.95*yss,
               n=1;
           end;
     elseif key= =2,
          if j= =1,
             n=1;
          elseif y(j)<0.98*yss,
               n=1;
            end;
        end;
end;
t2=t(j);
if t2<tp
    if t1>t2
         ts=t1
    end
elseif t2>tp,
    if t2<t1
         ts=t2
    else
         ts=t1
    end
end
```

2．用稳定边界法整定公式计算系统 P、PI、PID 校正器的参数的自编函数 zn02.m（9.6 节所用）

zn02．m 函数的调用格式为：

[Gc,Kp,Ti,Td]=zn02(PID,G,p)

其中，PID 是校正器的类型，当 PID=1 时，为计算 P 调节器的参数；当 PID=2 时，为计算 PI 调节器的参数；当 PID=3 时，为计算 PID 调节器的参数。输入参量 G 是已知被校正系统的开环传递函数，输入参量 p 为系统开环极点的个数(不计重根数，即多重根只计为 1 个根)。输出参量 Gc 为校正器传递函数，Kp 为校正器的比例系数；Ti 为校正器的积分时间常数；Td 为校正器的微分时间常数。

function [Gc,Kp,Ti,Td]=zn02(PID,G,p)

%MATLAB FUNCTION PROGRAM zn02.m

```
Kp=[];Ti=[];Td=[];
rlocus(G);
[km,pole]=rlocfind(G)
keyboard
wm=imag(pole(p))
if PID= =1,
    Kp=0.5*km;
elseif PID= =2
    Kp=0.455*km;
    Ti=0.85*2*pi/wm;
elseif PID= =3,
    Kp=0.6*km;
    Ti=0.5*2*pi/wm;
    Td=0.125*2*pi/wm;
end
switch PID
  case 1,Gc=Kp
  case 2,Gc=tf([Kp*Ti Kp],[Ti 0])
  case 3,nn=[Kp*Ti*Td Kp*Ti Kp];
    dd=[Ti 0];
    Gc=tf(nn,dd)
end
```

3. 调用自编函数 lagc()设计 PI 校正器（9.8 节所用）

求系统串联滞后校正器传递函数的函数 lagc.m。

lagc.m 函数的调用格式为

`[Gc]=lagc(key,sope,var)`

其中，sope 是系统的开环传递函数，key=1 时,var=gama，是根据要求校正后的相角稳定裕度计算滞后校正器；当 key=2 时，var=wc，则是根据要求校正后的剪切频率计算滞后校正器。若已知系统的开环传递函数与要求校正后的相角稳定裕度或剪切频率，求系统串联滞后校正器传递函数时，就可以调用此函数。

```
function [Gc]=lagc(key,sope,vars)
if key= =1
    gama=vars(1);
  gama1=gama+5;
    [mu,pu,w]=bode(sope);
    wc=spline(pu,w',(gama1-180))
elseif key= =2
  wc=vars(1);
end
```

```
num=sope.num{1};den=sope.den{1}
na=polyval(num,j*wc);
da=polyval(den,j*wc);
g=na/da;g1=abs(g);
h=20*log10(g1);
beta=10^(h/20);
T=10/wc;
betat=beta*T;
Gc=tf([T 1],[betat 1]);
```

参 考 文 献

[1] 邓星钟，等．机电传动控制（第四版）．武汉：华中科技大学出版社，2007．

[2] 孔凡才．自动控制原理与系统．北京：机械工业出版社．2008．

[3] 王建辉，顾树生．自动控制原理（第一版）．北京：清华大学出版社，2007．

[4] 胡贞，李明秋．控制工程基础（第一版）．北京：国防工业出版社，2006．

[5] 吕金华．自动控制与系统仿真实训指导（第一版）．哈尔滨：哈尔滨工程大学出版社，2007．

[6] 黄忠霖．自动控制原理的 MATLAB 实现（第一版）．北京：国防工业出版社，2007．

[7] 李友善．自动控制原理（第三版）．北京：国防工业出版社，2007．

[8] 雨宫好文．机械控制入门（第一版）．北京：科学出版社，2000．

[9] 郑有根．自动控制原理（第一版）．重庆：重庆大学出版社，2003．

[10] 孔凡才．自动控制原理与系统（第二版）．北京：机械工业出版社，1999．

[11] 胡寿松．自动控制原理（第四版）．北京：科学出版社，2001．

[12] 程宪平．机电传动与控制（第三版）．武汉：华中科技大学出版社，2012．

[13] 郝世勇．MATLAB 机电仿真精华 50 例（第一版）．北京：电子工业出版社，2007．

[14] 胡寿松．自动控制原理习题集（第一版）．北京：国防工业出版社，1990．

[15] 薛定宇．控制系统仿真与计算机辅助设计（第一版）．北京：机械工业出版社，2005．

[16] 汤以范．机电传动控制．北京：清华大学出版社，2010．

[17] 刘恒玉．机电控制工程基础（第一版）．北京：中央广播电视大学出版社，2001．

[18] 孙虎章．自动控制原理（第二版）．北京：中央广播电视大学出版社，1994．

[19] 刘慧英．自动控制原理（第一版）．西安：西安工业大学出版社，2006．

[20] 陈来好，彭康拥．自动控制原理学习指导与精选题型详解（第一版）．广州：华南理工大学出版社，2004．

[21] 黄忠霖，周向明．控制系统 MATLAB 计算及仿真实训．北京：国防工业出版社，2006．

[22] 姚俊，马松辉．建模与仿真（第二版）．西安：西安电子科技大学出版社，2002．

[23] 金以慧．过程控制．北京：清华大学出版社，1993．

[24] 薛定宇．反馈控制系统设计与分析——MATLAB 语言应用．北京：清华大学出版社，2000．

[25] 董景新．机电一体化系统设计．北京：机械工业出版社，2007．

[26] 杨平等．自动控制原理实验与实践（第一版）．北京：中国电力出版社，2005．

反侵权盗版声明

电子工业出版社依法对本作品享有专有出版权。任何未经权利人书面许可，复制、销售或通过信息网络传播本作品的行为，歪曲、篡改、剽窃本作品的行为，均违反《中华人民共和国著作权法》，其行为人应承担相应的民事责任和行政责任，构成犯罪的，将被依法追究刑事责任。

为了维护市场秩序，保护权利人的合法权益，我社将依法查处和打击侵权盗版的单位和个人。欢迎社会各界人士积极举报侵权盗版行为，本社将奖励举报有功人员，并保证举报人的信息不被泄露。

举报电话：（010）88254396；（010）88258888

传　　真：（010）88254397

E-mail：　dbqq@phei.com.cn

通信地址：北京市海淀区万寿路 173 信箱

　　　　　电子工业出版社总编办公室

邮　　编：100036